本书为国家社科基金青年项目"面向专利数据的多重共现分析方法及其在技术创新网络中的应用研究"（项目编号：14CTQ018）的研究成果

本书得到河南科技大学学术著作出版基金资助

专利计量与专利合作

温芳芳 著

ZHUANLIJILIANG YU ZHUANLIHEZUO

中国社会科学出版社

图书在版编目（CIP）数据

专利计量与专利合作／温芳芳著．—北京：中国社会科学出版社，
2015.8

ISBN 978 - 7 - 5161 - 6571 - 3

Ⅰ.①专…　Ⅱ.①温…　Ⅲ.①专利—研究　Ⅳ.①G306

中国版本图书馆 CIP 数据核字（2015）第 160085 号

出 版 人	赵剑英	
责任编辑	田　文	
责任校对	张爱华	
责任印制	王　超	

出　　版	中国社会科学出版社	
社　　址	北京鼓楼西大街甲 158 号	
邮　　编	100720	
网　　址	http://www.csspw.cn	
发 行 部	010 - 84083685	
门 市 部	010 - 84029450	
经　　销	新华书店及其他书店	

印刷装订	北京君升印刷有限公司	
版　　次	2015 年 8 月第 1 版	
印　　次	2015 年 8 月第 1 次印刷	

开　　本	710×1000　1/16	
印　　张	15.75	
字　　数	260 千字	
定　　价	56.00 元	

前　　言

专利制度起源已久，若以 1474 年威尼斯共和国的《专利法》的出现为标志，至今已有 500 多年的历史。经过长达几个世纪的演绎与发展，专利制度日趋成熟，其功能也愈加完善，在全世界范围内获得了广泛的推广应用，极大地促进了科学技术的进步，刺激了智力创造活动的繁荣，成为架设在知识与财产、智慧与财富之间的一座桥梁。专利文献是专利制度的产物，专利制度催生了专利文献，专利文献的出现又标志着具有现代特点的专利制度的最终形成。

专利制度迄今已经获得全球 200 多个国家和地区的接受和认可，尽管各国专利制度各有特点，但都反映了专利制度的两大基本功能：即法律保护和技术公开。以出版专利文献的形式来实现发明创造向社会的公开和传播是专利制度走向成熟的显著特征。专利文献是记录有关发明创造信息的文献，包含了大量的技术细节且经过法定机关的审查与批准，具有内容可靠、格式规范、数据规模大、公开范围广、便于获取、易于计量等诸多优良属性。专利文献的出现与积累，为专利计量活动的开展提供了必要的数据来源。

专利计量是通过对专利文献信息的内容、专利数量以及数量的变化等方面的研究，对专利文献中包含的各种信息进行定向选择和科学抽象的研究活动，是情报信息工作与科学技术管理工作相结合的产物。借助于专利计量不仅可以考察科学技术的发展现状与趋势，明确技术创新的重点与方向，而且可以洞察行业技术的发展状况，辨认竞争对手及其技术活动的重点和实力，并判断行业的竞争态势。据世界知识产权组织（WIPO）统计，全世界发明成果的 90%—95% 首先在专利文献中公开，充分利用专利信息，可以节约 60% 的开发经费和 40% 的开发时间。

　　早在 1949 年，Seidel 就提出了专利引文分析的思想，但在当时并未引起足够的重视。之后几十年间，由于大规模的专利文献信息难以获取，专利计量未能获得较快的发展。20 世纪 90 年代，Narin 将专利计量作为一个独立的领域进行专门研究，系统地提出了专利计量的方法、指标及其应用，专利计量开始逐渐确立了自身相对独立的学科地位。近几十年来，在国内外学者的共同努力和持续推进之下，专利计量相关研究不断走向深入，研究成果大量涌现，应用领域不断拓展，社会关注度日益提升，专利计量已经获得了学术界和产业界的共同关注。

　　创新是一个民族进步的灵魂，是国家兴旺发达的不竭动力。而创新又是一种高智力、高投入和高风险的复杂性社会劳动，需要集体的智慧和力量。无论是在科学技术领域还是人文社会科学领域，科技创新活动的合作化和集体化趋势不断增强，合作研究的比例呈稳步上升态势，而且正在向高水平、深层次、多方位的方向发展。正如控制论创始人维纳所说，爱迪生个人发明创造的时代已经过去，现在进入了科学合作的时代。

　　有关科学合作问题的研究引起了学界广泛的关注，但就目前已有研究成果来看，大多是从合著论文的角度展开计量和论述的。专利是创新体系的重要组成部分，在诸多形式的科研产出中，专利是最能直接表征创新能力和科技水平的成果形式之一，80% 可得技术信息都出现在专利出版物中，并且常常不会在其他地方再现。从专利角度对科学合作问题进行研究，能够在一定程度上丰富科学合作领域已有的研究成果，并且能够发现大量新的有价值的结论与启示。

　　《专利计量与专利合作》一书站在面向国家创新体系建设的高度，将文献计量学的理论、方法和工具从科学文献延伸到专利文献，系统阐述了专利制度、专利文献、专利计量等相关概念的产生及发展演变，全面介绍了专利计量的理论、指标、方法及工具。基于中国知识产权局专利文献数据库中的专利文献信息开展实证研究，对发明人和专利权人之间的合作关系与合作模式以及伴随着专利合作而产生的知识交流情况进行计量分析。基于大量的统计数据和计量结果，指出当前我国专利合作中存在的问题和不足，并给出具体的优化建议与改进措施。本书所包含的研究成果旨在为科研管理部门和广大的科技工作者提供参考信息与决策依据，并希望能够在此基础上为提高科研效率和推动国家创新体系建设提供一定的意见和建议。

　　通过定量化的统计和分析，我们可以更加直观地了解我国专利的生产、分布、交流、合作以及发展变化情况。从中所得出的大量丰富而翔实的统计数据和分析结果，以及在此基础之上所提出的改进措施和优化策略，能够为改善创新环境、促进知识交流、提高技术水平、推动我国专利事业发展提供定量与定性相结合的参考信息和决策依据。

　　本书共包含七章内容：

　　第一章　专利制度概述。分别介绍了世界专利制度与中国专利制度的产生及发展历程，客观分析了专利制度的积极功效，以及广大学者关于专利制度利弊的争议与质疑，说明了专利文献的起源及其内容和形式特征，尤其是专利文献作为专利计量对象所具有的价值和影响。

　　第二章　专利计量理论。界定了专利、专利权、专利制度等基本概念，以及知识、文献等相关概念，专利计量与文献计量和知识计量之间的区别与联系；介绍了专利计量在创新体系建设、科技管理活动、企业经营管理等方面所具有的意义和功能；梳理了专利计量与文献计量学、科学计量学、知识计量学等相关学科领域之间的渊源与关联，进一步明确了专利计量相对独立的学科地位和多学科交叉的学科属性。

　　第三章　专利计量方法。包含专利计量指标和专利分析方法两部分内容。第一部分主要以 CHI Research 公司和 OECD 为例对专利计量指标进行介绍；第二部分将目前常用的专利分析方法进行归纳和提炼，分别从专利数量、专利合作、专利引用、技术生命周期等几个方面进行说明。

　　第四章　专利合作理论。对于专利合作的研究意义、研究进展、相关概念、相关因素、基础理论、研究视角等方面进行了较为全面的论述。有助于进一步丰富和完善专利合作的理论体系，并为后面几章所开展的专利合作实证研究奠定了一定的理论基础。

　　第五章　专利合作计量。主要采用数理统计方法对我国专利合作现状进行整体描述与分析，从专利合作率与合作度分析、专利合作强度分析、基于合作者数量的专利合作模式分布规律、基于合作类型的专利合作模式分布规律等四个方面分别考察专利合作的程度、强度、规模和范围。统计结果显示，目前我国专利合作程度较低，合作规模较小，合作强度和范围都亟待提高。

　　第六章　专利合作网络。主要采用社会网络分析方法，分别从整体网络、网络结构、网络节点等方面对专利合作网络进行了全面的分析，找出了合作网络中的小团体和明星节点，并从现有的专利合作网络中揭示出几种典型的合作模式。该部分不仅证实了专利合作网络是一个典型的复杂网络，而且证实了专利合作网络还是一个社会关系网络，专利合作关系是亲缘、地缘、业缘等社会关系在专利研发领域的映射。另外，通过区域合作网络分析发现，我国大陆地区 31 个省区之间的专利合作关系及其强度存在着显著的空间分布不均衡和地域倾向。

第七章　专利合作策略。首先，指出了我国现有专利合作模式中存在的问题和不足，主要表现为合作程度偏低、合作模式单一、区域分布不均衡、产学研合作基础薄弱；其次，针对以上问题，提出了具体的优化建议和措施，包括提高专利合作程度、科学地组织专利合作过程、合作模式多元化、以社会关系推动专利合作、拓展国际交流与合作、明确创新主体的地位和功能、构建科技创新联盟等多个方面；最后，提出了专利合作模式所需的保障机制，包括制度保障、文化环境和平台保障。

本书内容涉及理论、方法与实证等多个方面，既有定性研究又有定量分析，从多个层次和角度对于专利计量，尤其是专利合作问题进行较为系统全面的阐释和分析。本书面向情报学、计量学等相关专业的师生，广大从事科技创新工作和科技管理工作的人员，以及对于专利计量问题感兴趣的社会大众，读者群体较为广泛。

本书是对作者近年来主要研究成果的总结与提炼，在撰写过程中参考和借鉴了大量的中外文资料，由于篇幅所限或工作疏忽，个别文献及作者未能一一列出，在此一并表示感谢。在本书的写作和出版过程中得到了一些同行专家学者的指导和帮助，在此向所有对本书付出辛勤劳动的单位和个人表示诚挚的谢意！

专利计量是新兴的交叉学科领域，本书涉及面十分广泛，内容纷繁复杂，且专利计量的思想、方法和工具处于快速的发展变化当中，加之作者的学识和水平有限，对于部分问题的研究还不够深入，书中也不免存在错漏和不妥之处，恳请广大读者批评指正，以便在后续研究或再版时予以纠正和完善。

温芳芳

2014 年 12 月于河南洛阳

目　　录

第一章　专利制度概述

专利制度是一种利用法律和经济手段鼓励人们进行发明创造，以推动科技进步、促进经济发展的一种保障制度。专利制度是科学技术和商品经济发展到一定程度的产物，它的发展经历了一个漫长的过程。随着商品经济和科学技术的发展，中世纪欧洲一些国家的封建君主开始授予某些商人和能工巧匠在一定时期内免税或独家经营某种新工艺、新产品的权利。如英国国王在13、14世纪曾以法令形式把这种权利授予外国商人和工匠，对吸收外国先进技术、促进英国经济发展起了重大作用。随后专利制度在世界上多个国家获得广泛的应用和发展，相关的法律规范不断趋于完善，专利制度在促进全球科学技术进步和商品经济发展方面发挥着重要的作用。

第一节　世界专利制度的产生及发展

如果以威尼斯共和国的《专利法》作为专利制度的起源，专利制度已有500多年的历史；若以英国议会的《垄断法》为开端，专利制度也经历了300年的发展历史。专利制度伴随市场经济而生，并随着科技进步和社会发展不断趋于完善。专利制度从小到大，从特权到民权，从个别国家到多数国家，直至今天所呈现出的全球化特征。专利制度以市场规律和法律规范为机制，推动科学进步与技术创新，为人类文明进步做出了重要贡献。

一　专利制度的萌芽及专利法的产生

专利制度最早出现在欧洲，萌芽于公元前500年，在意大利南部古都

Sybaris（当时为希腊殖民地），一种烹调方法被授予为期一年的独占权。随后，经过漫长的发展阶段，到了12世纪，以英国为代表的早期资本主义国家开始了引进技术和建立新工业的运动。1236年，西法兰西及英格兰的亨利三世向一名波尔多人授予在该城市生产花布的独占权，期限为15年。1324—1377年间，在英国爱德华二世至三世统治期间，很多外国织布工人及矿工作为新技术的引进者被授予使用该技术的专有权，即垄断权，以鼓励他们在英国创业，使英国尽快完成从畜牧业国家向工业化国家的转变。这一时期，专利权主要以独占权（Monopoly）为表现形式，用来鼓励建立新工业，但权力经常被滥用。在英国，这种权力经常以专利证书（Letters Patent）形式授予，证书是敞开的，只在底部盖有封印，而不像普通的证书那样密封，它以官方通知的方式将授予的权力告知公众。

公元15世纪，位于地中海沿岸的一些意大利城市共和国，一度成为东西方航海和贸易中心。首先把专利加以制度化的是工商业比较发达的威尼斯共和国。1474年，该国制定了世界上第一部《专利法》，并做出如下规定："任何在本城市制造的前所未有的、新而精巧的机械装置，一旦完善和能够使用，即应向市政机关登记。在10年内没有得到发明人许可，本城其他人不得制造与该装置相同或相似的产品。如有任何人制造，上述发明人有权在本城市任何机关告发。该机关可以命令侵权者赔偿100金币，并将该装置立即销毁。"上述规定表明威尼斯共和国的《专利法》已经包含了现代《专利法》的一些基本因素，为现代专利制度奠定了一定的基础。著名科学家伽利略曾在威尼斯取得了扬水灌溉机20年的专利权。威尼斯共和国的《专利法》的颁布标志着现代专利制度的雏形，在世界专利制度发展历史上具有里程碑意义。

公元17世纪，英国资本主义经济有了迅速发展，新技术成为有效的竞争手段，资本家纷纷要求以国家法律形式确认发明的私有财产地位。于是，英国议会于1623年制定了《垄断法》。该法废除了过去封建特权制度，同时建立起对真正的发明创造予以专利保护的制度。《垄断法》规定："专利只授予真正的发明人；授予专利的发明必须具有新颖性；专利权人有权在国内垄断发明物品的制造和使用权；凡违反法律、妨碍贸易及损害国家利益的专利一律无效；专利权有效期14年。"英国《垄断法》成为现代专利制度正式诞生的标志，它所包含的一些基本内容及原则规定，为以后各国制定专利法提供了榜样和借鉴，对资本主义专利制度的建立产生了重大的影响。

二 专利制度在世界范围的广泛发展

公元 15 世纪至 19 世纪，以英国为代表的资本主义国家为适应引进新技术，建立新工业的需要，在建立《专利法》、实行专利制度方面进行了有益的探索，为世界各国树立了典范，带动了世界范围内专利制度的迅速推广。继英国之后，许多资本主义国家纷纷效仿英国，先后建立专利制度，并颁布专利法令。

美国的第一件专利出现于 1641 年，是关于食盐制造的方法专利。1787 年的美国联邦《宪法》规定："为促进科学技术进步，国会将向发明人授予一定期限内的有限的独占权。"1790 年，以这部《宪法》为依据，又颁布了美国《专利法》，它是当时最系统、最全面的《专利法》。1790 年 7 月 31 日，依据美国《专利法》授权的第一件美国专利诞生。

法国第一部《专利法》出现在 1791 年。这期间各国《专利法》的共同特征是专利授权时都没有明确的权利要求，而且都不进行检索和技术审查。随后，1800—1888 年间，大多数工业化国家都颁布了本国《专利法》，包括荷兰（1809 年）、奥地利（1810 年）、俄罗斯（1812 年）、瑞典（1819 年）、西班牙（1826 年）、墨西哥（1840 年）、巴西及印度（1859 年）、阿根廷（1864 年）、意大利（1864 年）、加拿大（1869 年）、德国（1877 年）、土耳其（1879 年）、日本（1885 年）。

德国是最早实行专利审查制的国家，1877 年的德国《专利法》就提出了强制审查原则。1902 年修订的英国《专利法》规定审查员须对 50 年来的英国专利进行检索，1905 年起英国开始正式实施专利申请检索制度，1932 年修订的专利法又将专利申请的检索范围扩大到英国以外的国家。

在科技与经济的双重影响之下，专利制度在世界范围内获得了快速的发展，据统计，世界范围内实行专利制度的国家在 1873 年有 22 个，1900 年有 45 个，1925 年有 73 个，1958 年有 99 个，1973 年有 120 个，1984 年有 158 个，2006 年有 184 个。

由于《专利法》是国内法，有严格的地域性，各国关于专利申请、授权条件和程序各不相同，给国际间技术交流造成许多不便。到了 19 世纪末期，资本主义发展到帝国主义阶段，各国间经济、技术交流日益增多。为适应这种形势，专利制度向国际化方向发展。1883 年，以法国为首的十多个欧洲国家为了解决工业产权的国际保护问题，经过协商签订了《保护工业产权巴黎公约》，该公约开创了《专利法》国际协调的先河。第二次世界大战以后，专利制度国际化的趋势进一步加强，签订了一系列专利保护的国际条约，并成立了世界知识产权组织。

第二节　中国专利制度的产生及发展

中国作为历史文明古国，曾在世界科技史上居重要地位。几千年间，中国拥有的发明创造灿若星河，但是却长期缺乏应有的鼓励与保护。现代专利制度在中国出现的时间远远落后于英、美、日等国。新中国成立以后，我国才开始着手建立现代专利制度，直至20世纪80年代，现代专利制度才得以正式实施。从无到有、从弱到强，中国专利制度以惊人的速度发展，并一跃成为世界专利大国，目前中国每年的专利申请量和授权量已经居于世界前列。

一　新中国成立以前的中国专利制度

1949年以前中国人民曾有过许多发明创造，但当时的封建统治者没有采取任何保护和鼓励措施，直到19世纪中叶以后，西方专利思想才传入我国。最早把西方专利思想介绍到我国的是太平天国洪秀全的堂弟洪仁玕。他旅居香港多年，学习近代科学知识，1859年到南京后被委以要职，提出了具有资本主义色彩的《资政新篇》，鼓励发明创造，提出了建立专利制度的主张①。

"倘若能造如外邦火轮车，一日夜行七八千里者，准其自专其利，限满准他人仿做。""机器发明创造以益民为原则，给不同的发明创造不同的保护期。""器小者，赏5年，大者，赏10年，益民多者，年数加多。无益之物有责无赏，限满准他人仿做。""有能造精奇信利者，准其出售。他人仿造，罪而罚之。"

这些主张和现在专利制度精神基本吻合，但因太平天国革命的失败，洪仁玕提出建立专利制度的设想夭折，未能付诸实施。

---

① 韩秀成：《中国专利史话》（一），http：//www. sipo. gov. cn/mtjj/2005/200804/t20080401_ 362760. html，2005年7月7日。

此后，我国近代史上第一个有关专利的法规是 1898 年清朝光绪帝颁发的《振兴工艺给奖章程》。该章程规定，大的发明如造船、造炮或用新法兴办大工程（如开河、架桥等），可以准许集资设立公司，批准 50 年专利权。其方法为旧时所无的，可批准 30 年专利权，仿造西方产品，也可批准 10 年专利权。由于戊戌变法的失败，该章程也未能实行。

中国近现代专利制度的建立与形成，严格来讲是从辛亥革命以后开始的，当时的工商部于 1912 年 12 月公布了《奖励工艺品暂行章程》，规定对发明或者改良的产品，除食品和药品外，授予 5 年以内的专利权。从法律层面来看，这已是我国第一部成文法，具有现代专利法中的有关基本原则。1940 年 11 月，当时的国民政府决定实行专利制度，建立专利机构，并于 1944 年 5 月 29 日公布实行《中华民国专利法》，该法规定对发明、新型和新式样授予专利权，三种专利的期限分别是 15 年、10 年、5 年，均自申请日起计算。这就是我国历史上的第一部包括发明、新型、新式样在内的《专利法》。这部《专利法》直到 1949 年才在我国台湾省得以实施，台湾省至今仍然沿用这部《专利法》。

从 1912 年开始实施《奖励工艺品暂行章程》到 1944 年这 32 年期间，国内总共批准专利 692 件，奖励 175 件。从这个微不足道的数字中可以看出，新中国成立前的专利制度在我国科技和工业的发展中并没有发挥显著的推动作用[①]。

二　新中国成立以后的中国专利制度

1950 年 8 月 17 日，中华人民共和国政务院颁布了《保障发明权与专利权暂行条例》，这是中华人民共和国成立以来，第一部明确对专利权加以保护的法律条文，对于日后中国知识产权保护体制的完善起了重要的作用。该条例对保障专利权，专利申请条件、手续、审批程序和异议制度，专利权人权利、义务、保护期及违法者的法律责任等，都做了规定。颁布该条例，说明党和政府在新中国成立初期就认识到了建立专利制度对我国社会主义建设的重要性。但该条例从 1953 年到 1957 年只批准 4 项专利权和 6 项发明权。1957 年以后，该条例已名存实亡。1963 年 11 月，国务院

---

① 韩秀成：《中国专利史话》（二），http：//www. sipo. gov. cn/mtjj/2005/200804/t20080401_ 362776. html，2005 年 7 月 14 日。

明令废止。1963 年我国颁布了新的《发明奖励条例》，该条例未及实施便进入十年动乱时期。

　　1978 年 7 月，中共中央在批准外交部、外贸部和外经部的一个报告中明确指出，"我国应建立专利制度"。随后，国务院的主要领导同志对建立专利制度先后做了许多具体指示，在这样的形势下，国家科委于 1978 年下半年开始进行专利制度的筹建工作，次年中华人民共和国专利局经国务院批准正式成立①。1980 年 3 月我国加入了联合国知识产权组织。1984 年 3 月 12 日，《中华人民共和国专利法》正式颁布，并于 1985 年 4 月 1 日起开始实行，这标志着我国对发明创造的保护进入了一个新的历史时期。该《专利法》充分考虑了我国国情，体现了社会主义性质，基本上遵守了国际公约和国际惯例，对我国经济发展、科技进步起到推动作用。从 1985 年 4 月 1 日到 1992 年，我国专利申请量以平均每年 23.8% 的速度增长，专利技术的实施取得了明显的经济效益和社会效益。

　　由于缺乏经验，在《专利法》实施过程中发现了一些缺陷和不完善之处，需要修改、补充和完善。另外，考虑到国际协调发展的趋势，我国专利保护水平应进一步向国际标准靠拢。因此，我国《专利法》自 1984 年发布、1985 年实施以来，分别于 1992 年、2000 年、2008 年经历了三次修订。修订之后的《专利法》更加完善，能够更好地满足我国社会主义市场经济发展需要，也更加符合世界经济与科技的发展趋势，对于创新活动及成果给予了充分的鼓励与保护，有力地促进了我国科技创新事业的发展。

　　2014 年 2 月 20 日，国家知识产权局在京发布的《2013 年中国发明专利授权量的有关数据》显示：2013 年，我国共受理发明专利申请 82.5 万件，同比增长 26.3%，连续 3 年位居世界首位；共授权发明专利 20.8 万件，其中，国内发明专利授权 14.4 万件。截至 2013 年年底，国内（不含港、澳、台地区）有效发明专利拥有量共计 58.7 万件，每万人口发明专利拥有量达到 4.02 件。

---

　　① 韩秀成：《中国专利史话》（六），http：//www. sipo. gov. cn/mtjj/2005/200804/t20080401_ 362900. html，2005 年 9 月 1 日。

第三节　专利制度的功能及利弊分析

在人类历史上，发明创造作为技术范畴由来已久。但在资本主义社会产生以前，商品经济不发达，发明创造只是个别现象，科学技术对经济发展的重要作用尚未充分显示出来，加之当时社会制度的束缚，没有相应的法律规范来调整此类关系。一方面，封建社会中后期，大约13、14世纪，随着资本主义生产关系在封建社会内部的孕育，商品经济发展导致了科学技术的日益商品化，当时人们已经意识到拥有先进的技术，就可以在市场竞争中取得优势。于是，经营者便提出了打破封建的技术封锁，以法律保护发明人权利的要求。而另一方面，为了鼓励发明创造，封建君主往往以特许形式授予发明人一种垄断权，使他们能够在一定期限内独家享有经营某些产品或工艺的特权，而不受当地封建行会的干预。就几个世纪以来专利制度在世界各国的发展历程而言，专利制度在发挥积极功效的同时，也存在一些争议和弊端。

一　专利制度的积极作用

世界各国的专利制度虽然具体内容不尽相同，但是均具备以下基本功能：一是有效地保护发明创造，发明人就其发明创造提出专利申请，专利局依法将发明创造向社会公开，授予专利权，给予发明人在一定期限内对发明创造享有独占权，把发明创造作为一种财产权予以法律保护；二是可以鼓励公民、法人从事发明创造的积极性，充分发挥全民族的聪明才智，促进国家科学技术的迅速发展；三是有利于发明创造的推广应用，促进先进的科学技术尽快地转化为生产力，促进国民经济的发展；四是促进发明技术向全社会的公开与传播，避免对相同技术的重复研究开发，有利于推动科学技术的不断发展。

（一）鼓励发明创造

若没有专利制度提供的法律保护，任何人都可无偿使用发明成果，必然导致一部分单位和个人依赖他人的创新成果，不付出任何代价坐享其成。而投入巨大人力和物力从事发明创造的单位和个人，其创新成果被他人白白享用，其创新成本无法弥补和回收，必然会挫伤创新的积极性。长此以往，科技创新的"大锅饭"使得科学技术发展停滞不前。专利制度的实施，利用法律和经济的手段，通过国家法律的形式，依法授予发明创造人在一定期限内对其技术创新成果享有排他独占使用权。他人未经专利权人许可不得使用该项发明成果。有了这种独占性权利，就使得发明创造者可以通过转让或实施生产取得经济利益，收回发明创造的投入，并可进一步获得超额价值。这样才能让发明创造者具备继续从事发明创造的积极性和物质条件，从而大大调动发明创造者进一步开展发明创造的积极性。实践证明，专利制度的本质是鼓励发明创造，它对国民发明创造的热情起到极大的激发作用。因此，专利制度为技术创新提供了一种内在的动力源，是技术创新最有效的激励机制。

（二）有效配置资源

技术创新离不开创新资源的支持，创新资源包括用于研究与开发的资金、人力和设备等。专利制度在有效配置科技资源，提高研究开发起点和水平，避免人财物浪费方面发挥着重要的作用。世界知识产权组织的研究结果表明，全世界最新的发明创造信息，90%以上首先都是通过专利文献反映出来的。在研究开发工作的各个环节中，充分运用专利文献，不仅能够提高研究开发的起点，而且能节约40%的科研开发经费和60%的科研开发时间。世界上许多大公司、大企业的新技术、新产品开发，毫无例外地都充分利用专利文献，既避免了重复研究，又强化了成果与市场接轨的开发创新。

（三）维系公平有序的市场法律环境

专利属于无形财产，是由国家专利主管机关依法授予发明创造者的独占和独有权，一旦获得这种权利就成为该成果的独占和独有者，就能够使权利所有人控制别人或抵制他人的控制。由此可知，专利制度实际上已经成为无形财产的法律保障制度。专利制度的核心就是形成公平、有序的市场竞争法律环境。目前，全世界有200多个国家和地区实行了专利制度，知识产权保护日趋国际化，关税壁垒逐步消除，世界经济正趋于全球化和一体化。所以，仅仅研制出高新技术成果还不足以形成市场竞争优势，只有将创新成果适时向国家知识产权局或国际专利组织提交申请并获得专利权，在法律保护的框架内才能最终形成自己独特的市场竞争优势，这就是专利制度权利功效的功能和作用。

专利制度为国家之间、企业之间、社会组织之间以及个人之间在技术创新基础上的公平竞争架构起法律平台，建立了公平竞争的规则。《专利法》对于专利的申请、授予、审查、批准、保护期限、终止与无效、实施与许可等各个方面都做了具体而详细的规定，并要求任何组织和个人都必须遵守，从而营造了一个公平竞争的法律环境，专利制度依法保护发明创造者的合法权益，对违反《专利法》的行为进行惩处，从而防止各种纠纷的产生，为技术创新、技术成果的转化与应用提供法律保障，并营造和维系良好的竞争环境。

（四）促进国际交流与合作

实行专利制度的国家必须首先制定自己的《专利法》。《专利法》是国内法，是根据各个国家或地区自己的政治、经济以及其他各种因素制定出来的。专利法同时也是涉外法，它必须符合国际公约所规定的一些应共同遵守的惯例或者共同规则，并且适用于在本国申请专利的一切外国人。《专利法》的核心是保护发明创造，禁止他人未经专利权人许可擅自实施其发明创造。一旦发生侵权行为，专利权人或者利害关系人就可以依法行使禁止权和诉权，使其合法利益得到法律保护。

知识经济在本质上是一种全球化的经济，当今世界经济、科技正朝着全球化发展，这既为知识经济的发展创造了条件又是知识经济发展的一个突出表现。特别是随着信息网络技术的发展，知识和技术在世界范围内传播扩散速度大大加快，为各国获取新知识和新技术，以及开展技术交流与合作提供了良好的机遇。《专利法》是国内法也是涉外法，内容的制定充分考虑国际普遍遵循的惯例，例如《巴黎公约》所规定的国民待遇、优先权和专利独立等原则。

当今世界，任何一个国家经济发展所需要的新知识和新技术都不可能全部靠自己创造和解决，在大力开展原始创新和集成创新的同时，从外国引进消化吸收先进技术是各个国家和地区的普遍选择。专利制度，尤其是以 PCT 为代表的国际专利制度，对于引进外国的先进技术、促进国际间的技术交流与合作能够产生积极的促进作用。

（五）技术信息公开

专利制度虽然在一定期限内保护垄断，但是在法律保护的前提下，要求专利的技术和产品的内容必须在专利公报上予以充分公开，让社会尽快地、尽可能清楚地获取相应的知识和信息，以促进产业发展，增加社会公共利益。这实际上就是"利益平衡原则"的体现。世界各国对发明专利的公开程序不尽相同，大多数实行先申请原则的国家，如中国、欧洲等在专利申请日起 18 个月内自动公开，通过实质审查而获得专利权；美国实行先发明原则，专利在授权后才公开，但后来也改变为先公开、后授权。虽然不同的公开程序与各国《专利法》有关，但专利公开功能的实质是财富，宏观上有利于促进国家的科技进步。在法律保护方面，这种公开的专利文献为审查员和公众之间的沟通提供条件，有利害关系的公众可从公开的专利文献中找出可能抵消该发明的新颖性的已知技术文献①。

二　专利制度的争议与弊端

专利制度的传统任务，即适当激励促进创新之愿望，以保留合理获取和运用知识信息之需要二者间关系的理想平衡，今日依然如故。一方面，对投资产品的合法保护，可防止非法复制，专利持有人暂时有能力定出高出边际产品成本价的价格，从"独家市场地位"获得利益；另一方面，社会也在专利知识的公开与传播过程中受益。专利制度就是要获得两个目标的适当平衡，尤其是通过确定可专利的主题事项的种类保护范围和期限及例外规定来完成。但是激励和扩散的"适当权衡"，一直是非常值得辩论的问题②。

究竟专利制度促进还是阻碍了技术进步与经济发展，一直存在着广泛的争议。支持者认为，发明创造的研发成本较高，公布之后又很容易被模仿和抄袭。为了保护和鼓励发明创造，国家通过专利制度赋予发明者对其发明创造以一定时期的专有控制和经营。因此，专利制度是政府的政策工具，通过"私人专有权利的创造和使用为公众谋利益"。即专利制度能够刺激更多的发明创造，从而为社会增加新产品和新方法。

反对者则认为专利制度具有一系列的消极作用：第一，专利权实质上是一种垄断权，允许专利权人排除其他竞争者使用专利技术，限制专利技术的使用，进而减少专利产品的数量以及将来可能在该专利产品基础上开发的新产品。因此，专利制度可能阻碍技术进步，甚至被认为是把私人权利置于公共利益之上。第二，专利垄断权会使消费者承担过高的垄断价格。因为专利制度使专利权人能够垄断专利产品的产量和市场价格，并人

---

① 骆云中、陈蔚杰、徐晓琳：《专利情报分析与利用》，华东理工大学出版社 2007 年版，第 7—8 页。

② Ng Siew Kuan, Elizabeth：《国际专利制度对发展中国家的影响》，日内瓦，2003 年 8 月。

为地提高专利产品的价格，因此专利垄断权可能使消费者承担过高的价格。第三，专利垄断权可能诱使企业改变投资方向。经济学家指出，专利制度可能诱使企业热衷于投资可能获得专利的研究项目，试图获取垄断利润，因而专利制度可能导致企业投资方向扭曲，造成资源的浪费。

另有学者指出，专利制度并非鼓励科研投资的唯一途径。除了专利制度以外，还有许多其他因素（如市场领先地位、保密措施等）可以鼓励发明创造。换言之，发明创造的产生并不完全依赖于专利制度的刺激作用。英国的一项研究结果显示：只有少数的发明创造依赖于专利保护，而且专利制度的影响程度因行业的不同而异。例如，专利对复杂的工程技术影响很小，而在化工、制药等行业则影响较大。这可能是由于复杂的工程技术较容易采用保密措施，因而受专利保护的影响较小；反之，在化工、制药等行业因专利技术易于被仿冒，技术拥有者难以保密，因而专利保护显得比较重要。美国学者莱文曾指出，保密及市场领先地位对新发明的保护比专利保护更重要。

一些学者认为，从事科研创新探索新知识、新技术是人的本能，不需要专利制度的刺激和引诱。如学术机构的发明者重在发表其科研成果，获得社会的承认，很少考虑就其发明获取专利垄断权。对此，有人解释为，"发明创造可能是人的自然本性使然，并非专利制度的刺激作用"。可见，专利制度对经济的积极作用与许多专利支持者的理论假设尚存在一定的差距。

以美国的 Anatoly Volynets 为代表的"知识产权怀疑论"学者，对知识产权制度提出了十大疑问，认为现在的知识产权保护不是对社会、经济、文化、科技等产生了促进作用，而是相反地产生了阻碍效应。以美国的 Richard Stallman 为代表的学者提出了限制甚至废除知识产权制度的主张，引起了强烈的社会反响，引发了一场反知识产权思潮。以加拿大的 Daniel J. Gervais 为代表的学者，在研究传统知识保护过程中，认为现在的知识产权制度过于僵化，难以适应现实社会的客观需要，应当对现行知识产权制度进行改造。"知识产权怀疑论"、"反知识产权论"和"知识产权僵化论"三股新思潮，既是对知识产权制度本身的冲击，同时也是对知识产权学者的挑战。

综上所述，专利制度在发挥积极作用的同时，也不可避免地具有一些负面的影响。20 世纪 90 年代，美国参议院"专利分委员会"委托的经济学家曾就专利制度的利弊得失展开了激烈的争论，至今尚无定论。学者们认为，专利保护并非越强越好，而是应达成一种妥善的平衡。但是，对于专利制度而言，究竟何为平衡以及如何达到平衡，仍然是一个世界难题。

第四节　专利文献的产生及作用

一　专利文献的起源

专利文献是专利制度的产物，专利制度催生了专利文献，专利文献的出现又标志着具有现代特点的专利制度的最终形成。早期的专利没有专利说明书，《垄断法》颁布时也未对专利说明书做出明确规定，直至1709—1714年英国安娜女王统治时期，法规中才对描述发明内容的专利说明书有了明确要求。提交专利说明书的时间规定为授权后6个月内。

英国专利史上最重要的变革是1852年《专利法修改法令》，依据该法令英国建立了现代意义上的专利局，并且明确要求发明人在提交专利申请时必须充分陈述其发明内容提交专利说明书，说明书将予以公布，公布日期为申请日起三周内。专利申请时提交的说明书可以是临时的，但在6个月内必须提交完整的。其后，1883年修订的《专利法》又将完整专利说明书的提交时间规定为授权之前。专利在申请后无论是否授权都要公开出版。

英国专利局建立了专利说明书处，专门负责专利说明书的印刷和出版。这标志着专利文献的出版首次在《专利法》中有了明确规定，它标志着具有现代特点的专利制度的最终形成①。《专利法》中开始要求发明人必须充分陈述发明内容并予以公布，以此作为取得专利的条件。这样，专利制度就以资产阶级合同的形式呈现在公众面前，专利说明书也随之出现。

从1852年起英国开始正式出版专利说明书，并向前追溯出版，配给专利号。现存第一份英国专利文献号码是1/1617（1617年的第1件专利）。从1852年起还陆续编制了各种索引及分类文摘等文献。1857年英国专利局图书馆正式开放。英国专利局成立后，专利申请量迅速增大，

---

① 王桂玲：《专利制度的起源及专利文献的产生初探》，http://www. sipo. gov. cn/wxfw/zlwxzsyd/zlwxyj/wxzs/201310/t20131025_ 863318. html 。

1852 年从原来的 400 件增加到 2000 件，1883 年达到 6000 件，1884 年专利申请量又激增到 17000 件。从 1617 年英国第 1 件专利说明书的出版到 1907 年，英国出版的专利说明书累计达 37500 件。

美国现存的第 1 件有正式编号的专利说明书是 1836 年 7 月 15 日颁发的专利，另外在 1790—1836 年间还有 9957 件未编号的美国早期说明书。目前，部分国家保存的第 1 件专利说明书的时间如下：德国 1877 年，瑞典 1885 年，瑞士 1888 年，丹麦 1894 年，奥地利 1899 年，澳大利亚 1904 年，荷兰 1903 年，波兰 1924 年，韩国 1948 年，中国 1985 年。

二 专利文献的定义

尽管各国专利法各有特点，但都反映了专利制度的两大基本功能：即法律保护和技术公开。以出版专利文献的形式来实现发明创造向社会的公开和传播是专利制度走向成熟的显著特征。世界知识产权组织（WIPO）1988 年编写的《知识产权法教程》将专利文献定义为"包含已经申请并被确认为发现、发明、实用新型和工业品外观设计的研究、设计、开发和试验成果的有关资料，以及保护发明人、专利权所有人及工业品外观设计和实用新型注册证书持有人权利的有关资料的已出版的或未出版的文件的总称。按照一般理解主要指各国专利局的正式出版物，包括发明申请说明书、发明说明书和官方的专利通报或公报等"。WIPO 给出的专利文献定义主要包含以下几项内容：

（1）专利文献所涉及的对象是申请或批准为专利的发明创造，即"已经申请并被确认为发现、发明、实用新型和工业品外观设计的研究、设计、开发和试验成果"，而申请专利的发明创造都须经过专利局的审批。

（2）专利文献是关于申请或批准为专利的发明创造的资料，同时包含技术性资料和法律性资料，这些资料是在专利审批过程中产生的文件。

（3）专利文献所包含的资料有些是公开出版的，有些则仅为存档或仅供复制使用，专利文献是上述各种资料及其出版物的总称。

（4）专利文献由专利局出版，是专利局官方文件及官方出版物。

综上，专利文献可以理解为"各国专利局及国际性专利组织在审批专利过程中产生的官方文件及其出版物的总称"。作为公开出版物的专利文献主要包含各种类型的发明、实用新型和外观设计说明书，各种类型的发明、实用新型、外观设计公报、文摘、索引，以及有关的分类资料。专利文献是记录有关发明创造信息的文献。广义的专利文献包括专利申请书、专利说明书、专利公报、专利检索工具以及与专利有关的一切资料；狭义的专利文献仅指各国（地区）专利局出版的专利说明书或发明说明书。

专利说明书是专利文献的主体，它是个人或企业为了获得某项发明创造的专利权，在申请专利时必须向专利局呈交的有关该发明创造的详细技术说明，一般由三部分组成：第一，著录项目。包括专利号、专利申请号、申请日期、公布日期、专利分类号、发明题目、专利摘要或专利权范围、法律上有关联的文件、专利申请人、专利发明人、专利权所有者等。专利说明书的著录项目较多并且整齐划一，每个著录事项前还须标有国际通用的数据识别代号（INID）。第二，发明说明书。是申请人对发明创造技术背景、发明内容以及发明实施方式的说明，通常还附有插图。旨在让同一技术领域的技术人员能依据说明重现该项发明创造。第三，专利权项（简称权项，又称权利要求书）。是专利申请人要求专利局对其发明创造给予法律保护的项目，当专利批准后，权项具有直接的法律作用。

三　专利文献的特点

（一）集技术、法律、经济信息于一体

同其他信息相比，专利信息揭示发明创造的实用技术，同时告诉社会大众专利权人所能独占的范围，另外也反映了专利产品的市场趋势。专利信息从本质上讲属于一种科技信息，它的内容是人们从事科学技术活动所取得的智力成果。专利说明书清楚完整地描述了发明创造的技术信息，从说明书中获得的技术信息可以让人了解该专利实质的技术内容。专利文献具有较强的法律意义，这是专利文献与其他类型文献相比的独特之处，有人称之为"契约"。专利文献中的权利要求书用于说明发明创造的技术特征，清楚、简要地表述请求保护的范围，是对专利实施法律保护的依据。专利信息与经济活动结合紧密，每个企业或科研机构的专利，可以展示他们的技术实力和市场动态。每个国家的专利，可以展示各国的优势技术领域及发展方向，所报道的发明创造因受法律保护而易于实施和市场化。

综上所述，专利文献寓技术、法律和经济信息于一体，从专利文献中可了解发明技术的实质、专利权的范围和时限，还能根据专利申请活动的情况，发掘正在开拓的新技术市场以及它对经济发展的影响。鉴于专利文献与制定国家经济、科技发展政策和企业实施技术创新计划等方面关系密切，以及专利信息的可开发性，应将专利信息提高到战略性信息资源的高度来认识。

（二）数量巨大、涉及学科范围广泛

由于专利的保护对象为整个实用技术领域，绝大多数发明创造会申请专利，专利信息全面反映了人类实用技术领域的智力活动。世界知识产权组织的统计表明，每年全世界发明创造成果的 90%—95% 出现在专利文献中，因此，专利文献的数量非常巨大，是世界上规模最大的信息源之一。专利文献涵盖了从小到大、从简到繁的人类生活的各个领域，它记载了人类取得的每一个技术进步，是一部活的技术百科全书。从其学科范围看，它涉及的技术内容从高新技术到日用生活物品无所不包。另外，许多发明成果仅通过专利文献公开，并不见诸其他科技文献。英国德温特信息公司认为有 70%—80% 的专利文献未在其他刊物发表，欧洲专利局则认为这个比例为 80%。可见专利文献是许多技术信息的唯一来源。

（三）公布快捷、内容新颖

为了促使发明人尽快申请专利，大多数实行专利制度的国家均采用先申请制，当两个以上的申请人分别就同样的发明创造申请专利时，专利权授予最先申请的人。这就要求发明人尽早完成自己的发明创造，并在第一时间申请专利。申请人为了防止竞争对手抢占先机，在发明创造完成之后总是以最快的速度提交专利申请。德国的一项调查表明，有 2/3 的发明创造是在完成后的一年之内提出专利申请的，第二年提出申请的接近 1/3，超过两年提出申请的不足 5%。世界上一些著名的案例表明，以专利文献形式公布的重要发明比其他形式的报道要早 5—10 年。20 世纪 70 年代以来，由于大多数国家实行了专利申请早日公开、延迟审查制度，所以专利申请的公开时间大为提前，进一步加快了技术信息向社会的传播速度[①]。

专利信息不仅传播速度快，而且传播最新技术信息。我国《专利法》规定：发明专利、实用新型的授予条件是必须具备新颖性、创造性和实用性。新颖性是指在申请日以前没有同样的发明或者实用新型在国内外出版

---

① 陈燕、黄迎燕、方建国等：《专利信息采集与分析》，清华大学出版社 2006 年版，第 14 页。

物上公开发表过，在国内公开使用过或者以其他方式为公众所知，也没有同样的发明或者实用新型由他人向国务院专利行政部门提出过申请并且记载在申请日以后公布的专利申请文件中。也就是指申请专利的发明、实用新型技术未在国内公开使用过、展示过，并且未在国内外的公开出版物上发表过。由于新颖性是专利性的首要条件，因此，发明创造总是首先以专利信息而非其他科技信息的形式向外界公布，否则将影响专利的新颖性。

（四）格式规范化、高度标准化

作为专利信息的载体，专利文献是依据专利法规和有关标准撰写、审批和出版的文件资料。各种专利说明书均按照国际统一格式出版，采用统一的著录项目识别代码，统一的国家名称代码，这使得专利文献系统性强，著录项目齐全，便于管理和检索。专利说明书一般都有说明书正文、摘要、附图和权利要求书，其扉页的著录项目，有统一的编排体例，并采用国际统一的专利文献著录项目识别代码。专利说明书正文具有法定的文体结构，从发明创造名称、所涉及的技术领域和背景技术，到发明内容、附图说明和具体实施方式等，每项内容都有具体的撰写要求和固定的顺序，并严格限定已有技术与发明内容之间的界线。权利要求书从整体上反映发明创造的技术方案，记载解决技术问题的必要技术特征。这种统一的撰写风格明显不同于其他科技文章。另外，国际专利分类系统使各国专利文献实现了分类科学化、统一化、国际化，其分类号的组成及结构超越了各种自然语言的禁锢，使得世界上大部分技术信息通过统一的分类而有机地融合在一起。全世界的科技工作者只需借助属于自己从事技术领域的国际专利分类号，即可获得世界各国的专利文献。

（五）内容完整、准确、详尽

专利文献对发明创造的揭示完整而详细。各国专利法要求的充分公开，使得专利说明书的内容十分详尽。发明说明书等有关文件的撰写大多是由受过专门训练的代理人会同发明人共同完成的，而且还经过专利局的严格审查。申请人为了满足《专利法》的要求，以及对专利申请的新颖性、创造性和实用性的审查要求，必须在专利申请说明书中对发明创造做出清楚、完整的说明，而且参照现有技术说明其发明点所在，说明具体实施方式，并给出有益效果。从而使所属技术领域的技术人员能够按照说明书中的描述实现该项发明创造。另外，专利文献不仅详细说明本发明的内容，同时也对该技术领域的已知技术做出简要介绍。有些国家在出版专利文献时还附带检索报告或在文献的扉页上著录检索到的相关文献。因此，专利文献提供了一个对特定技术的发展进程进行探索的独特视角。通过阅读专利文献，人们就可以在较短时间内对某一技术领域的发展历史及最新进展进行概括的了解。

（六）公开性与实用性

各国设立专利保护制度的目的之一，是在保护专利申请者合法权益的同时，鼓励和保证发明创造成果信息的社会公开化和大众可获得性。因为公开发明创造的成果是专利申请人获取专利的法定条件之一。所以专利信息在通常情况下，是一种公开信息，即记载专利信息的专利文献绝大多数处于公布状态，具有公开性。因此，专利文献所传播的专利信息是公开性信息。专利法规定申请专利的发明创造必须包含为解决具体问题而提出的技术方案，要具有实用性，所以专利申请人提交的说明书必须能够清楚、完整地说明发明创造的技术方案，并以同技术领域的普通技术人员能够实施为准。对权利要求书，则要求说明发明创造的保护范围。因此，可以说专利文献是非常详尽、清晰可用的技术资料，它相对于一般科技论文更为实用、更有价值。

四　专利文献的作用

美国汤姆森公司曾指出："专利是科学研究、技术发展和商业经营的最重要的数据信息来源之一，80%可得技术信息都会出现在专利文献中并且通常不会在其他地方再现。"[①] 据统计全球范围内，每年各国出版的专利文献已超过150万件，全世界累积可查阅的专利文献已超过6000万件[②]。鉴于专利文献所具有的数量巨大、内容广博、格式规范、观点新颖、完整详细以及包含大量技术细节等优良属性；专利文献既是传播最新技术信息、获取科技和商业情报的重要渠道，也是科学计量分析的主要数据来源之一。专利计量即是通过对专利文献信息的内容、专利数量以及数量的变化等方面的研究，对专利文献中包含的各种信息进行定向选择和科学抽象的研究活动，是情报信息

---

① Thomson Reuters, *We help the global Engineering and Technology Community innovate profitably*, http：//scientific . thomson. com/products/solutions/engteeh/.

② 中华人民共和国国家知识产权局：《专利文献特点》，http：//www. sipo. gov. cn/wxfw/zl-wxzsyd/zlwxjczs/zlwxyxxmcjs/200806/t20080627_ 409118. html。

工作与科学技术管理工作相结合的产物①。

（一）科技管理方面

政府部门是进行国家行政管理的职能部门，承担着制定政策法规、行业发展规划等任务。在世界经济一体化的今天，科学地制定科技发展规划，离不开信息和情报，特别是专利信息和情报。利用各国专利局与世界知识产权组织公布的有关专利的统计信息，对其中的专利技术信息和专利法律信息进行分析，可以系统地了解与掌握各个技术领域的专利活动情况、工业发展趋势以及各个国家的技术实力和水平，从而可以为政府机构制定宏观经济、科技发展计划、进行重大战略决策等提供依据。

（二）技术创新方面

科研选题、立项时，检索有关技术领域的专利信息，可全面了解特定技术领域的现有技术水平，确定正确的研究方向，避免重复劳动和投入，节省时间和经费。科研活动进行过程中，利用专利信息了解已取得的成果及各种解决方案，有助于科研人员开拓思路，启发创造性的思维。专利文献记载着发明创造的丰富信息，反映了现代技术的最新水平。利用专利文献中某技术领域专利申请的变化情况，可分析出该技术领域的发展历史、技术现状、发展动向、研究重点或空白点及未来发展趋势。专利申请数量的变化情况，能够反映出技术发展的不同阶段，从而反映出某项技术的兴衰。因此，利用专利文献可以预测各项技术的发展速度及前景。

（三）商业经营方面

在商业经营方面，专利文献是商业情报的重要来源之一，有助于企业更好地认识和把握市场环境及竞争对手的情况，制定更为科学合理的发展战略，从而在激烈的市场竞争中获得优势。专利文献在经济和贸易领域的应用主要反映在以下几个方面：

其一是确定竞争对手，专利文献在披露技术信息、法律信息的同时，还反映了专利权人的信息。专利文献所包含的专利权人信息可以清晰地反映出专利权人的市场动向，以及能够反映企业经营策略的经济信息。这些信息有助于企业确定竞争对手，并采取措施对竞争对手进行跟踪调研和监视分析。

---

① 栾春娟：《专利文献计量分析与专利发展模式研究——以数字信息传输技术为例》，大连理工大学博士学位论文，2008 年。

其二是分析竞争对手，把竞争对手申请的全部专利按照类别进行排序并考察其分布情况，可准确判断出竞争对手的研究与开发重点所在，以及竞争对手的技术政策和发展方向。通过考察竞争对手专利申请与专利审批数的比例，可以分析其技术开发研制效益情况；通过考察竞争对手国外专利申请数的比例可以分析其经济实力；通过考察竞争对手每年申请的专利数与实用新型数的比例可以分析其技术实力。

其三是制定竞争战略，在市场经营活动中企业若要获得更好的发展，必须正确分析所处的竞争环境、竞争态势、竞争对手等情况，及时掌握企业产品在国内市场的覆盖率和国外市场的占有率，确定企业的生存空间及发展方向，找准在国际市场中的位置及竞争优势。

其四是提高技术引进的有效性，指导进出口贸易。利用专利信息确定欲引进技术的时效性和地域性，从而判断其有效性，还可以评估欲引进技术的先进性水平。为避免技术引进的盲目性，我国政府有关部门规定：对于产品与技术的进出口贸易，务必预先利用专利文献进行检索。这一措施不仅可以主动避免侵权纠纷的产生，避免国家不必要的损失，而且还可以利用出口产品和技术的专利权更加有效地占领国外市场。

综上所述，专利制度导致了专利信息的产生，专利信息又成为专利制度有效运作的基础。专利信息随专利数量的增长而急剧增长，其倍增周期不断缩短。专利信息已经成为一个取之不尽用之不竭的竞争情报信息源。专利信息的有效传播及恰当利用是专利制度能否有效发挥作用的关键因素之一。专利信息资源的开发水平直接影响甚至决定着经济增长的效率和速度，成为推动科技、经济、文化教育发展的重要杠杆，并由此成为各国政府关心的热点问题。对于企业而言，专利信息的有效收集、管理和专利竞争情报的运用决定了企业专利战略的成败，乃至企业的盛衰。因此，作为制定、运用专利战略的基础和前提，专利信息分析无疑是国家和企业在市场竞争中知己知彼、克敌制胜的关键。

第二章 专利计量理论

专利计量是一个多学科交叉融合形成的新兴研究领域，它同时从科学学、计量学、管理学等多个学科领域汲取精华，经过充分的吸收、融合、创新与升华之后形成了独特的理论体系。

第一节 基本概念

专利计量的内涵极为丰富，表面上是由"专利"和"计量"两个基本概念组成的复合词，事实上，专利计量涉及专利权、专利制度、专利文献、文献计量、知识计量等多个相关概念。这些概念既紧密关联又相互区别，共同构成专利计量的概念体系。对于基本概念的界定与梳理，有助于我们更好地认识和把握专利计量的内涵及外延，并进一步理解和阐释专利计量的理论体系。

一 专利、专利权与专利制度

（一）专利

专利（Patent）作为一个法律上的概念，源自拉丁文"Literae Patens"，直译为"公开的文件"，是指由英国国王亲自签署的带有玉玺印鉴的独占权利证书。由于这种证书的内容是国王授予某人对某项技术享有的独占权，同时，这种证书没有封口，任何人都可以打开观看，证书中的内容是公开的。因此，"Patent"的本意包含两个意思：一是"垄断"；二是"公开"，垄断和公开就成为专利的两个最基本的特征。

中文"专利"原意为独专其利、利益独占。《国语》中的"荣公好专利"，《左传》中的"女专利而不厌"，此处"专利"一词即为独专其利之意。可见古汉语中的"专利"与现代汉语中的"专利"在词义方面有很大不同，其原义已较少被人使用，而更多地作为一种法律术语而存在。"专利"一词也大大超出了最初语源的实际含义，经过多年的使用与解说，其内涵得以不断丰富和扩展。

目前，"专利"一词在不同的语境中具有不同的含义，概括起来主要包含以下几个方面的意思：

（1）从专利权角度来看，专利指专利权人对其发明创造依法享有的排他性独占权。此处"专利"可等同于"专利权"。

（2）从专利对象角度来看，专利指被授予专利权的发明创造本身。此处"专利"即指专利法保护的对象，包括发明、实用新型和外观设计。

（3）从载体角度来看，专利指承载有发明创造内容的专利文献。我们在日常工作和学习中所能查阅到的就是这种有形的专利文献。

（二）专利权

专利权指国家专利机关依照专利法授予发明人、设计人或其所在单位对某项发明创造享有的在法定期限内的独占权。专利权的概念包含了三个方面的含义：

（1）专利权的产生以国家专利主管机关的依法授予为前提。发明创造人只有将其发明创造依法向国家专利主管机关提出申请，经专利主管机关审查，认为符合条件后，才可授予发明创造人对其发明创造享有专利权。未经国家专利管理机关授权，任何人都不得自己宣布对某种发明创造享有专利权。

（2）国家授予某项发明创造以专利权，必须以该项发明创造完全公开为前提。发明创造的公开是专利法律制度设立的目的之一，也是专利权的应有之义。这里所说的公开，就是使该发明创造为社会公众所知晓，并且达到完全知晓的程度。发明创造人不公开或者不完全公开发明创造就不可能获得专利权。

（3）专利权是专利权人对其发明创造所享有的排他性的独占权。排他性的独占权是专利权的本质所在。这种排他性的独占权只存在于法律所允许的范围内，并且这种独占权有一定的法定保护期限。另外，国家在设计专利制度时考虑到平衡和协调专利权人与社会公共利益之间的关系，在法律中规定，在某些情况下，使用他人的专利发明创造不构成侵权，如强制许可制度。这就构成对专利权人的限制，使权利人只能在法律规定的范围内享有独占权。

（三）专利制度

专利制度（Patent System）是指依据特定的法律规定（专利法），通过授予某种发明创造以独占权（专利权）来保护和鼓励发明创造，从而推动科技进步和经济发展的制度。专利制度自产生至今已有几百年的历史。从理论角度来看，专利制度在几百年的发展历程中得以不断完善和发展，并逐渐形成了各种理论学说，如发展国家经济论、自然权利论、契约论、受益论、刺激论、公开论等，为专利制度的建立、巩固和发展奠定了坚实的理论基础。从实践角度来看，专利制度是当今世界各国普遍采用的一套法律制度，它对科学技术的进步和人类社会的发展起到了不可估量的作用。实践证明专利制度是激励智力成果创造、传播和应用的有效机制。在科学技术高度发展的今天，专利已经成为知识经济社会的重要组成部分，专利法所确立的专利制度在促进科技创新和社会经济的快速发展方面所发挥的激励、调节、保护、促进等作用将更加显著。

专利制度的核心是专利法，专利制度与专利法之间的关系犹如船之舵、车之轮，专利法将决定专利制度的稳定与发展。在专利理论与实务中，专利制度与专利法极易被混淆。专利法是以专利权的确认、专利权的取得和专利权的利用所产生的社会关系为调整对象的法律规范的总称。广义的专利法既包括狭义上的专利法典，也包括其他有关专利制度的法律、法规及司法解释。实际上，专利制度与专利法是两个不同的概念，但两者又是密不可分的。专利制度是国际上通行的一种利用法律和经济的手段推动技术进步的管理制度。这个制度的基本内容是依据专利法，对申请专利的发明创造，经过审查和批准，授予专利权，同时把申请专利的发明创造向社会公开，以便进行技术情报交流和技术有偿转让。专利制度中，专利法是核心，是专利制度建立和运行的依据和准则。但专利法不等于专利制度，专利制度是一个多元的专利工作体系和管理制度，其组成部分除了专利法律体系外，还包括专利管理体系、专利代理体系、专利文献体系、专利实施体系和专利保护体系等。

二 知识、专利与文献

知识是一个内涵十分丰富，外延非常广泛的概念。由于知识的内在复杂性和开放性，对知识作一个较为明确的定义是很困难的。事实上，关于

"知识"属性的争论从古至今一直都没有停止过。正如著名哲学家罗素在《人类的知识》一书中经过仔细分析得出的结论："知识是一个意义模糊的概念。"

①我国的《现代汉语词典》中把知识定义为："人们在改造世界的实践中所获得的认识和经验的总和。"

②《辞海》中将知识定义为："人们在实践中积累起来的经验，从本质上说，知识属于认识范畴。"有些学者综合了以上说法，认为"知识是人们通过学习、发现以及感悟所得到的对世界认识的总和，是人类经验的结晶"。

③《韦氏大词典》认为："知识是人们通过实践对客观事物及其运动过程和规律的认识，是对科学、艺术或技术的理解，是人类获得关于真理和原理的认识的总和。"

④中国国家科技领导小组办公室在《关于知识经济与国家基础设施的研究报告》中对知识的定义为："经过人的思维整理过的信息、数据、形象、意象、价值标准以及社会的其他符号化产物，不仅包括科学技术知识——知识中的重要组成部分，还包括人文社会科学的知识，商业活动、日常生活和工作中的经验与知识，人们获取、运用和创造知识的知识，以及面临问题做出判断和提出解决方法的知识。"

专利符合知识的有关定义，它既是人们在改造世界的实践中所获得的认识和经验的总和，又是经过人的思维整理过的符号化产物，还是科学技术知识的重要组成部分。因此，知识包含专利，专利是知识的表现形式之一。专利具有明确的产权属性，这是专利所表现出的最为显著的特征，也是专利与其他类型知识的重要区别之一，所以，我们说专利是一种特殊类型的知识。

专利从本质上来说包含于知识的概念之下，是一种特殊类型的知识，而从形式来说，需要附着在一定的载体之上，才能够得以公开、保存、传播和利用，由此形成专利文献。专利文献是实行专利制度的国家，在接受专利申请和审批过程中形成的有关出版物的总称，通常指各国或地区专利局出版的专利说明书①。因此，专利知识与专利文献之间是内容与形式的关系。专利知识指专利所包含的内容，是无形的；专利文献强调专利的载

---

① 花芳：《文献检索与利用》，清华大学出版社 2009 年版，第 7 页。

体形式，是有形的。作为人类经验的结晶，专利的核心是其包含的内容，即专利知识。但是专利知识是无形的，难以直接计量。所以，在专利计量过程中，直接的研究对象是专利文献，而非专利知识。

三 文献计量与专利计量

专利计量一词由文献计量发展而来，文献计量是以学术文献中的计量信息作为分析研究的基础，而专利计量则是以专利文献中的计量信息作为分析研究的基础。与文献计量学相比，专利计量学具有更加广阔的应用前景和经济效益。

（一）文献计量

文献计量学是以文献体系和文献计量特征为研究对象，采用数学、统计学等计量方法，研究文献情报的分布结构、数量关系、变化规律和定量管理，并进而探讨科学技术的某些结构、特征和规律的一门学科①。它是情报学的一个重要理论分支学科，其前身是统计书目学（Statistical Bibliography）。从计量数据来源和性质来看，文献计量学的研究对象主要是书目、文摘和索引；从其目的和意义来看，文献计量学主要是为了服务于图书情报学理论研究和文献情报工作。

（二）专利计量

专利计量是通过对专利文献信息的内容、专利数量以及数量的变化等方面的研究，对专利文献中包含的各种信息进行定向选择和科学抽象的研究活动，是情报信息工作与科学技术管理工作相结合的产物②。专利计量除了是一种重要的科学研究活动以外，还是一种重要的实践活动，因此，专利计量受到学术界和产业界的共同关注。尽管学术界尚未给予专利计量一个统一而明确的定义，但就目前已有的对专利计量概念的分析和论述中可以发现，专利计量具有科学计量学和情报学的双重研究特征，通过对专利文献进行科学计量分析，从中挖掘出有价值的竞争情报，以达到服务于科技管理和科技决策的最终目的。

---

① 邱均平：《文献计量学》，科学技术文献出版社 1988 年版，第 13 页。
② 栾春娟：《专利文献计量分析与专利发展模式研究——以数字信息传输技术为例》，大连理工大学博士学位论文，2008 年。

四 专利计量与知识计量

知识计量是以整个人类知识体系为对象，运用对象分析和计算技术对社会的知识（生产、流通、消费、累积和增值等）能力和知识的社会关系（组织形式、协作网络、社会建制等）进行综合研究的一门交叉学科，是正在形成的知识科学中的一门方法性的分支学科①。知识计量以人类知识体系为分析与研究对象，旨在发现知识在生产、传播、保存、应用等过程中的模式与规律。知识计量可以分为两个层次：一是宏观层次，即从宏观上对整个人类知识体系的投入与产出、存量与流量、生产与应用、分配与转移，以及知识对国家经济的整体贡献以及知识产业和知识产业链在整个国民经济体系中所占比重等方面进行计量和分析。二是微观层次，即从微观上对某个知识单元（如组织、企业）的知识存量、流量与分布，知识的数量与质量以及知识的价格与价值等②。

专利计量除了是一种重要的科学研究活动以外，还是一种重要的实践活动，因此，专利计量受到学术界和产业界的共同关注。尽管学术界尚未给予专利计量一个统一而明确的定义，但就目前已有的对专利计量概念的分析和论述中可以发现，专利计量具有科学计量学和情报学的双重研究特征，通过对专利文献进行科学计量分析，从中挖掘出有价值的竞争情报，以达到服务于科技管理和科技决策的最终目的。

知识计量的研究对象是知识及知识体系，在我们生活的宏观世界中，知识有不同的表现形式。例如，一种公认的分类标准是把知识分为隐性知识和显性知识。显性知识是能用文字记录的知识，而隐性知识是存在于人脑中难以用语言和文字表述的知识。根据人们对知识概念的不同理解，知识计量也有不同的研究内容和表现形式。根据我们对知识、知识计量、专利计量等概念的不同理解和界定，知识计量与专利计量之间存在着复杂的关系，既有区别又有联系。就本质而言，专利计量和知识计量都是以知识为计量对象；但就形式而言，以往开展的专利计量活动主要是针对显性知识（专利文献），而知识计量则更加关注隐性知识。

---

① 刘则渊、刘凤朝：《关于知识计量学研究的方法论思考》，《科学学与科学技术管理》2002 年第 5 期。

② 邱均平、文庭孝：《评价学》，科学出版社 2010 年版，第 70 页。

知识是发展永恒的重要资源，知识创新构成国家竞争力的核心要素。专利是人类知识成果的表现形式之一，是人类知识宝库的重要组成部分，与其他形态的知识成果相比，专利既是最能直接表征创新能力和科技水平的重要指标，又是创新体系的重要组成部分，与此同时，专利还具有定义明确、形式固定、易于计量的良好属性，政府部门、学术界和产业界对专利都给予了高度的关注，专利计量也随之成为计量学领域的研究热点。

第二节 专利计量的意义与功能

专利是技术创新活动的产物，记载了人类社会发明创造的成就和轨迹，是当今时代最重要的技术文献和知识宝库。当前，全球经济一体化的进程不断加强，技术创新的规模和进程以前所未有的速度发展。从世界范围看，运用专利战略保护自己的知识产权、增强竞争优势已经成为市场竞争中最为有效的手段。而作为制订、运用专利战略的基础和前提，专利的计量分析无疑是十分重要的。

一 专利计量在创新体系建设中的应用

在知识经济时代，知识取代了传统的资本、劳动力等要素成为重要的战略资源。国家或者企业之间竞争的重点已经从产品和资本领域转移到科技领域，科技领域的竞争又主要体现在创新能力的竞争。在诸多形式的科研产出中，专利是最能直接表征创新能力和科技水平的成果形式。据世界知识产权组织统计，专利信息中包含90%—95%具有经济价值的研发成果，其他文献中则仅含有5%—10%的研发成果，据估算，利用专利信息可以缩短60%的研发周期，节约40%的费用 [1]。因此，专利成为国家和企业竞争力的核心要素。

美国专利局曾在战略规划中明确指出，专利是美国及其国家资源在全球市场上获得成功的关键要素之一。温家宝曾指出："真正的核心技术是用钱买不到的，只有拥有强大的科技创新能力，拥有自主知识产权，才能提高我国的国际竞争力，才能享有受人尊重的国际地位和尊严。"如何将科学计量学的理论、方法和工具从科学文献延伸到专利技术，多角度、多

---

[1] 袁德：《健全专利制度 发展高新技术》，《中国航天报》2004年1月30日。

层次地对我国的专利产出及分布情况进行计量分析，为国家及企业制定竞争战略提供科学的参考依据，为加快我国科技发展和创新体系建设提供有价值的决策信息，具有重要的理论价值和现实意义。

国家创新体系是经济发展和社会进步的动力，是提升综合国力的关键。国家"十五"计划纲要中首次提出"建立国家创新体系"的发展目标，之后，我国启动了一系列的知识创新工程。专利是国家创新体系的重要组成部分，它既是科学与生产之间的桥梁，又是连接知识和技术的纽带，能够同时表征知识创新和技术创新。专利具有较强的垄断性和竞争性，但在专利的研发过程中发明人和申请人之间又总是存在着广泛的合作与引用关系，在一定程度上反映出不同创新主体之间的知识交流和资源共享情况。因此，对专利生产、转移、应用、合作、引用等情况的计量和分析，能够从全新的角度更加直观地反映出创新主体之间的创新行为和互动关系，能够为科研管理部门提供决策依据，为广大的科技工作者提供参考信息，为提高我国科研效率和推动国家创新体系建设提供一定的意见和建议。

二　专利计量在科技管理活动中的应用

我国自 1978 年十一届三中全会以后开始建立现代意义的专利制度。起步较晚，但是发展速度非常快，在短短的几十年间取得了令人瞩目的成就。1984 年，新中国颁布第一部《专利法》，1985 年第一部《专利法》开始实施。之后 20 年间，中国快速地建立了一个与国际接轨并且适合我国国情的较为完整的专利法制度和体系，走过了一些发达国家通常需要几十年甚至上百年时间才能完成的立法路程。近年来，党和国家高度重视专利制度建设，我国企业和个人的专利保护意识也逐渐增强。专利数量急剧增长，专利申请量和授权量跃居世界前列。美国汤姆森公司曾指出：专利是科学研究、技术发展和商业经营的最重要的数据信息来源之一，80%可得技术信息都会出现在专利文献中并且通常不会在其他地方再现。因此，我们有必要采用定量化的工具和方法对我国的专利问题进行研究，以揭示其现状、规律和模式，更好地推动我国专利事业的发展。

1985 年我国开始实施第一部具有规范意义的《专利法》，在短期之内就快速建立了相对成熟的专利制度，并且专利申请量和授权量稳步提升。但是这样一种发展模式也必然有其先天不足之处，主要表现为数量与质量的不均衡。近年来，中国的专利数量位居世界前列，但是质量、转化率、竞争力和影响力却比较落后，在国际竞争中纠纷不断，长期处于被动挨打、疲于应付的境地。目前我国的专利情况是"丰产"不"丰收"，虽然专利申请量已经跃居世界第一，但是由专利所获得的收益非常低①。

正如著名学者杨振宁教授所言："中国已掌握了世界上最复杂、最先进的技术，但最失败的地方是没有学会如何把科学技术转化为现实的经济效益。"国内有关"提高专利质量，加强专利保护，促进自主创新"的呼声不断高涨，针对我国国情与现状进行专利研究成为摆在相关管理部门和广大的专家学者们面前的一项重大课题。专利计量将科学计量学与专利分析结合在一起，既有理论意义，又有实践价值。通过定量化的统计和分析，我们可以更加直观地了解到我国专利的生产、分布、交流、合作、引证、扩散和发展变化情况。从中所得出的大量丰富而翔实的统计数据和分析结果，以及在此基础之上所提出的改进措施和优化策略，能够为改善创新环境、促进知识交流、提高技术水平、推动我国专利事业发展提供定量与定性相结合的参考信息和决策依据。

三　专利计量在企业经营管理中的应用

（一）企业技术创新方面

日本知识财产研究所曾就知识产权的经济效果等问题对三百多家企业进行过问卷调查。调查结果显示，许多企业认为知识产权制度所带来的最有益的经济效果，是"其他公司的公开信息可能作为自己研究开发的信息来源加以利用"。可以说，专利信息的分析、利用在企业研发投资、技术开发、技术跟踪、产品定位等创新决策中有广泛的应用。在企业研发投资决策或技术开发活动中，专利信息的计量分析能帮助企业充分了解相关技术领域中专利技术的现状、重点技术、技术生命周期，监测本领域的技术发展趋势、核心专利分布等。

首先，在产品研发选题、立项或投资前，进行专利信息采集与分析，可全面了解特定技术领域的现有技术水平，确定正确的研究方向，提高研发起点，避免重复开发，节省时间及科研经费。科研选题、立项是科学研究工作的一个重要组成部分，也是科研工作的出发点。实践证明，课题选

---

① 王瑜：《从高校角度谈科研机构与企业合作》，《中国科技产业》2011 年第 1 期。

择得好，可以事半功倍，迅速取得科研成果；课题选择不当，往往使科研工作受到影响，甚至半途而废，造成人、财、物和时间上的浪费。所以能否选出有创建的、合适的科研课题，是科研工作中首先要解决的问题。专利信息具有延续性、系统性，是进行科学调研的最佳信息源之一。通过对相关专利信息的系统检索，了解相关技术领域中的空白点和存在的问题，然后在此基础上确定研究方向、寻找研究起点或最高点，并判断其可行性，为科研选题提供决策依据。从而使选定的科研课题起步于先进水平，充分利用已有的成果，避免重复，使投入的财力、物力和人力产生更大的社会效益和经济效益。

其次，在研发中进行专利分析，了解已取得的成果及各种解决方案，有助于科研人员开阔思路，启发创造性思维，同时及时避开已有专利的技术陷阱，及时发觉并尽早做出专利回避和创新设计。在专利文献中，每一件专利说明书都有较为详细的文字说明，并附有图表，详细记载了解决技术课题的最新技术方案。这些技术信息出现在专利说明书的现有技术描述、技术方案详述、权利要求、摘要或附图中，其中许多构思可以启发思维、开阔视野，有助于技术人员进行调查、分析和研究，吸取里面的技术精华，用于自己的技术创新。另外，由于绝大多数专利说明书是公开出版的，而且技术信息充分公开，因此相同技术领域中工作的人都可以得到，从而大大压缩了创新成本。

最后，据世界知识产权组织统计，利用专利文献，可节约40%的科研经费，同时少花60%的研发时间。通过专利文献了解技术和产业发展状况，掌握技术演变，进行技术预测，制定基于专利分析的技术发展路线图，展示技术发展的脉络，发掘专利技术的种子技术（Seeds）和技术空隙以探索技术开发方向，或者改进现有产品、工艺和设计，规避在先技术和寻找替代技术。经济实力较强、技术领先的企业通常采用进攻型专利战略，即积极主动地开发新技术、新产品，并及时申请专利取得法律保护，抢先占领市场，维护自己的优势地位和垄断地位；经济实力较弱、技术上不具有竞争优势的企业通常可着重分析利用外围专利、下游专利封锁各种改进发明的技术发展路线，采用防御型专利战略，即利用对专利技术的二次开发、技术引进、专利对抗、专利诉讼等方式抵御竞争者的专利攻势，打破竞争者的技术垄断，改变被动地位。

弱势或后进企业在引进技术中一般实施跟进型的专利开发战略，形成

"专利篱笆"，以达到"以小制大"的目的。"专利篱笆"即采用购买、引进等防御型专利战略并大量申请改进专利、实用新型专利等外围专利。这样，原企业的基本发明完成后如果忽视以后的开发，基本专利的权利就会变成孤立状态，会受到改进发明或应用发明的侵入，被"专利篱笆"包围起来。在制造某种专利产品或采用某种专利方法时，如果必须采用这些外围专利的话，"专利篱笆"就具有强大的威力。日本在第二次世界大战后从一个战败国迅速发展成现在的经济强国，就是成功地运用跟进型专利战略的结果。中国台湾地区和韩国的企业也大量运用了这一战略。

（二）企业产品定位方面

企业在生产经营活动中一项重要的工作就是为本企业的技术产品进行合理定位，而在产品定位决策中应当从专利信息入手，进行产品的技术层次分析、相关领域技术分布、技术应用领域的宽度、核心技术分析等。

第一，技术层次分析可以帮助企业了解其产品技术是基本技术，还是改进技术，抑或是组合技术等，综合相关领域技术分布和核心技术分析等确定其产品定位。第二，技术应用领域的宽度分析可以帮助企业了解产品的应用领域和潜在的应用领域。第三，利用专利信息进行技术跟踪。企业在完成研发之后进行专利信息分析，可跟踪相关技术发展动态，进行技术预测，并尽早了解其专利技术是否被侵权、侵权程度及侵权对象，及早做好应对策略。同时，通过跟踪相关技术领域的主要竞争对手和潜在对手，可以规划公司的整体专利布局，提升市场竞争力，或为侵权诉讼累积谈判筹码。此外，及时了解本领域最新技术发展趋势，可以激发企业员工的创新意识。

专利活动是技术开发活动的结果和表现形式，专利文献记载着发明创造的丰富信息，反映了现代技术的最新水平。利用专利信息对某技术领域专利申请的变化情况进行跟踪研究，可分析出该技术领域的技术现状、发展动向、研究重点或空白点、发展历史和将来发展趋势。专利申请数量的变化情况，能反映出技术发展的不同阶段，从而反映出某项技术的兴衰。因此在进行专利信息分析时，以年度为横坐标，专利数量为纵坐标，绘制出专利数量变化的曲线，对本行业技术发展的各个阶段进行分析，预测各项技术的发展速度及前景。

通过专利分析可了解产业和竞争对手的产品和市场布局，很多跨国公司往往是产品未到，专利先行或资金未到，专利先行。而弱势或后进企业要进入一个新的产品市场，尤其是竞争激烈的高科技产品市场，最好的办法是专利先行，获得入场券。但是若自己进行研究开发，市场的格局已然形成，这时的捷径就是并购某个拥有相关专利技术的公司，提前进入市场，给竞争对手一个措手不及。

（三）企业知识产权保护方面

企业在其生产经营活动中，常常会通过专利信息分析决定企业的专利保护策略、专利侵权研究判断或对竞争对手的专利提请无效请求的决策。

第一，专利信息为企业制定专利保护策略提供依据。企业通过专利信息分析决定是将其研发的技术申请专利，还是利用商业秘密进行保护。通过对竞争对手的专利分析，决定是否申请"干扰专利"阻碍竞争对手的发展，最终采取企业利益最大化的专利布局策略。

第二，专利信息是企业进行专利侵权研判的情报保障。首先，通过专利侵权分析，保护企业合法权益，避免他人侵犯其专利权。其次，专利文献是一种重要的法律文献，它构成专利法律效力的基础。利用专利信息，可以了解他人的专利技术，以免在实施时构成对他人专利权的侵犯。最后，专利信息是企业进行无效诉讼的有力武器。当企业被告侵权时，依照专利法规定，可以对专利提出无效诉讼。而提出专利无效的依据，就是要找到与之相关的对比文献。专利信息检索是查找对比文献的最有效的途径之一。

第三，进行权利的防御和攻击。专利是法律授予的一种垄断权，通过专利分析，一方面，可以进行自我防卫，防止侵权行为；另一方面，通过关注对手申请专利的情况，寻找对方专利的瑕疵和漏洞，为对方申请专利制造障碍，以及进行反侵权指控的诉讼。

（四）企业经贸活动方面

专利信息分析在企业并购、技术交易、专利联盟和产品贸易等企业经济贸易决策活动中有广泛的应用。

第一，专利信息分析为企业作并购决策提供依据。专利收购可以阻击竞争对手、自我防卫、收取许可费、提升已有产品和技术、进行买卖专利等。通过专利分析，适当评估专利技术的价值，可将投资和风险降到最低。企业在联营、兼并以及对外合资、合作、开展重大技术贸易时，应该对涉及的专利技术依照国家有关规定进行专利资产评估，对竞争对手的技术特点、申请时间、技术保护范围、法律权利范围等进行有效的专利信息分析，为企业的经营决策服务。

第二，专利信息分析在企业技术交易中发挥着巨大作用。技术引进是世界各国为加速本国科技发展所采取的有效措施。战后的日本在二十多年的时间里，通过对专利文献的检索，根据国内发展需要，先后引进了20000多项专利技术。在此基础上，经过不断消化、吸收和开发创新，一改技术落后的面貌，成为仅次于美国的技术、经济强国。据测算，日本引进这些技术花了35.37亿美元，仅为研制这些技术所投资的2000亿美元的1/56。这一举措为日本节约了大量的研发费用，而且争取了不少时间。此外，还可以利用专利信息确定欲引进技术的时间性和地域性，从而判断它的有效性，因为有效专利与无效专利的转让价格有天壤之别。同时，利用专利信息评估欲引进技术的先进性水平，在引进技术时可以做到货比三家，心中有数。

第三，专利信息是企业缔结专利联盟的依据。企业在发展过程中，一方面，应坚持自主创新，拥有更多核心技术；另一方面，应通过专利投资组合分析、专利群聚分析和专利池的研究分析，及时选择合适的竞争对手的专利组成专利联盟，使企业的发展跟上时代的节拍。

第四，专利信息为企业产品贸易保驾护航。企业在其产品贸易中利用专利的时间性和地域性信息，判断其产品贸易国相关专利受保护的时间和申请保护的范围，并对相关专利的优先权、专利技术的地域性等内容进行分析，以免在贸易中构成对他人专利权的侵犯，承担相应的法律责任。

总之，企业专利战略是企业发展战略的重要组成部分，是企业利用专利手段在市场上谋求利益优势的战略性策划。对于企业而言，专利信息的有效收集、分析、管理和专利竞争情报的准确运用是其开展自主创新的基础，决定着企业专利战略的成败，乃至企业的盛衰，对促进企业自主创新、科技进步、提升竞争实力具有十分重要的意义[1]。

第三节　专利计量与相关学科的关联

在计量学发展演变历程当中，相关的计量理论、方法和工具被广泛地

---

① 陈燕、茅红：《专利信息在企业经营决策中的应用》，http：//www. cipnews. com. cn/showArticle. asp？Articleid＝3286。

应用到文献、情报、专利、网络等领域和环境中，产生了文献计量学、情报计量学、专利计量学、网络计量学、知识计量学等分支领域。其中，计量学引入到专利领域，与专利研究达到了一定程度的契合，使得我们能够采用科学的方法、模型和工具来研究专利的产出、分布、变化和发展，进而能够通过专利知识计量对企业和国家的技术沿革进行追踪，并对其创新能力和水平进行评估。

专利计量以专利文献及其包含的特征项作为直接的计量对象。专利计量的诞生及发展充分体现出了继承与创新相结合的原则，它从文献计量学、科学计量学、信息计量学等相关学科领域汲取营养，又通过不断的发展和创新，拥有自身特有的研究对象和内容，并形成了一个相对独立的研究领域。因此，专利计量与相关学科之间存在千丝万缕的关系，既有深厚的关联又有显著的差别。

一　专利计量与文献计量学

文献计量学是以文献体系和文献计量特征为研究对象，采用数学、统计学等的计量方法，研究文献情报的分布结构、数量关系、变化规律和定量管理，进而探讨科学技术的某些结构、特征和规律的一门学科①。它是情报学的一个重要理论分支学科，其前身是统计书目学（Statistical Bibliography）。从计量数据来源和性质来看，文献计量学的研究对象主要是书目、文摘和索引；从其目的和意义来看，文献计量学主要是为了服务于图书情报学理论研究和文献情报工作。

专利计量是通过对专利文献信息的内容、专利数量以及数量的变化等方面的研究，对专利文献中包含的各种信息进行定向选择和科学抽象的研究活动，是情报信息工作与科学技术管理工作相结合的产物。专利计量主要包含专利文献计量和专利知识计量两部分内容，前者的研究对象是专利的载体形式（专利文献）而非内容，后者的研究对象是专利的内容（专利知识）而非载体。因此，文献计量学与专利文献计量之间可以视为是包含与被包含的关系，而专利知识计量与文献计量学之间则存在显著的差别。

专利计量的英文翻译一般写作"patent bibliometrics"或者"patento-

---

① 邱均平：《文献计量学》，科学技术文献出版社 1988 年版，第 13 页。

metrics"，可见专利计量与文献计量的深刻渊源。文献计量的对象是文献以及一切与文献相关的特征信息指标，文献种类包括图书、期刊、科技报告、专利文献等。从这一角度来看，文献计量包含专利计量，专利文献只是文献计量对象的一种。但实际上，自文献计量学诞生之后的几十年间，文献计量学家一直关注于图书、期刊及论文的统计分析，专利作为特种文献在文献计量学中并未引起太多注意。

20世纪90年代专利计量研究兴起之后一直以相对独立的面貌呈现于学科之林。目前，已有的研究成果中总是以"patent bibliometrics"为标识以区别于以"literature"为主要研究对象的"bibliometrics"。专利计量脱离了文献计量学，成为一个相对独立的研究领域，其研究主题、方法、工具、目的等诸多方面都与文献计量学有着一定的差别。从这一角度来看，文献计量与专利计量之间不能看作是简单的包含与被包含关系，而是应该将专利计量称之为文献计量学在专利研究领域的应用或者文献计量学发展到一定阶段的产物。实际上，无论是"包含说"还是"发展说"都充分肯定了文献计量与专利计量之间紧密的联系与深厚的渊源。

1994年，Narin在《专利计量》（*Patent Bibliometrics*）一文中，从国家科研生产力测度、作者（发明人）生产力分布规律、参考文献周期、引文影响力、引文倾向等几个方面对论文和专利进行了比较。作者认为论文和专利之间的相似之处远大于其差别之处，与论文一样，专利数量同样可以作为国家科研生产力的测度指标，专利在作者（发明人）生产力分布、参考文献周期、引文倾向方面表现出与论文相似的规律性，并且引文分析的方法也可以应用于专利研究中①。文中对论文与专利的比较分析，实际上体现了"literature"与"patent"之间、"science"与"technology"之间的相似与不同，同时也反映出以"literature"为主要对象的文献计量与以"patent"为独有对象的专利计量之间千丝万缕的联系。2004年，科学计量学家Meyer M.和Bhattacharya S.也曾对论文与专利进行了比较分析并且指出："专利文献和科学文献尽管存在种种不同，但它们之间也有许多相同之处，对科学文献的研究思路可以应用于对专利数据的研究。"②

---

① Narin F. ，"Patent bibliometrics"，*Scientometrics*，1994，30（1）：147–155.

② Meyer M. ，Bhattacharya S. ，"Commonalities and differences between scholarly and technical collaboration—An exploration of co‑invention and co‑authorship analysis"，*Scientometrics*，2004，61（3）：443–456.

文献计量与专利计量之间的联系主要表现为：第一，就其来源来看，专利是文献的一种，与图书、期刊、论文等主流文献一样，专利同样也是科学研究和知识创新的产物，同样能够体现出国家、组织或个人的科学生产能力与水平。第二，就其著录格式来看，专利同样包含标题、摘要、作者（发明人）及其单位、参考文献（部分国家的专利文献中包含此项目）等，这些信息可以作为基本的计量指标。第三，就研究方法来看，文献计量学中的理论、方法和工具可以被应用于专利计量中，例如，数量统计、引文分析、增长模型、老化模型等等。第四，就研究规律来看，文献计量学中的一些规律在专利计量中同样适用，例如，马太效应、洛特卡定律等等。第五，就研究成果来看，文献计量与专利计量有时会同时出现于同一研究成果当中，例如，论文与专利之间引用关系的研究，此时就很难区分该研究到底是文献计量还是专利计量。

与此同时，文献计量与专利计量在许多方面又有显著的不同：首先，从对象来看，文献计量以图书、期刊、论文为主要计量对象，专利计量以专利为独有的研究对象。其次，从内容来看，专利包含更多的技术细节，因此，学术界和产业界往往将论文和专利分别视为科学研究和技术开发的产物，相应的文献计量是对科学现象和规律的统计分析，专利计量则是对技术领域的统计分析。最后，从目的来看，文献计量主要是为图书情报单位管理和文献情报管理提供定量依据，而专利计量是为企业和政府的管理与决策提供技术、产品、市场等方面的参考信息。

二 专利计量与科学计量学

科学计量学诞生于 20 世纪 60 年代初，是一门用数学统计方法研究科学的发展机制和量化特征的学科。1961 年美国学者普赖斯发表《巴比伦以来的科学》，为这门学科的产生奠定了基础，普赖斯本人被称为"科学计量学之父"。普赖斯通过对科学杂志、文献等统计研究，论证了科学知识指数增长规律。1963 年，美国费城科学情报研究所加菲尔德博士创立《科学引文索引》（SCI），为科学计量学研究提供了数据基础。

科学计量学是应用数理统计和计算技术等数学方法对科学活动的投入（如科研人员、研究经费）、产出（如论文数量、被引数量）和过程（如信息传播、交流网络的形成）进行定量分析，从中找出科学活动规律性的一门科学学分支学科。科学计量学的研究结论较为客观，它有助于加深对科学发展内在规律的认识，从而为科研管理工作和科技政策制定提供参考和指导。

典型的科学计量学问题包括：①科学研究的生产率问题；②科研资金投入的最优化；③通过科学计量学方法和指标预测学科发展趋势和确定资助重点；④通过科学计量学方法和指标识别不同学科之间以至科学活动同技术活动之间的联系，为跨学科研究和理性的科技政策制定提供指导；⑤通过科技产出指标进行科研绩效评估；⑥描述科学活动规律的各种数学模型，如"成功导致成功"的数学模型，洛特卡定律，布拉德福定律，齐普夫－帕累托分布，等等；⑦用科学计量学方法和指标研究科技人才和科技教育问题。

科学计量学与文献计量学之间有一定的交叠。由于科学活动产出和交流的主要形式之一是科学文献，因此，针对科学文献进行的定量研究既属于科学计量学的研究范畴，又属于文献计量学研究范畴。但科学计量学也有独特的研究领域，如对科学创造最佳年龄结构的研究，产出重大科技成果时科学家年龄的频度分布规律的研究，等等。科学计量学试图通过定量方法寻找科学活动的内在规律或准规律，并为更有效率地开展科研活动提供指导。

通过前文所列举的科学计量学问题我们可以发现，作为科学研究成果的表现形式之一，专利在生产、传播和应用过程当中，同样涉及生产率、投入与产出、科学交流等问题，同样需要通过计量手段获得科学评价与管理的依据。所以，专利计量是科学计量学的重要研究领域之一。在科学计量学领域，早期有关专利的计量分析是以专利文献计量为主，而当科学发展步入知识经济时代之后，科学计量学领域呈现出显著的知识化特征，知识计量代表着科学计量学发展的趋势，该领域有关专利计量的研究也逐渐开始以专利知识计量作为主要方向。

专利计量与科学计量学的区别主要体现在：第一，与科学计量学相比，专利计量的研究对象、研究内容和研究目的更为具体，而科学计量学的研究领域相对比较宽泛；第二，专利计量与产业界存在紧密的联系，其研究目的主要是为产业界的经营与决策，特别是在技术研发方面的决策行为，提供参考信息，而科学计量学的服务对象主要是学术界，其研究目的主要是为科研管理以及科技政策的制定和实施提供依据；第三，专利计量与科学计量学关注的角度不同，对于科学和技术两个主题，文献计量学主要关注前者，而专利计量则主要关注后者。

从学科渊源方面分析，专利计量与科学计量学之间存在着广泛而深刻的关联。首先，近半个世纪以来，科学计量学的发展非常迅速，出现了一系列相对成熟和完善的理论、方法和工具，它们被广泛地应用于专利计量领域，为专利计量的发展奠定了坚实的基础。其次，科学计量学领域的专家学者一直将专利计量视为自己的重要研究领地，长期关注于专利文献和专利知识的计量分析，那些活跃于专利计量领域的专家学者，身份多为科学计量学家，他们构成了专利计量领域的研究主力。最后，专利计量与科学计量学之间的关系错综复杂，两者并无明显的界限，研究内容并无明显的差异。因此，如果说专利计量的起源是得益于文献计量学的滋养，那么，在其随后的发展过程当中，则更多地受到科学计量学的影响。

三　专利计量与知识计量学

若从广义的知识计量角度出发，将知识视为人类在认识和改造世界的实践中所获得的经验结晶，将专利视为知识的一种，此时，知识计量与专利计量之间是包含与被包含的关系；若从狭义的知识计量角度出发，知识计量的研究对象重在知识的内容而非载体，以知识的内容为直接的计量对象，而以往的文献计量学、科学计量学等则是以科学知识的载体作为研究对象，是间接的知识计量。专利计量以专利文献为研究对象，属于后者，即间接的知识计量。从这一角度分析，知识计量与专利计量之间存在着显著的差别，但就研究内容来看，两者之间又存在着交叉关系，拥有许多相同或相似之处；若从计量学的发展演变历程分析，知识计量学是文献计量学、信息计量学、科学计量学、情报计量学等经过一定的拓展、深化与升华之后发展到较高阶段的产物。知识计量是整个计量学（包括专利计量）的必然发展趋势。对于专利计量来说，也必将朝着知识化的方向发展。

以上观点分别代表着三种关于知识计量与专利计量关系的不同认识，即包含说、交叉说、发展说。无论哪种思想都不可否认知识计量与专利计量之间存在着深厚的渊源和紧密的关联，正是在这种渊源和关联基础之上，诞生出一种全新的概念——专利知识计量。专利知识计量与知识计量和专利计量相比，既有紧密的联系又有显著的区别。与知识计量相比，它以专利作为特有的研究对象，是针对专利知识的计量；与专利计量相比，它的研究对象是专利的内容而非载体，是更深层次的专利计量。专利知识计量既是专利计量与知识计量融合的产物，也是专利计量在知识经济时代背景之下向纵深化发展的必然趋势。对于专利计量而言，计量对象将深入专利文献所包含的知识单元，而不仅仅停留在专利文献及其所包含的特征项。专利计量将更加关注深层次的数据挖掘与知识发现，而不单单是专利数量的统计分析。

第三章　专利计量方法

专利计量一词源于"书目计量学"（Bibliometrics），所以专利计量的英文表达形式为"Patent Bibliometrics"或"Patentometrics"。专利计量自产生之后，秉承继承与创新相结合的原则，一方面，从文献计量学、科学计量学、信息计量学等学科领域当中引入诸多计量指标、方法和工具；另一方面，结合自身发展需要提出了一系列新的计量指标、方法和工具，使得专利计量方法体系不断完善，并被广泛地应用于情报分析、科学评价、战略管理等领域。

第一节　专利计量指标

专利计量指标的选择和设置是进行专利文献计量分析的前提和基础，许多国家和国际组织都非常重视专利计量指标的研究及应用，相继提出了大量的专利计量指标，并被广泛地应用于专利计量活动中。其中，CHI Research 公司和 OECD 所提出的专利指标在全球范围内具有较高的代表性和影响力，本节内容分别对 CHI Research 公司和 OECD 的专利指标进行整理和介绍。

一　CHI Research 公司的专利计量指标

CHI Research 公司在专利计量领域具有较高的影响力，该公司提出的专利计量指标较为成熟、应用非常广泛，主要用于评估公司的技术能力和专利价值，利用专利指标除了可以评估公司无形资产的价值，还能够评价公司技术实力及公司整体价值。CHI 的指标最初主要针对公司设计，但同样适用于国家、地区。

（1）专利数量：一段时间内各技术领域、各国家、各公司、个人所获得的专利数量。通过组合对比可评估当年或历年某一技术领域、国家、公司或个人的技术活动程度和水平，以及演变过程和发展趋势。

（2）专利相对产出指数：公司在某技术领域的专利申请量与产业专利申请总量的比例。用于评估公司在整个竞争环境中的相对位置。

（3）同族专利指数：某专利权人在不同国家或地区申请、公布的具有共同优先权的一组专利数量。反映专利权人申请的地域范围及其潜在的市场战略。

（4）专利成长率：某权利人在某段时间获得的专利数量与上一阶段的专利数量之比。计算当前较前阶段增减的幅度，可体现出技术创新能力随时间变化是否有所提升。

（5）引证指数：某专利被后继专利引用的绝对总次数。引证次数高，代表该技术属于基础性或领先技术，属于核心技术或位于技术交叉点。

（6）即时影响指数（Current Impact Index，CII）：某产业或企业前五年专利的当年被引次数/系统中所有专利前五年专利的当年被引用次数的平均值。如果实际被引用数与平均值相等，当前影响指数即为1。指数大于1，说明该项技术有较大影响力；小于1，则说明影响力较小。

（7）技术强度（Total Technology Strength，TTS）：专利数量×当前影响指数（CII）。专利数量在质方面的加权，评估公司专利的技术组合力量。

（8）相对专利产出率：某权利人在某一领域的专利申请量/全部竞争者的申请量。判断权利人的竞争位置，产出率越高，竞争力越强。

（9）技术重心指数：权利人在某技术领域的专利申请量/其全部申请量。判断某一国家或公司的研发重点。

（10）科学关联性（Science Linkage，SL）：某公司专利平均所引证的学术论文或研究报告数量。评估某专利技术创新和科学研究之间的关联程度。

（11）技术生命周期（Technology Cycle Time，TCT）：企业专利所引证专利之专利年龄的中位数。用于评估企业创新的速度或科技演化速度。TCT较低，代表该技术较新且创新速度快。

（12）科学力量（Science Strength，SS）：专利数目×科学关联性。评估一家公司使用基础科学建立专利组合的程度，以及该公司在科学领域的活跃强度。

二 OECD 的专利计量指标

自 20 世纪 70 年代开始，OECD 为在成员国之间就使用专利数据作为技术指标达成共识并保持国际上的一致性而设置了一系列专利指标，其目的是为希望利用专利统计数据建立专利指标的人员，提供一个标准化的工具，从而使其成员国所用的统计分析方法协调一致[1]。

（一）三方专利族

所谓三方专利族是指在欧洲专利局、日本专利局和美国专利局同时申请的一组专利，其目的是为了保护同一项发明。采用三方专利族作为专利指标，增强了国际间专利指标的可比性，消除了国内优势和地理位置的影响。另外，申请三方专利时需要花费额外的时间和经济成本，只有申请人确信自己的专利物有所值时才会申请，所以三方专利族中的专利普遍具有较高的价值[2]。

（1）三方专利申请趋势：某一国家在某一年度或时间段的专利申请数量或专利申请增长率，用于考察各个国家近年来三方专利的申请情况。

（2）各国三方专利申请占比：各国三方专利申请量在全部三方专利申请量中所占比例，该指标能够反映出各国三方专利申请在世界上的排名情况。

（二）PCT 专利申请

专利合作条约（Patent Cooperation Treaty，PCT）是一个国际多边协定，申请人只需提出一次申请便可达到同时在众多缔约国申请专利的效果，为申请外国专利提供了一条简便途径，已逐渐成为业界申请专利的主要途径。PCT 国际申请在一定程度上反映了申请专利所含技术的重要性和申请人抢占国家市场的迫切愿望，是衡量自主创新能力和国际市场竞争力的重要指标。

（1）各国 PCT 专利申请趋势：某一国家在某一年度或一段时期内 PCT 专利申请总量或 PCT 专利申请增长率。

---

[1] 张丽玮、邵世才、魏海燕等：《OECD 专利分析指标》，《情报科学》2009 年第 1 期。

[2] Dernis H, Khan M., *Triadic Patent Families Methodology*，Paris：OECD STI Working Paper, 2004.

（2）各国 PCT 专利申请进入地区阶段的状况：各国 PCT 专利申请进入地区阶段分析，可获知各国专利申请及价值状况①。

（三）专利国际合作情况

发明创造活动的国际化和合作化程度越来越高，跨国组织或个人共同拥有的专利数量逐年增长。专利国际合作指标可以追踪知识跨国交流与循环，从而了解知识源头以及技术应用情况。

（1）国内发明为国外居民拥有：$M = P_M/T_M$，其中，P_M 代表着本国居民为发明者、外国居民为申请者的专利申请数量。T_M 代表着本国居民为发明者的专利申请总数。M 用于评估外国组织或个人对国内发明的控制程度。

（2）国外发明为国内居民拥有：$N = PN/TN$，其中，PN 代表着外国居民为发明者、本国居民为申请者的专利申请数量。TN 代表着本国居民为申请者的专利申请总数。N 用于评估国内组织或个人掌握外国居民发明的程度。

（四）科学关联性

利用专利所引证的学术论文或研究报告数量来衡量专利技术和前沿科学研究之间的关系。

（1）不同领域科学论文引用份额：某一领域专利以主 IPC 号作为不同技术领域的划分依据，根据专利分类号查阅在不同技术领域中对科学论文引用份额的变化，以此确定技术创新与科学研究的关系。该指标能够反映出技术创新对于基础研究的依赖程度，以及基础研究对于技术创新的贡献大小。

（五）专利密度指数（Patent Intensity Indicator）

将专利申请与人口、研发投入和 GDP 等其他数据进行比较，用于衡量不同规模和经济实体的国家专利申请的深层次意义。避免了通过专利绝对数量对各国创新能力进行评价的不科学性，采用专利相对数量指标，使得各个国家之间更具可比性。

（1）每百万人口本国居民专利申请量。

（2）每十亿美元 GDP 本国居民专利申请量。

---

① Dehon C, Pottelsberghe Bruno van. , "Implementing a forecasting methodology for PCT applications at WIPO ", *WIPO Magazine*, 2003（9）：35 – 43.

（3）每百万美元研发投入本国居民专利申请量。

（六）地区专利申请

分地区统计 PCT 专利申请数量，用于评估某一国家国内创新行为的集中程度。

（1）各国 PCT 专利申请的 AGC：

$$GC = \sum_{i=1}^{N} |y_i - a_i|$$

$$AGC = GC/GC^{max}$$

其中，y_i 表示地区 i 在 PCT 专利的份额，a_i 表示地区 i 的面积占国家总面积的份额，N 代表地区的数目。AGC 指标值分布于 0—1 之间。利用 AGC 对某一国内各个地区的创新能力进行评价和比较时，排除了各地区人口、地域面积等影响因素，从而能够获得相对客观公正的排名。

第二节　专利分析方法

专利分析方法是指对有关的专利文献进行筛选、统计、分析，使之转化为可利用信息的方法，主要分为定量和定性两种类型，其中，定量分析是对专利文献的外部特征（专利文献的各种著录项目）按照一定的指标（如专利数量）进行统计，并对有关的数据进行解释和分析。定性分析是以专利的内容为对象，按技术特征归并专利文献，使之有序化的分析过程。专利计量以定量分析为主，在此我们主要对专利分析中的定量方法进行总结和介绍，将目前常见的专利计量方法归为以下几种类型。

一　专利数量的统计分析

产业界和学术界普遍认为，专利数量可以在一定程度上作为反映科技水平和创新能力的指标，而且专利数量指标还与某一组织或者某一国家的经济产出规模存在着正向的相关关系。早期的专利计量研究多集中于专利数量的统计计算，通过数量的统计来对不同学科、不同组织、不同国家的专利产出的时间和空间分布情况进行描述和分析，并以此来研究和预测不同学科、不同组织、不同国家的科技水平与创新能力。之后，专利统计深入专利文献内部，开始对专利文献所包含的知识单元进行统计分析。所以，数量统计不仅是专利计量领域常用的方法之一，而且成为专利知识计量的重要手段。专利统计的指标主要包含以下几种：

（一）专利数量

专利作为技术研发过程中重要的成果表现形式，具有可被计数的优良属性，并且代表着技术创新过程中一项定义明确的产出，可以作为技术创新与技术进步的一个强有力的指标。因此，专利数量是技术产出的直接反映，能够体现出技术创新活动的活跃程度，以及从事技术研发的组织或个人的创新能力和水平。一段时期内各个技术领域、国家、组织或个人获得的专利数量通过组合对比可以评估当前或历年某一技术领域、国家、组织或个人的技术活动程度和水平，以及技术演变过程和发展趋势。

专利数量的统计分析可以简单地划分为共时分析和历时分析两种：共时分析通常是对专利空间分布情况的统计分析，在一定程度上代表着从事技术研发的主体的产出能力，以及不同技术领域的活跃程度，从中我们可以了解到不同国家、地区、机构、个人的科技发展水平，及其在不同技术领域的能力和地位；历时分析是对一段时期内专利数量的发展变化情况进行研究，通常以年为单位，对不同主体或不同技术领域在一段时期内各年度拥有的专利数量的统计和对比分析，主要用于预测不同创新主体和不同技术领域的未来发展趋势。

（二）同族专利数量

所谓同族专利是指具有共同优先权的不同国家或国际组织多次申请、多次公布或批准的内容相同或基本相同的一组专利文献。同族专利数量的统计分析可以从侧面反映出专利的经济价值。一般来说，出于成本考虑，企业往往会对重要的技术、重要的市场提出专利申请，若一件专利在多个国家或地区多次提出申请，在一定程度上说明该件专利具有较高的价值。因此，同族专利数量能够反映出专利的重要程度。从同族专利的地理分析，也可以初步预见其潜在市场或市场战略。

（三）专利特征项的数量

专利的特征项包括发明人、专利权人、所属国家或地区、申请日、授权日、参考文献、主次分类号等，它们都可以作为专利计量的指标，通过对其数量进行统计分析，能够从不同的角度反映出专利所包含的各种有效信息。其中，分类号是最能直接表征专利技术的内容和功能及其所属的技术领域，可以被视为是专利的知识单元。通过专利分类号的统计分析，我们能够对不同国家或企业在不同技术领域的创新能力进行评估，并对其技术沿革进行追踪。

对于一件专利包含多个分类号（即分类号共现）的情况，可以构建分类号共现网络（共类网络），并将其以可视化图谱的形式呈现出来。分类号共现在一定程度上代表着不同技术领域和主题的交叉，在此交叉之处往往孕育着新的技术生长点。因此，分类号共现网络既能反映出不同技术领域之间的关联性，又可以用于预测未来即将出现的新兴交叉技术领域。

（四）专利增长率

某个国家或权利人在某年度或某段时期的专利申请量或授权量除以上一年度或前一阶段的专利申请量或授权量所得的比值。计算时可以采用某个国家或权利人的专利总数，考察该国家或权利人的整体情况；也可以划分不同的技术领域分别统计其专利数量，考察该国家或专利权人在不同技术领域的创新情况。专利增长率用于衡量专利数量随时间变化的增减幅度，该指标值不仅能够显示出各个国家或专利权人技术创新能力的发展变化情况，而且能够反映技术创新的前沿和热点。与其他专利数量的统计指标相比，专利增长率主要用于预测和揭示技术创新的未来发展趋势。

专利数量的统计分析是专利计量的基础，早期的研究主要集中于对不同学科、国家、组织专利申请量或授权量的总量的宏观计算，并将专利数量作为技术变革的测量指标，探讨不同国家或组织在不同学科领域的技术实力。之后专利数量的统计分析逐渐向纵深化方向发展，统计方法更加复杂专深，出现了专利合作分析、专利引文分析等不同的计量方法，并延伸出不同的研究领域，专利数量的统计分析也被广泛地应用于技术领域的评价、预测、管理等活动当中。

尽管专利数量的统计分析是专利计量中常见的方法，但是由于各国专利制度的差异，各国专利的具体审核标准、审批程序等方面各不相同。例如，存在相互关联的多项技术发明在美国可以合并申请为一项专利，但在日本必须分别提出若干项分案申请。这样在对不同国家的专利制度进行比较时会带来一定的偏差。所以在进行专利国际比较时，一般选择同一大型专利体系，例如美国专利数据库或欧洲专利数据库①。但这又带来另一个问题，即"本土优势"，同样会造成统计数据的偏差，无法进行客观公正

---

① 骆云中、陈蔚杰、徐晓琳：《专利情报分析与利用》，华东理工大学出版社 2007 年版，第 248 页。

的国际比较。

二 专利合作的计量分析

专利合作的概念包含狭义和广义两个方面。狭义的专利合作专指专利研发过程中的合作，即共同研究，主要表现形式为共同署名或联合申请。狭义的专利合作可以从发明人和专利权人两个角度进行衡量，凡是两个或者两个以上的名字共同出现在某一项专利的发明人或者专利权人一栏中，即可视为专利合作。只有在发明创造完成过程中对发明创造的构思以及构思的结构形式提出了具体的创造性见解的人才能被称为发明人①。因此，狭义的专利合作即为两人或多人共同进行的发明、创造、设计活动。

广义的专利合作是指以专利为载体的所有形式的合作，既包括专利研发过程中的合作，又包含围绕专利成果展开的许可、转让、开发、应用等一系列的活动，涵盖专利生产—专利转让—成果开发—产品推广的整个过程，包括委托开发、合作研究、合作开发、专利许可或转让等多种合作形式。例如，"官—产—学"合作模式中，高校承担研究工作，企业负责将高校研制的专利进行开发和实施并将新产品投向市场创造效益，政府为校企之间的委托开发或专利转让提供政策支持和环境保障，尽管高校、企业、政府三者之间并没有进行共同研究或共同开发，但在专利的生产—转让—开发—推广的整个过程中，三者分别负责不同的阶段和方面，合力促使专利转化为实际生产力，整个过程中三者缺一不可。因此，从广义概念来讲，"官—产—学"合作是典型的专利合作模式。

综上所述，狭义的专利合作是指专利研发过程中的合作，广义的专利合作则同时包含合作研究和技术转移两个方面的内容。相应的，狭义的专利合作计量以专利研发过程中的合作关系、合作行为和合作现象进行研究，以专利文献中所包含的共同发明人或共同专利权人为计量对象；而广义的专利合作计量则是对专利生命周期（包括研发、转让、应用等多个阶段）所有合作行为进行计量分析。

通常情况下，狭义专利合作计量的原始数据易于获取，直接以专利文献数据库作为数据来源，而广义专利合作计量并没有固定的数据来

---

① 刘春田：《知识产权法》，北京大学出版社 2000 年版，第 139 页。

源，有关成果转让和应用开发等阶段的专利数据难以获取。因此，目前，广义专利计量的研究成果比较少见，一般针对较小范围内某一个或几个单位和个人展开，基于社会调研或实地考察所获得的部分数据开展计量活动。狭义专利计量可以获得较大的原始数据样本，能够获得更具普遍性和可信度的研究结论和发现。在整个专利计量领域，狭义专利计量的应用范围相对比较广泛，其计量指标是参照科学计量学和文献计量学中有关科学合作的计量指标和计算方法提出的，常用的计量指标主要包含以下几种：

（一）专利合作率与合作度

专利合作可以分别从发明人和专利权人两个角度进行衡量，与之对应的分别是发明人合作率、发明人合作度、专利权人合作率、专利权人合作度。发明人合作率和发明人合作度主要反映个体之间的合作情况，合作者为自然人；而借助于专利权人合作率和专利权人合作度则可以对组织之间、地区之间，甚至是国家之间的合作情况进行计量分析，合作者可以是个人也可以是组织。以上四个指标的计算方法分别为：

$$发明人合作率 = \frac{两个及以上发明人共同发明的专利数量}{专利总数} \qquad （式3—1）$$

$$发明人合作度 = \frac{发明人总数}{专利总数} \qquad （式3—2）$$

$$专利权人合作率 = \frac{两个及以上专利权人共同申请的专利数量}{专利总数} \qquad （式3—3）$$

$$专利权人合作度 = \frac{专利权人总数}{专利总数} \qquad （式3—4）$$

通过以上计算公式可知，发明人合作率、发明人合作度、专利权人合作率和专利权人合作度等四个指标分别从不同的方面反映专利的合作意识、合作程度、合作规模和合作范围。发明人合作率指标体现出整体（包括组织内和跨组织）的合作情况，发明人合作率越高，表明合作意识和合作程度越强。专利权人合作率指标体现跨组织专利合作情况，即跨组织专利合作所占比例，专利权人合作率越高，不仅表明合作意识和合作程度较强，而且反映出合作范围较大。如果某一地区或者某一组织的发明人合作率高，而专利权人合作率低，则在一定程度上说明该地区或者组织的专利合作多限于组织内部，合作范围非常有限。

发明人合作度指标反映整体（包括组织内和跨组织）的合作规模，

即平均每件专利投入的人力资源的多少，发明人合作度越高，表明平均每件专利参与的发明人数量越多。专利权人合作度主要反映跨组织专利合作情况，专利权人合作度越高，说明平均每件专利参与的单位数量越多。专利权人合作度指标不仅能够反映专利合作的规模，而且能够反映出专利合作的范围，即专利权人合作度越高，说明专利合作的范围越广泛。如果某一地区或者某一组织的发明人合作度高，而专利权人合作度低，也在一定程度上说明该地区或者组织的合作范围非常有限，专利合作大多都在单位内部开展。

（二）专利合作系数

Subramanyam 将合作度和合作率的指标综合起来，提出了一种综合测量方法，即合作系数[1]。该指标被提出之后主要用于对论文合著问题进行计量分析，实际上，它同样适用于专利合作。参照 Subramanyam 的合作系数的概念及计算方法，我们提出专利合作系数，计算方法如下：

$$CCp = 1 - \frac{\sum_{j=1}^{k} (1/j)f_j}{N} \qquad (\text{式 } 3—5)$$

其中，f_j 为合作者人数为 j 的专利数量，k 为合作者人数的最大值，N 为专利总数。合作者包括发明人和专利权人两种，因此，专利合作系数可以分别从发明人和专利权人两个角度进行计算。

（三）国内合作系数与国际合作系数

印度学者 Garg K. C 和 Padhi P. 提出了国内合作系数 DCI 和国际合作系数 ICI 来测度某一国家的合作情况，当这两个系数大于 100 时表示该国合作程度高于国际平均水平[2]。以上两个系数同样可以用来测度某一国家国内合作和国际合作的情况。

$$\text{DCI}p = \frac{D_i/D_{io}}{D_o/D_{oo}} \qquad (\text{式 } 3—6)$$

其中，DCIp 是国内专利合作系数，D_i 为某一国家的国内合作专利数量，D_{io} 为第 i 个国家的专利产出总量，D_o 为所有国家国内合作专利总量，

① Subramanyam K., "Biliometrics Studies of Research Collaboration: A Review", *Journal of Information Science*, 1983（6）：33 – 38.

② Garg K. C, Padhi P., "A Study of Collaboration in Laser Science and Technology", *Scientometrics*, 2001, 51（2）：415 – 427.

D_{oo} 为所有国家的专利产出总量。

$$\text{ICI}p = \frac{I_i/I_{io}}{I_o/I_{oo}} \qquad\qquad （式3—7）$$

其中，ICIp 是国际专利合作系数，I_i 为某一国家 i 的国际合作专利数量，I_{io} 为国家 i 的专利产出总量，I_o 为所有国家国际合作专利总量，I_{oo} 为所有国家的专利产出总量。

国内合作系数和国际合作系数分别用于考察某一国家的国内合作程度和国际合作程度，当指标值大于 1 时表示该国家的合作程度高于国际平均水平。

三　专利引用的计量分析

专利引文分析是借鉴传统文献计量学的引文分析方法，通过专利被引频次和引文网络来对专利文献进行计量分析。一方面，被引频次可以用作评价专利质量和影响力，以及测度知识扩散和流动的指标；另一方面，通过专利引用关系可以向后追溯某一项技术发明的源头，向前推测某一项技术的发展方向和趋势。

早在 1949 年，Seidel 就提出了专利引文分析的概念，专利引文是后继专利基于相似的科学观点而对先前专利的引证，他还指出被引频次较高的专利所包含的技术更为重要。Jaffe 等人认为专利之间的相互引用会带来知识的扩散，因此，专利引用可以用作衡量知识扩散的工具，可以借助于专利之间的引用关系来揭示技术领域的知识交流和扩散[1]。可视化技术和知识图谱的概念逐渐被引入专利引文分析中，使得我们能够更加生动、直观地捕捉到专利发展演变的情况。我国台湾学者黄慕萱与陈达仁在《基于引文耦合的专利引文图谱》一文中，利用专利引文耦合的方法，对台湾地区高科技企业的专利引用情况进行研究，并绘制了专利引文图谱[2]。专利引文分析通常包含以下几种计量指标：

（一）专利被引频次

利用专利文献被后继专利引证的次数进行分析，用以评估技术地位，

---

[1]　Jaffe A., Trajtenberg M., Henderson R., "Geographic Localization of Knowledge Spillovers Evidenced by Patent Citations", *Quarterly Journal of Economics*, 1993, 108 (3): 577–598.

[2]　Huang M. H., Chiang L. Y., Chen D. Z., "Constructing a Patent Citation Map Using Bibliographic Coupling: A study of Taiwan's high–tech Companies", *Scientometrics*, 2003, 58 (3): 489–506.

寻找基础或关键技术等。某件专利的被引次数，可以反映其质量和影响力。一般来说，一件专利被引用，说明该件专利受到他人的认可，并对他人的科学研究和技术创新活动产生了一定的影响。被引次数越高，说明该件专利的质量越高、影响力越大。如果一件专利的被引次数较多，则代表该件专利具有较高的技术含量，该件专利的市场价值也会较高。如果一个企业或国家拥有较多的高被引专利，则这个企业或国家也会被认为是具备较高的科技竞争力。被引频次指标可以引申出其他相关指标，如即时影响指数等。

（二）前向引用和后向引用

按照不同的划分标准，专利引用可以分为不同的类型。根据引用方向的不同可以分为前向引用和后向引用。前向引用是指一件专利被其他专利所引用，后向引用是指一件专利对其他专利的引用。如图 3—1 所示，A 被 B 和 C 引用是前向引用，而 A 引用 D、E、F 的引用属于后向引用。

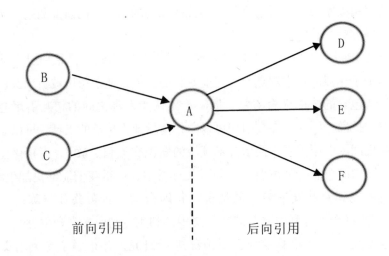

图 3—1　专利引用关系示意图

前向引用不但被用来追踪某项技术在不同技术领域、不同企业和国家之间的流动过程，也用来作为企业和国家技术竞争力评价的指标。后向引用则在一定程度上代表着某件专利对其他科学文献所包含知识的利用程度。若将多件专利之间的前向和后向引用关系以网络图谱形式呈现出来，不仅可以用来追踪某项技术的起源及技术演进路线，而且可以作为知识扩散的测度指标。

（三）延展性和缘聚性

与前向引用和后向引用类似，延展性和缘聚性分别反映某件专利被其他领域的专利引用和引用其他领域专利的宽泛程度。延展性越高，代表着某件专利被不同于本领域的更多其他领域的专利所引用，说明该件专利包含着较为通用的知识和技术。缘散性高则代表着某件专利引用了更多其他领域的专利，对其他领域的专利进行更为宽泛的融合。

（四）专利地图

专利地图，也叫技术路线图，是对专利情报分析结果的一种可视化表达，通过对目标技术领域相关专利信息进行收集、处理和分析，使复杂多样的专利情报得到方便有效的理解。专利地图是一种专利情报研究方法和表现形式，它将包括科技、经济、法律在内的各类专利情报进行加工，缜密精细地加以剖析整理，制成各种直观的图表，使其具有类似地图的指向功能。透过对专利技术信息指标及其组合的可视化表现，反映蕴含在大量专利数据内的错综复杂的信息，指明技术发展方向，分析技术分布态势，为决策者提供更直观的情报支持，特别可以用来对处在不同国家和地区的科研机构以及企业等竞争对手的专利技术分布情况进行监视，做到知彼知己。

专利地图是指导政府部门、科研机构、高新企业进行专利战略布局的有效分析手段之一。根据不同的制作目标，专利地图可以分为专利管理地图、专利技术地图与专利权利地图，不同类型的专利地图具有不同的信息分析重点，三者结合起来，正是对专利文献经济、技术、法律信息的全面挖掘。专利地图旨在为某一国家或企业指明技术发展方向，总结并分析技术分布态势，特别可以用于对竞争对手专利技术分布情况进行监视，使该国家或企业做到知己知彼。

四　技术生命周期

技术生命周期是科技管理领域中重要的研究主题之一。专利技术生命周期是根据专利统计数据绘制出技术 S 曲线，帮助企业确定当前技术所处的发展阶段、预测技术发展的极限，从而进行有效技术管理的方法。技术生命周期分析是专利分析中最常用的方法之一。通过分析专利技术所处的发展阶段，可以了解相关技术领域的现状、推测未来技术发展力量①。

专利技术在理论上按照技术萌芽期、技术成长期、技术成熟期和技术衰退期四个阶段周期性变化②。

（1）技术萌芽期：该阶段技术没有特定的针对市场，企业投入意愿较低，仅有少数几个企业参与技术研发，并且可能来自不同领域或行业，专利权人数、申请的专利数量较少。但是这一时期的专利大多是原理性的基础发明专利，可能会出现具有重要影响的发明专利，专利等级较高。

（2）技术成长期：随着技术的不断发展，市场不断扩大，技术的吸引力凸显，组织或个人投入意愿增强，介入的研发主体增多。专利申请的数量急剧上升，集中度较低，技术分布的范围扩大。

（3）技术成熟期：当技术进入成熟期之后，由于市场相对有限，进入的研发主体数量趋缓。由于技术已经相对成熟，只有少数组织或个人继续从事相关研究，专利增长速度变慢并逐渐趋于稳定。

（4）技术衰退期：当某项技术老化或出现更为先进的替代技术时，研发主体在此项技术上的收益减少，选择退出市场的组织或个人增多。此时有关领域的专利技术几乎不再增加，每年专利申请数量以及参与的研发主体数量都呈现出负增长。

专利技术生命周期的分析方法主要有图示法和指标评价法。图示法是通过对专利申请数量或获得专利权的数量与时间序列关系、专利申请人数量与时间序列关系等问题的分析研究，绘制技术生命周期图，推算技术生命周期。在技术研究中，图示法也可以用时间序列法直接展开专利权人或专利申请人数量对应的专利或专利申请数量图来表征专利技术的生命周期。指标计算法由于存在计算复杂、数据处理量大、直观性不够等缺点，在实际分析中的可操作性不如图示法。

五　其他分析方法

对于专利经济价值的衡量，主要通过专利许可情况和专利实施情况的计量分析来实现。

---

① 杨铁军：《专利分析实务手册》，知识产权出版社 2012 年版，第 146 页。
② 肖沪卫：《专利地图方法与应用》，上海交通大学出版社 2011 年版。

（一）专利许可情况

如果一件专利被许可给多家企业，则证明该专利是生产某类产品时必须使用的专利技术，其重要性不言而喻。部分国家或地区的专利文献标注有专利许可信息，例如，欧洲专利文献中就会将专利的许可信息列举出来。但大多数国家或地区的专利技术许可信息需要到相关部门才能进行查询。

（二）专利实施情况

一般来说，专利实施率越高，则表明专利对于技术发展、技术创新做出的贡献越大，蕴含的经济价值越大。但是，发明专利的实施通常会有一个开发过程，而一些专利就是为了"技术圈地"而不投入实施，虽然没有直接产生经济收益，但却是企业获得竞争力的关键要素，因此，利用专利实施率并不能完全反映出专利的价值和贡献情况，没有实施的专利技术并不一定就不重要。

第四章　专利合作理论

创新是一种高智力、高投入和高风险的复杂性社会劳动，需要集体的智慧和力量。无论是在自然科学领域还是人文社科领域，科技创新活动的集体化和合作化趋势不断加强，合作研究的比例呈现出稳步上升的态势，而且朝着高水平、深层次、多方位的方向发展。正如控制论的创始人维纳（Norbert Wiener）所言，爱迪生个人发明创造的时代已经远去，现在进入了科学合作的时代。

第一节　专利合作的研究意义

一　专利与创新

关于"创新"，古今中外诸多的专家学者、名人雅士对此都有精辟和深刻的论述。爱因斯坦说："想象力比知识更重要，因为知识是有限的，而想象力概括着世界的一切，并且是知识进化的源泉。严格来说，想象力才是科学研究的实在因素。"爱因斯坦所谓的想象力即是我们今天所说的创新力。随着科学的发展和技术的进步，人们赋予了创新越来越多的意义和价值，并将之提升至国家战略的高度。创新力决定着一个国家或地区在世界竞争格局中的前途和命运，成为维护国家安全、增进民族凝聚力的关键因素。2010 年，胡锦涛在中国科学院第十五次院士大会、中国工程院第十次院士大会上再次强调全力建设创新型国家的目标，并认为"知识是发展永恒的重要资源，知识创新构成国家竞争力的核心要素"。

专利是科学技术成果的重要表现形式之一，代表着科技研发过程中定义明确的产出成果，并且是由法定机关经法定程序授予，被广泛地认为是表征科技创新与进步的一项强有力的指标①。作为直接表征创新能力和科技水平的重要指标，专利是创新体系的重要组成部分，政府部门、学术界和产业界对专利都给予了高度的关注。专利合作研究，尤其是从定量角度展开的计量研究，旨在通过发明人和专利权人之间合作关系与合作模式以及伴随着专利合作而产生的知识交流情况的计量分析，为广大从事科技创新工作的单位和个人提供参考信息和决策依据，并借此推动我国专利事业的发展和国家创新体系的建设。

二　专利合作研究的背景

（一）知识经济时代背景之下，专利是创新体系的重要组成部分

在知识经济时代，知识取代了传统的资本、劳动力等要素成为重要的战略资源。国家或者企业之间竞争的重点已经从产品和资本领域转移到科技领域，科技领域的竞争又主要体现在创新能力的竞争。2006 年出台的《国家中长期科学和技术发展规划纲要》明确指出我国科技工作的指导方针是：自主创新，重点跨越，支撑发展，引领未来，把提高自主创新能力摆在全部科技工作的突出位置。在诸多形式的科研产出中，专利是最能直接表征创新能力和科技水平的成果形式。因此，专利成为国家和企业竞争力的核心要素。美国专利局曾在战略规划中明确指出，专利是美国及其国家资源在全球市场上获得成功的关键要素之一。

有学者指出："在现代社会，如何通过技术手段获取商机是对企业科技能力和水平的一大考验，专利文献是商业情报的一大来源，与其他情报源相比，专利文献的可靠度更高。"② 通过专利分析，不仅能够构建企业的技术路线图，而且还可以监测竞争环境，找出企业的对手、伙伴和标杆。如何将科学计量学的理论、方法和工具从科学文献延伸到专利技术，多角度、多层次地对我国的专利产出情况进行计量分析，为国家及企业制定竞争战略提供科学的参考依据，为加快我国科技发展和创新体系建设提供有价值的决策信息，该领域研究具有重要的理论价值和

---

① 栾春娟：《专利文献计量分析与专利发展模式研究——以数字信息传输技术为例》，大连理工大学博士学位论文，2008 年。

② Sungjoo Lee etc.，"Business Planning Based on Technological Capabilities：Patent Analysis for Technology – driven Roadmapping"，*Technology Forecasting & Social Change*，2009（76）：769 – 786.

现实意义。

（二）我国专利产出急剧增长，需要对其进行定量化分析

我国自 1978 年十一届三中全会以后开始建立现代意义的专利制度。起步较晚，但是发展速度非常快，在短短的几十年间取得了令人瞩目的成就①。1984 年，新中国颁布第一部《专利法》，1985 年开始实施。之后 20 年间，中国快速地建立了一个与国际接轨并且适合我国国情的较为完整的专利法制度和体系，走过了一些发达国家通常需要几十年甚至上百年时间才能完成的立法路程。

近年来，党和国家高度重视专利制度建设，我国企业和个人的专利保护意识也逐渐增强。专利数量急剧增长，专利申请量和授权量跃居世界前列。美国汤姆森公司曾指出："专利是科学研究、技术发展和商业经营的最重要的数据信息来源之一，80% 可得技术信息都会出现在专利文献中并且通常不会在其他地方再现。"② 因此，我们有必要采用定量化的工具和方法对我国的专利产出情况，包括专利合作问题进行研究，以揭示其现状、规律和模式，更好地推动我国专利事业的发展。

（三）合作成为科学活动的主流，专利合作的趋势也在不断加强

合作成为科学活动的主流，有关科学合作问题的研究引起了学界广泛的关注。但就目前已有研究成果来看，大多是从合著论文的角度展开计量和论述。Griliches 指出："专利为科技变革分析提供了唯一的数据源泉，就数据质量、可获性以及详细的产品、技术和组织细节而言，任何数据均无法与专利媲美。"③ 因此，从专利角度对科学合作问题进行研究，能够丰富科学合作领域已有的研究成果，并且能够发现大量新的有价值的结论与启示。

（四）科学计量学的发展和完善，为专利合作研究奠定了坚实的基础

科学计量学诞生于 20 世纪 60 年代初，是一门用数学统计方法研究科学的发展机制和量化特征的学科。在其发展历史中，科学计量学产生了一

---

① 高卢麟：《加强合作，把更加完善的"专利合作条约"推向二十一世纪——在"二十一世纪专利合作条约国际研讨会"上的讲话》，《知识产权》1998 年第 3 期。

② Thomson Reuters, We help the global Engineering and Technology Community innovate profitably, http：//scientific. thomson. com/products/solutions/engteeh/.

③ Griliches Z. , "Patent Statistics as Economic Indicators：A Survey", *Journal of Economic Literature*, 1990 (28)：1661 – 1707.

系列相对成熟和完善的理论、方法和工具，它们被广泛地应用到文献、情报、专利、网络等领域和环境中，产生了文献计量学、情报计量学、专利计量学和网络计量学等分支领域。其中，科学计量学引入专利领域，与专利研究达到了一定程度的契合，使得我们能够采用科学的方法、模型和工具来研究专利的产出、分布、变化和发展，进而能够通过专利计量对企业和国家的技术沿革进行追踪，并对其创新能力和水平进行评估。因此，科学计量学的发展和完善，为专利合作研究奠定了坚实的基础。特别是近年来，社会网络分析工具和方法的出现，尤其是新兴的可视化工具的出现，为我们提供了新的研究视角，使得我们可以突破原有的研究局限，多角度、全方位地对我国专利的产出及其合作情况进行全面、系统的计量和分析。

三　专利合作研究的意义

（一）探寻知识交流的规律与模式

合作是普遍存在的社会现象，是人类实践活动中相互作用的一种基本形式，是人类为了实现共同目标或各自利益而进行的相互协调活动，也是为了共享利益或各得其利而在行动上相互配合的互动过程①。科学合作是合作在科学研究领域的延伸和体现，其本质是资源共享，其中主要是知识的交流与共享②。也就是说，科学合作是利用知识交流和知识共享进行知识创新，它实现了知识交流、知识共享、知识创新的有效融合，成为知识经济时代科学研究的主要形式之一。

作为科学合作在技术领域的体现，专利合作能够反映出不同个人、组织、地区，以及不同国家之间知识的交流与共享情况。通过专利合作研究，来揭示知识交流模式、提炼知识交流规律，这些对于提高知识创新能力，推动国家创新体系建设，加快知识经济发展都是非常有益的。

（二）寻找专利合作网络中的小团体

大科学时代，科学研究呈现出规模化、复杂化、高成本、高难度、跨学科、交叉化等特征，许多科研项目，特别是那些重大科研项目，依靠某

---

① 谈曼延：《关于竞争与合作关系的哲学思考》，《广东社会科学》2000 年第 4 期。

② Andreas Al‑Laham, Terry L. Amburgey, Charles Baden‑Fuller, "Who is my partner and how do we dance? Technological collaboration and patenting speeding speed in US Biotechnology", *British Journal of Management*, 2010 (21)：789 – 807.

个人、某个组织，甚至某个国家的力量都难以完成，需要来自不同学科、不同地区的个人或组织结成团队共同完成。一般来说，团队的构成必然是基于成员（个人或者组织）之间共同的研究兴趣和共同的利益关系，通过团队成员关系的研究可以发现真正的同行专家和科研团队，包括既有的或者是潜在的，也包括组织内部的和跨组织、跨地区的。

这些科研团队构成了不同学科、地区、组织之间知识交流的桥梁和纽带，在推动知识交流、加快知识创新等方面发挥着重要的作用。在科研管理中应该对这些科研团队给予重点关注，这样才能使管理过程更加科学，更有针对性，管理效果更加显著。另外，由不同学科领域的成员所组成的科研团队，往往孕育着新的学科和技术生长点，通过对跨学科专利合作团队的研究，有助于我们更好地预测和发掘新兴交叉的学科和技术。

（三）揭示我国专利合作的规律和特征

作为工业技术领域的智力成果表现形式，专利直接体现着一个国家或者一个组织的创新能力和科技水平。因此，当今世界，专利已经成为国家竞争力的核心要素，专利研究也成为学术界所关注的重要议题，并且这些研究成果已经成为许多国家制定和实施国家知识产权战略的重要参考依据。目前，国内外有关专利计量的研究多集中于国际层次，从宏观角度分析不同国家之间专利的分布及合作情况，其中，欧美日等发达国家是国内外学者关注的重点。而现有成果中有关我国国内专利合作情况的研究则少之又少。这对于我国专利事业的发展，以及国家创新战略的制定和实施都是非常不利的。鉴于我国的特殊国情，国内专利的分布和合作情况必然有自己的特色和规律，这些特色和规律可以作为指导科研管理和支持科技决策的依据。本书通过对我国国内专利的合作情况进行计量分析，旨在发现我国专利生产中的特征、揭示我国专利发展中的规律，更好地推动我国科技创新事业的发展。

（四）为我国专利事业发展提供参考信息

1985 年我国开始实施第一部具有规范意义的《专利法》。与其他国家相比，我国专利事业起步较晚，但发展速度却非常惊人。用 20 年的时间走完了西方国家一二百年才走完的道路，在短期之内就快速建立了相对成熟的专利制度，并且专利申请量和授权量稳步提升。但是这样一种发展模式也必然有其先天不足之处，主要表现为数量与质量的不均衡。近年来，中国的专利数量位居世界前列，但是质量、转化率、竞争力和影响力却比较落后，在国际竞争中纠纷不断，长期处于被动挨打、疲于应付的境地。

国内"提高专利质量，加强专利保护，促进自主创新"的呼声不断高涨，针对我国国情与现状开展专利研究成为摆在相关管理部门和广大的专家学者们面前的一项重大课题。专利计量将科学计量学与专利研究结合在一起，既有理论意义，又有实践价值。通过定量化的统计和分析，我们可以更加直观地了解到我国专利的生产、分布、交流、合作和发展变化情况。从中得出的大量丰富而翔实的统计数据和分析结果，以及在此基础之上所提出的改进措施和优化策略，能够为改善创新环境、促进知识交流、提高技术水平、推动我国专利事业发展提供定量与定性相结合的参考信息和决策依据。

（五）为我国创新体系建设提供意见和建议

国家创新体系是经济发展和社会进步的动力，是提升综合国力的关键。国家"十五"计划纲要中首次提出"建立国家创新体系"的目标和任务，之后，我国启动了一系列的知识创新工程。专利是国家创新体系的重要组成部分，它既是科学与生产之间的桥梁，又是连接知识和技术的纽带，能够同时表征知识创新和技术创新。专利具有较强的垄断性和竞争性，但在专利的研发过程中发明人和申请人之间又总是存在着广泛的科学合作。

专利合作是科学合作在专利领域的体现，与论文合著类似，专利合作反映出不同主体之间的知识交流和资源共享情况。因此，对专利权人合作关系以及合作关系所反映出的不同组织、不同地区之间的知识交流情况的计量和分析，能够从全新的角度更加直观地反映出创新主体之间的合作行为和互动关系。相关的研究成果旨在为科研管理部门提供决策依据，为广大的科技工作者提供参考信息，在此基础之上为提升我国科研管理水平、推动国家创新体系建设提供一定的意见和建议。

第二节　专利合作的研究进展

科学研究是一个具有认知和操作双重属性的社会活动，根据其属性不同又可细分为科学和技术，论文和专利分别是与科学和技术相对应的主要成果形式。无论是在科学领域，还是技术领域，合作都已经成为科学研究活动的重要特征①。在科学领域，利用合著论文来研究科学合作问题是比较常用的做法，但在技术领域，利用共同发明或共同申请的专利文献来研究技术合作问题，相对还比较薄弱。科学与技术之间的关系，决定了论文与专利之间也存在着深厚的联系。一方面，论文与专利的相似性和相通性，决定了文献计量学的理论与方法可以用作专利文献的研究；另一方面，论文与专利之间存在着显著的差异，意味着对专利文献的计量和分析将产生许多新的结果与启示。事实上，早在1949年，Seidel②与Hart③就已经将文献计量学引入专利文献分析中，提出了采用计量方法对专利文献进行研究的思想。但由于当时大规模的专利文献数据难以获取，专利计量研究受到了很大的限制，之后几十年间，专利计量的研究成果寥寥无几。

1994年，Narin发表了一篇题为《专利计量》的论文，提出了利用计量方式研究和分析专利文献的方法④。在后续的研究中，Narin对该主题进行了丰富和完善，使得专利文献的计量分析方法得以系统化和全面化，也使得专利计量得以正式确立。鉴于Narin及其系列研究成果的开创性意义和巨大的影响力，Narin在1994年所发表的第一篇以《专利计量》为题的论文被视为是专利计量得以确立的标志，Narin本人被尊为专利计量研究的创始人。在这篇具有巨大开创意义的文章中，Narin对专利合作问题进行了初步的探讨。在此之后，尽管专利计量研究已经呈现出快速发展之势，但是专利合作问题研究仍未引起过多的关注。相关的研究成果大多出现于2000年以后，并且无论从研究成果数量，还是研究成果在学界的可见度和影响力来看，都远不及关于论文合著的科学研究。

一 国外研究进展

利用Web of Knowledge、Elsevier、Springer和Google Scholar等网络数据库，以"patent & collaboration"、"patent & cooperation"、"co-inventor-

---

① Meyer M, Bhattacharya S. , "Commonalities and differences between scholarly and technical collaboration—An exploration of co-invention and co-authorship analysis", *Scientometrics*, 2004, 61 (3): 443-456.

② Seidel A H. , "Citation system for patent office ", *Journal of the Patent Office Society*, 1949 (31): 554-567.

③ Hart H. C. Re, "Citation system for patent office", *Journal of the Patent Office Society*, 1949 (31): 714.

④ Narin F. , "Patent bibliometrics", *Scientometrics*, 1994, 30 (1): 147-155.

ship"、"co – inventive"、"co – patent"、"patent co – authorship"等为主题词进行多角度检索。浏览、筛选、阅读相关论文，并对重点论文进行扩展性查找。通过对检索结果进行整理和分析，及平时对相关研究内容的积累，发现国外学者对专利合作问题的研究，主要从以下几个方面展开：

（一）校企合作研究

高校是科技成果的主要产出方，而企业则是科技成果的需求者和转化者，高校与企业之间的合作能够促进学术界和产业界对接，促进科技成果的转化和吸收。校企合作一直是各级政府管理部门和学术界共同关注的议题。早在 20 世纪 80 年代，世界上多个国家和地区相继出台政策鼓励和加强校企之间的合作，其中，以专利为主要产出形式的校企合作研发活动日益广泛。Zhenzhong Ma 和 Yender Lee 选取 10 个全球最具创新力的国家，统计他们在 1980—2005 年间在美国专利与商标局申请的专利情况，结果显示，各个国家和地区的国内合作和国际合作的比例都在稳步提升；专利合作程度的提高既与这些国家鼓励合作的科技政策有关，反过来又为政府部门制定未来的科技政策提供了参考信息；基于以上统计和分析，Zhenzhong Ma 和 Yender Lee 认为当今世界已经开始进入"技术全球化"的时期[①]。

Arnold L. Demain 认为，尽管学术界和产业界的职能和目标存在显著的不同，但是如果双方的利益存在交集，并且双方能够平衡知识产权问题，高校和企业还是能够达成良好的合作关系，并从中获益[②]。Roberto Fontana 等人通过对 7 个欧盟国家所开展的校企合作项目进行调研和分析，认为企业的规模和企业的开放性是影响校企合作的两大因素，规模大的企业和那些能够经常监测外部环境的开放型企业比较倾向于与高校和科研机构进行合作[③]。尽管许多国家和地区都鼓励校企合作，但是高校和企业之间也存在着许多影响合作的障碍因素。Johan Bruneel 等人认为，以往的合作经验、校企之间的交流程度以及校企之间的信任度是影响校企合作的主

① Zhenzhong Ma, Yender Lee. , "Patent application and technological collaboration in inventive activities: 1980 – 2005", *Technovation*, 2008 (28): 379 – 390.

② Arnold L. Demain, "The relationship between universities and industry: The American university perspective," *Food Technology and Biotechnology*, 2001, 39 (3): 157 – 160.

③ Roberto Fontana etc. , "Factors affecting university – industry R&D projects: The importance of searching, screening and signaling", *Research Policy*, 2006 (35): 309 – 323.

要因素，那些拥有丰富的合作经验、相互之间能够实现充分的沟通和良好的交流并且彼此之间建立了信任关系的企业和高校之间更容易开展合作项目①。Antonio Messeni Petruzzelli 对 12 个欧洲国家的 33 所大学与企业所开展的专利合作情况进行统计分析，发现校企之间的技术相关性、以往的合作关系和地理距离对校企之间的合作产生着重要的影响②。

（二）国外专利合作网络研究

专利合作网络能够显示出不同个人、组织、地区和国家之间知识的交流与传递。以世界知名的专利文献数据库为统计数据来源，借助于科学计量学思想、社会网络分析方法、复杂网络理论、可视化工具和技术，学者们从宏观、中观、微观三个层次，对专利合作网络的结构、特征及其对技术效益和经济效益的影响，不同节点在网络中的位置、功能和影响力，网络中合作关系的地理分布和技术领域分布，网络的发展演变等问题进行了多角度、全方位的描述和分析，得出了一系列重要的结论与启示。

Melissa A. Schilling 和 Corey C. Phelps 利用 1106 个组织的专利数据构建了大规模的专利合作网络，研究了网络结构对组织创造力的影响，结果表明网络结构对组织的创新绩效有着重要的影响，拥有较高聚集度和较高可达性（节点之间的平均路径较短）的网络结构，组织的创新能力较强③。小世界网络理论认为具有小世界特征的网络结构能够提高网络节点的创造力，Fleming 等人利用专利合作网络对这一理论进行了验证，对小世界网络与区域创新力之间的关系进行了分析，作者发现区域之间的专利合作网络同样呈现出小世界网络特征，但是这种网络结构对网络中各个区域的创造力并无促进作用，尽管学术界和产业界普遍认为专利合作具有多种好处，世界范围内专利合作的整体比例和程度不断提高，但就局部地区来看，专利合作网络并不普遍，且其区域分布也不均衡④。Mats Wilhelms-

---

① Johan Bruneel etc. , "Investigating the factors that diminish the barriers to university – industry collaboration", *Research Policy*, 2010（39）：858 – 868.

② Antonio Messeni Petruzzelli. , "The impact of technological relatedness, prior ties, and geographical distance on university – industry collaboration: A joint – patent analysis", *Technovation*, 2011（31）：309 – 319.

③ Melissa A. Shilling, Corey C. Phelps. , "Interfirm collaboration networks: The impact of large – scale network structure on firm innovation", *Management Science*, 2007, 53（7）：1113 – 1126.

④ Fleming L Charles King III, Adam I. Juda. , "Small worlds and regional innovation", *Organization Science*, 2007, 18（6）：938 – 954.

son 利用 1994—2001 年间瑞典的专利数据构建了发明者合作网络，研究发现专利合作网络主要分布在人口密集、产业多样化的地区，而该地区的市场规模对专利合作网络有着负面的影响，大都市的专利合作水平反而更低①。Olof Ejermo 和 Charlie Karlsson 认为地理距离对合作网络影响较大，所以专利合作网络一般会出现区域内聚集现象，只有当某一地区缺乏研发资源，而另一地区恰好具备较丰富的该种研发资源时，双方才会跨过较远的地理距离进行合作②。Christiane Goetze 利用心脏起搏器领域的专利数据构建了专利合作网络，从专利数量和质量两个角度对合作网络中的"明星"发明者进行监测，重点对其在传递和交流信息时所发挥的功能进行分析，研究发现专利数量与发明者的个人网络大小以及他所能直接连接到的发明者的数量有着显著的正相关关系，拥有较高专业技能的发明人在合作网络中具有更高的调控力，因此，作者将那些高产的、知名的技术专家称为"明星"，并且认为那些拥有多种专业技能的"通才"是合作网络中最理想的守门人③。

（三）专利合作与论文合著的比较

论文与专利都是人类智力创造活动的成果，二者具有许多相同和相似之处，但从其特征与功能来看，论文与专利分别代表着科学与技术，二者存在着较大的差别。同时，论文与专利之间又存在着引证关系，说明二者之间又具有一定的相通之处。正是因为专利与论文之间同时存在着相同、相似、相异、相通的复杂关系，专利与论文的比较，其中包含专利合作与论文合著的比较，成为专利计量和文献计量领域共同关注的研究课题。通过专利与论文的比较，来验证文献计量学的方法能否应用于专利计量领域，寻找专利合作与论文合著之间的相同和不同，追踪知识在科学与技术之间的流动。

1998 年，Meyer 和 Persson 将文献计量学的方法应用于纳米技术领域专利合作的研究中，比较不同国家的专利合作情况，以及专利合作与论

---

① Mats Wilhelmsson, "The spatial distribution of inventor networks", *The Annals of Regional Science*, 2009 (43): 645 – 668.

② Olof Ejermo, Charlie Karlsson, "Interregional inventor networks as studied by patent co – inventorships", *Research Policy*, 2006 (35): 412 – 430.

③ Christiane Goetze, "An empirical enquiry into co – patent networks and their stars: The case of cardiac pacemaker technology ", *Technovation*, 2010 (30): 436 – 446.

文合著的异同①。2004 年，Meyer 和 Bhattacharya 曾指出，尽管专利文献和科学文献存在着种种差异，但它们之间也有诸多相同之处，对科学文献的研究思想和方法可以应用于专利数据研究中②。Stefano Breschi 和 Christian Ctalini 同时利用合作专利和合著论文构造了一个合作网络，以此来研究科学和技术之间的重合度和相关度，研究结果表明，科学和技术之间存在着很大程度的交叉重合，那些既发表论文又申请专利的科学家位于论文合著网络和专利合作网络的交叉位置，是控制科学和技术之间知识流动的"守门员"和"桥"，在整个合作网络中发挥着重要的作用③。Antje Klitkou 等人利用专利和论文分别构造了专利合作网络、论文合著网络和专利—论文合作网络，发现这三种网络分别呈现出不同的结构特征，那些比较重要的科学家在三种网络中都表现得非常活跃，表明科学和技术之间存在着紧密的联系④。Michelle Gittelman 和 Bruce Kogut 对 1988—1995 年间 116 家生物技术组织的论文和专利以及二者之间的引证情况进行统计分析，发现在知识型产业中，并非拥有知识资源和技能越多的组织，其创新能力和绩效越高，组织的发文量反而对其专利被引频次有着负面的影响，作者认为这一现象表明科学研究对组织绩效的影响是多向的，科学和技术之间关系的复杂程度远远超出人们的想象⑤。Meyer 还指出科学与技术之间的关系非常复杂，并且呈现出多种关联形式，很难采用单一的指标对其进行测度和分析，需要综合运用多种方法和指标对论文和专利及其所反映的科学和技术之间的关系进行比较研究⑥。

---

① Meyer M，Persson O.，"Nanotechnology – Interdisciplinary，patterns of collaboration and differences in application"，*Scientometrics*，1998，42（2）：195 – 205.

② Meyer M，Bhattacharya S.，"Commonalities and differences between scholarly and technical collaboration—An exploration of co – invention and co – authorship analysis"，*Scientometrics*，2004，61（3）：443 – 456.

③ Stefano Breschi，Christian Ctalini，"Tracing the links between science and technology：An exploratory analysis of scientists' and inventors' networks"，*Research Policy*，2010（39）：14 – 26.

④ Antje Klitkou etc.，"Tracking techno – science networks：A case study of fuel cells and related hydrogen technology R&D in Norway"，*Scientometrics*，2007，70（2）：491 – 518.

⑤ Michelle Gittelman，Bruce Kogut，"Does good science lead to valuable knowledge? Biotechnology firms and the evolutionary logic of citation patterns"，*Management Science*，2003，49（4）：366 – 382.

⑥ Meyer M.，"Measuring science – technology interaction in the knowledge – driven economy：The case of a small economy"，*Scientometrics*，2006，66（2）：425 – 439.

（四）基于专利合作的知识扩散研究

在知识经济的时代背景之下，知识成为个人、组织、地区乃至国家的重要战略资源，知识交流与扩散问题也随之引起了学界的广泛关注。在科学计量学领域，借助于文献之间的引证关系来研究知识扩散问题是比较常用的做法，合作则提供了另外一种测度和研究知识扩散的途径。合作的本质即是知识的交流与共享，作者之间的合作能够显示出知识（包括显性知识和隐性知识）在不同个体、组织、地区、国家之间的扩散，专利合作则显示出技术领域的知识扩散。

Michael Stolpe 利用专利发明人之间的合作关系来分析知识扩散问题，认为除了科技成果交易、非市场渠道的纯知识溢出之外，专利合作提供了第三种知识溢出和扩散的渠道[1]。专利发明人之间的合作，特别是发明人在不同区域和不同学科之间的流动，有利于知识的扩散，管理者在制定科技政策时应该对专利发明人之间的合作问题给予更多的关注。Olav Sorenson 等人从发明人合作网络、组织成员关系、地理距离等三个方面对知识的扩散问题进行研究，结果发现不同类型知识的传播和扩散特征也各不相同，即知识扩散的效率取决于知识的性质和特征：距离的远近对于简单知识的扩散效果并无太大影响；复杂知识无论是在远距离网络中还是近距离网络中，都很难进行扩散；而难易中等的知识，受网络距离的影响较强；地理距离和社会距离较近的个人和组织之间，知识交流和扩散的效果更好[2]。

实际上，专利领域的知识扩散是一个非常复杂的过程，知识扩散所带来的影响不一定是积极的、正向的，知识扩散也并不必然推动知识创新活动。Jasjit Singh 对跨区域的知识扩散与整合及其对组织创新力的影响进行了分析，发现跨区域的知识交流并不一定能够提高组织的创新能力和专利质量，但跨区域的知识整合与专利质量存在着显著的正相关关系，如果能够将来自不同学科、不同区域的知识进行很好的整合，再将整合之后的知识投入到新知识的创造中，这样才能够提高组织的创新力和专利的质量[3]。

---

① Michael Stolpe, "Determinants of knowledge diffusion as evidenced in patent data: the case of liquid crystal display technology", *Research Policy*, 2002 (31): 1181 – 1198.

② Olav Sorenson etc., "Complexity, networks and knowledge flow", *Research Policy*, 2006 (35): 994 – 1017.

③ Jasjit Singh, "Distributed R & D, cross – regional knowledge integration and quality of innovative output", *Research Policy*, 2008 (37): 77 – 96.

（五）专利合作的基础理论研究

目前，有关科学合作基础理论的研究非常薄弱，基础理论研究既需要定量的统计分析，又需要定性的归纳演绎。而目前专利合作的研究仍然停留在基于定量的数据统计来对现象进行简单描述的初级阶段，尚未上升到理论高度。但从长远来看，专利合作研究需要相关的理论支撑，特别是当其作为一个独立的研究领域存在和发展时，当其为科技管理部门和科技政策制定者提供决策依据时，必须要有充分的、相对比较系统和完善的理论作为支撑。目前，有关专利合作基础理论的研究主要关注于两个问题：一是专利合作能否对合作者的绩效（包括科技效益和经济效益）产生正向的影响；二是专利合作的影响因素有哪些。而在这两个问题上，学者们的研究结论和观点还存在较大的分歧，这也再次显示出专利合作研究尚处于起步阶段，许多问题都亟待进行深入的分析。

理论上来讲，专利合作对个人、组织、地区和国家的科学发展和创新能力都有积极的推动作用。国外一些学者通过调查统计对此问题进行了多种形式的验证和分析。Yong – Gil Lee 认为专利合作与专利的技术价值、直接经济价值和间接经济价值之间都具有显著的正相关关系[1]。Catherine Lecocq 和 Bart Van Looy 利用生物技术领域欧洲国家的专利数据对这一理论假设进行验证，作者将生命周期理论引入专利合作研究中，结果显示无论是在产生期还是发展期，专利合作对某一国家和地区的科技发展和创新绩效都具有积极的推动作用，但在之后的阶段，这种正向的推动作用逐渐减弱[2]。Rene Belderbos 等人认为专利合作对于组织的科技绩效具有正向的推动作用，但对于组织的经济效益却产生负面的影响，专利合作的影响是多向而复杂的，多种影响的作用还可能会相互抵消[3]。

关于专利合作的影响因素研究，部分学者对该问题进行了初步的探

---

① Yong – Gil Lee , "What affect a patent's value? An analysis of variable that affect technological, direct economic and indirect economic value: An exploratory conceptual approach", *Scinetometrics*, 2009, 79 (3): 623 – 633.

② Catherine Lecocq, Bart Van Looy, "The impact of collaboration on the technological performance of regions: time invariant or driven by life cycle dynamics?", *Scientometrics*, 2009, 80 (3): 845 – 865.

③ Rene Belderbos, "Technological activities and their impact on the financial performance of the firm: Exploitation and exploration within and between firms", *Journal of Product Innovation*, 2010 (27): 869 – 882.

讨。Riitta Katila 和 Paul Y. Mang 认为企业及其管理者先前的合作经历对专利合作有着重要的影响，那些有过合作经验的企业或个人更加倾向于进行专利合作①。Thomas Scherngell 和 Michael J. Barber 则从地理因素和技术因素两个角度进行分析，认为地理距离远近是影响专利合作的重要因素，技术相关性的影响作用则更大②。之后，Thomas Scherngell 和 Michael J. Barber 用更大的数据样本再次证实了地理距离是影响专利合作的重要因素，无论是高校和科研机构还是企业皆是如此③。Lucio Picci 认为语言、文化的相似性以及地理距离的远近等都是影响合作程度的重要因素④。

二　国内研究进展

利用中国知网（《中国期刊全文数据库》、《中国优秀硕士学位论文全文数据库》、《中国博士学位论文全文数据库》）、《中文科技期刊全文数据库》和《万方数据资源系统》三种中文数据库，以"专利＆合作"为主题词进行主题检索，共得到相关论文二百余篇。在对检出文献进行阅读和梳理之后，发现其中大部分文献都是从定性角度对专利合作的意义、政策、制度以及合作中的知识产权纠纷等问题进行理论探讨，研究者来自于经济学、法学、管理学、教育学等学科领域。2000 年以后才开始出现从定量角度探讨专利合作问题的实证研究。这些采用了定量工具和方法的实证研究成果又可以分为两类：一类是经济学、法学、管理学、教育学等学科领域研究者在原有的定性研究基础上加入了少量简单的统计分析，仍然以定性的理论探讨为主；另一类是将科学计量学的理论、方法和工具引入专利合作研究中，采用完全定量化的手段对专利合作问题进行统计和分析，研究者来自于科学计量学和图书情报学领域。就研究主题来看，目前国内已有的有关专利合作的研究成果主要关注以下几个方面：

---

① Riitta Katila, Paul Y. Mang., "Exploiting technological opportunities: the timing of collaboration", *Research Policy*, 2003（32）：317 – 332.

② Thomas Scherngell, Michael J. Barber, "Spatial interaction modeling of cross – region R&D collaborations: empirical evidence from the 5th EU framework program", *Papers in Regional Science*, 2009, 88（3）：531 – 546.

③ Thomas Scherngell, Michael J Barber, "Distinct spatial characteristics of industrial and public research collaborations: evidence from the fifth EU Framework Programme", *The Annals of Regional Science*, 2011（46）：247 – 266.

④ Lucio Picci, "The internationalization of inventive activity: A gravity model using patent data", *Research Policy*, 2010（39）：1070 – 1081.

（一）产学研三重螺旋合作创新模式研究

产学研三重螺旋合作创新模式源于国外，它构建了一个政府—企业—高校三大主体互动的合作模式，该模式能够有效地促进专利成果的转化。在引入国内专利研究领域之后受到我国学者的青睐，我国学者纷纷探讨如何将这一模式应用到我国专利事业中，构建适合于我国国情的三重螺旋创新体系。在产学研三重螺旋合作创新模式中，企业和高校之间的合作才是创新模式的核心，而政府主要负责为校企合作提供政策支持，校企合作申请的专利能够很好地反映出高校科研成果供给与企业技术需求之间的对接。因此，产学研三重螺旋合作创新模式研究实际上是以校企合作研究为主。这些研究成果或侧重于定性研究，或侧重于定量分析，或同时综合定性定量两种研究方式，对我国专利合作中的三重螺旋模式进行了多角度的探讨。

王成军提出了适合中国国情的三重螺旋模式，并采用定量和定性相结合的方法分析了国内政府、企业、大学与科研机构之间的合作状况，各类主体之间能够通过合作来交换资源、提高潜能，并利用合作所产生的乘积效应实现互利共赢的目标[①]。刘和东通过定性分析认为导致我国专利转化率低的一大原因是我国产学研合作缺乏信任机制，专利交易成本过高，针对这一问题，作者指出以企业为主导的产学研合作将是今后较长一段时期内我国科技创新的重要模式[②]。陈仁松等人分别从企业、高校、中介三方面构建指标变量，测度产学研合作的有效性，通过回归分析发现，专利实施方式、专利的创新类型、高校促进专利实施的措施是影响产学合作的主要因素，随后作者提出了一些提高产学合作有效性的建议[③]。

（二）国内专利合作网络研究

专利合作网络的研究者大多来自于科学计量学领域，德文特专利索引数据库、世界专利数据库、美国专利文献数据库、欧洲专利文献数据库等国际知名专利数据库为其提供了大规模的数据支撑。复杂网络和社会网络分析方法和工具，特别是信息可视化工具的出现，为专利合作网络研究带来了极大的便利。在专利合作网络中，专利发明人或申请人是网络节点，

---

①　王成军：《大学—产业—政府三重螺旋研究》，《中国科技论坛》2005 年第 1 期。

②　刘和东：《构建以企业为主导的产学研合作创新模式》，《中国高校科技与产业化》2008 年第 7 期。

③　陈仁松、曹勇、李雯：《产学合作的影响因素分析及其有效性测度——基于武汉市高校授权专利实施数据的实证研究》，《科学学与科学技术管理》2010 年第 12 期。

发明人或申请人之间的合作关系构成了网络节点之间的连线。信息可视化技术能够将专利合作者之间的关系以拓扑图的形式展示出来，结合社会网络分析中的中心性、密度、核心—边缘结构、小团体等方法，可以对合作网络的结构和特征，以及各个发明人或申请人在合作网络中的地位和影响力进行定量分析。专利合作网络研究与论文合著网络研究所采用的工具和方法非常相似，但得出的统计结果和研究结论却存在较大的差异。尽管目前国内有关专利合作网络的研究成果较少，但是该研究方向具有巨大的潜力和广阔的前景。

栾春娟等人运用科学计量学以及可视化方法，以世界专利数据库为样本数据来源，绘制了世界数字信息传输技术领域 1980—2006 年间专利发明人合作网络图，分析了合作网络演变对技术发明生产率的影响，研究结果发现随着合作网络规模的增大和密度的增强，专利发明人的技术发明生产率会有显著的提高①。王朋等人以清华大学在 1999—2008 年间的纳米专利数据为研究对象，构建了清华大学与校外的专利权人之间的合作网络，证实了清华大学的专利合作网络具有显著的无尺度网络特征，作者认为该种特征对知识创新产生积极的促进作用②。洪伟利用我国 1985—2004 年间的合作专利，分别构建了不同省区之间在四个历史时期的专利合作网络，结果发现在不同的历史时期专利合作网络呈现出不同的特征，我国的区域创新体系随着国家政策变迁逐步向市场经济的方向演变③。

(三) 国外专利合作模式的经验与启示

欧、美、日是公认的专利强国，专利事业起步较早，专利合作水平也处于世界领先地位。在推动校企合作、促进专利转化、提高专利质量等方面进行了长期的探索，提出了多种专利合作模式及一系列相关的保障措施。国内的学者将这些先进的经验引入国内进行宣传介绍，因此，在我国已有的有关专利合作的研究成果中，对国外专利合作经验与启示的探讨也是一个重要的研究方向。这些成果多数是以定性的说明介绍为主，少数作者通过中外合作状况的定量比较来指出中国专利合作的现实差距及未来发

---

① 栾春娟、王续琨、侯海燕：《发明者合作网络的演变及其对技术发明生产率的影响》，《科学学与科学技术管理》2008 年第 3 期。

② 王朋等：《校企科研合作复杂网络及其分析》，《情报理论与实践》2010 年第 6 期。

③ 洪伟：《区域校企专利合作创新模式的变化——基于社会网络方法的分析》，《科学学研究》2010，28 (1)：40—46、150.

展方向。这些作者多具有国际化的视野，为中国专利合作模式的构建和中国专利事业的发展打开了一扇窗户，既介绍了国外先进的经验和启示，又给出了提高我国专利合作水平的相关建议和措施。

刘力指出美国的学术界和产业界建立了较为密切的合作关系，有力地推动了科研成果产业化的进程，美国现有多种产学研合作模式，其中最具代表性且已经产生广泛影响的 5 种模式分别是科技工业园模式、专利许可和技术转让模式、企业孵化器模式、高技术企业发展模式、工业—大学合作研究中心及工程研究中心模式①。许惠英认为先进的产学研合作模式还需要强有力的保障措施，美国政府构建了完备的法律体系，设立专项计划，投入大量资金，产学研合作成效显著，由此推动了美国经济的快速发展②。张化尧和史小坤对 5 个日本公司的专利合作行为进行了考察，发现日本企业在技术研发过程中的合作化倾向明显高于世界平均水平，体现出日本的合作型团队文化的重要性③。与美国和日本不同，英国有着强大的科学基础和软弱的技术产业化能力，属于典型的"欧洲创新困境"，所谓欧洲创新困境是指欧洲国家在科学产出方面引领全球，但是，在将这种创新能力转化为财富方面却处于比较落后的水平。为改变这种局面，英国采取了种种措施，既有丰富的经验也有重大的教训，程如烟和黄军英分析了英国在产学研合作方面的经验教训及其对我国的启示④。

（四）基于专利合作的技术扩散与转移研究

技术转移概念于 20 世纪 60 年代中期首次被引入经济学理论中。所谓技术转移一般是指技术作为生产要素通过有偿或无偿的方式，从技术发明者向技术使用者转移的过程⑤。专利技术转移是技术转移的一种形式。以往，有关专利技术转移的研究多是从专利成果转让或转化的角度展开。由于大规模的统计数据难以获取，这种研究方法具有很大的局限性，因此，

---

①　刘力：《美国产学研合作模式及成功经验》，《教育发展研究》2006 年第 4 期。

②　许惠英：《美国产学研合作模式及多项保障措施》，《中国科技产业》2010 年第 10 期。

③　张化尧、史小坤：《日本企业的合作与创新：企业和项目层面分析》，《科研管理》2011 年第 1 期。

④　程如烟、黄军英：《英国产学研合作的经验、教训及对我国的启示》，《科技管理研究》2007 年第 9 期。

⑤　William G.，*Technology Transfer：A Communication Perspective*，Newbury Park，CA：Sage，1990.

我们看到大部分的研究成果①都是定性研究，从理论上探析专利技术转移的意义、模式、影响因素、知识产权纠纷等问题。

合作的本质是知识交流，在科学合作研究领域学者们往往借助于论文作者之间的合著关系来探索知识的扩散和转移。作为技术成果的直接表现形式，专利合作则在一定程度上代表着技术的扩散和转移，不同研发主体之间的合作显示出不同领域、地区、国家之间技术的流动和共享。这种技术的扩散和转移不仅有利于不同研发主体之间知识和技术（包括显性的和隐性的）的交流，而且能够加强学术界和产业界的联系，提高专利的转化率。尽管，目前该研究方向的成果较少，但是这种研究方法能够实现定量化研究，在大规模的统计数据获取方面也具有较大的优势，因此，从长远来看将具有较大的研究潜力。

曹建国等人认为，专利技术转移是产学研合作的一种典型形式，高校和科研院所的专利技术只有通过技术转移才能转化为现实的生产力和竞争力②。向希尧和蔡虹基于我国电力系统专利文献，比较了显性知识和隐性知识的跨国溢出和创新扩散网络的结构特征，发现显性知识溢出和创新扩散网络相对比较分散，其度分布具有显著的无标度特性；而隐性知识网络结构则明显不同，不仅提供了更多的知识获取渠道，而且缩短了知识的传播距离并降低了网络核心节点对于信息传播的控制力，有助于提高网络中知识传播的效率③。

三　国内外研究述评

综合国内外已有的相关研究成果，我们看到专利合作仍然是一片有待开发的新兴研究领域。科学计量学引入专利合作研究之后，突破了以往经济学、管理学、法学、教育学等学科定性研究的局限，科学计量学和图书情报学学者的进入，在很大程度上丰富了已有的研究成果。尽管目前定量化的研究成果很少，但在一定程度上使得专利合作研究领域呈现出定性研究与定量研究并存的新面貌。国内外刊物上所刊载的相关论文数量逐年增

①　栾明：《高校专利技术转移与自主创新》，《科学学研究》2007年第S1期；覃川、金兼斌：《中国大学技术转移的基本模式与关键因素分析》，《技术与创新管理》2005年第5期。

②　曹建国等：《科研合作中的专利技术转移研究》，《科技管理研究》2009年第12期。

③　向希尧、蔡虹：《组织间跨国知识流动网络结构分析——基于专利的实证研究》，《科学学研究》2011年第1期。

长。但是，无论是国内还是国外，相关的研究成果都呈现出以下几个特征：

（1）专利计量与科学合作相互独立：专利计量和科学合作已经成为比较热门的研究议题，但是将二者结合起来进行研究却十分少见。科学合作的研究主要借助于合著论文统计分析完成，对其他形式的科研产出关注较少；而专利计量则主要关注于专利的时间和空间分布，较少涉及合作问题，专利计量与科学合作两个研究方向基本上还处于相互独立的状态。

（2）以国外数据库为主要数据来源：国内外学者都更加青睐于以国际知名的数据库作为统计数据来源。专利计量研究以德文特专利索引数据库（Derwent Innovation Index，DII）、美国专利文献数据库（USPTO）、欧洲专利数据库（ESP）、世界专利数据库（WIPO）为主，而论文合著研究则以 SCI、SSCI 等数据库为主。这些国际知名数据库所收录的文献以英文为主，未能反映出非英语国家的真实科研产出情况。对于广大的发展中国家来说，更适合于采用本国的专利数据库作为数据来源进行专利分析，而不是国际上占据主流的欧美数据库①。以中国为例，由于语言障碍，只有少数的论文和专利才以英文形式发表并被国外数据库收录，大部分的科研成果都被中文数据库收录。

（3）针对我国国内情况的研究较少：对专利合作的定量研究主要关注于国家层面的分析。国外的学者往往以欧、美、日等发达国家为研究对象，而国内的学者所开展的研究则以中外的宏观对比为主。无论是国外学者还是国内学者，针对我国国内情况的研究非常少。造成这一现象的原因可以简单地归纳为以下两个方面：第一，研究者以国外数据库为数据来源，这些数据库对国内成果的收录非常有限；第二，国内在相关领域的研究比较薄弱，尚处于对国外研究的追随阶段。

（4）已有的研究成果只是初步的探索，未能实现全面化和系统化：从研究方法来看，是零散的、简单的；从研究结论来看，只是对现象的简单描述；从研究角度来看，多是针对某一技术领域的统计分析，缺乏大规模的、深入、系统、全面的研究。以上现象表明，国内外有关专利合作的研究尚处于起步阶段，缺乏整体上的系统研究，缺少具有一定高度和深度

①　Louis Mitondo Lubango，Anastassios Pouris，"Industry work experience and inventive capacity of South African academic researchers"，*Technovation*，2007（27）：788－796.

的或具有普遍规律意义的成果。

第三节　专利合作的相关概念

一　科学合作与专利合作

合作是人类社会的一种普遍现象和客观存在。合作的一般性解释为个人与个人、群体与群体之间为达到共同目的，彼此相互配合的一种联合行动和方式。社会学者称之为社会互动的一种形态，并将之视为推动人类社会发展和进步的一个重要条件。19 世纪，达尔文的适者生存学说，偏重于生活的竞争。而克鲁泡特金的互助论则强调合作，认为人类没有合作，不能相互结合，就不能达成共同的利益。一般来说，合作的方式分为直接合作与间接合作两类。直接合作是人们对共同感兴趣或者有共同利益的事物，采取群体行动，如一起游戏、一起讨论、一起劳作等。其特点在于一人所不能单独完成的工作，必须联合他人共同为之。间接合作是为同一目标，而各人做不相同的活动。例如现代的分工制度，是间接合作的具体表现。家庭、工厂、政府、科学研究等，都是以分工合作达成共同目标的事实。此种合作的起因，是为了生存的需要与社会的安宁而产生的。现代的社会团体与国际关系日益扩大，一方面因利益冲突而互相对抗；但另一方面因事业关系又不得不彼此合作、增进了解。人类合作的范围自第二次世界大战以后史无前例地扩展，可以说是进入了竞争与合作并存的时代。

《现代汉语词典》中对"合作"一词的定义是：相互配合做某事或共同完成某项任务。《牛津大辞典》对"合作"（Collaboration）一词的解释是：为分享某一结果共同工作或行动。马克思则认为合作是以群体的联合力量和集体行动来弥补个体自卫能力的不足。综合以上观点，国内学者谈曼延赋予合作以更加清晰和明确的定义，他认为合作是人类社会普遍存在的现象，是人类社会实践活动中相互作用的一种基本形式，是人们为实现共同目的或各自利益而进行的相互协调的活动，也是为共享利益或各得其利而在行动上相互配合的互动过程①。科学合作是合作在科学研究领域的体现，而专利合作则是合作在专利研发领域的体现，因此，合作既包含科学合作又包含专利合作。从其内涵看，专利是一种极为特殊的科研成果

---

① 谈曼延：《关于竞争与合作关系的哲学思考》，《广东社会科学》2000 年第 4 期。

形式，兼具竞争和合作双重属性。本书以专利合作为研究对象就是考虑到专利具有不同于论文、专著等其他科研成果的特征和属性，希望通过专利合作模式的计量分析来获取新规律和新发现。

（一）科学合作

人类社会与其他动物群体的一个重要区别是，人与人之间可以通过运用个人理性而达到某种形式的合作①。经 Beaver 和 Rosen 考证，最早的合著论文发表于 1665 年，而世界上最早发行的期刊《哲学学报》也是 1665 年创刊的，也就是说自世界上最早的期刊创刊开始，便有合著论文的存在，至于以非合著形式存在的科学合作起源更早②。有学者指出，科学合作与近代科学同时出现，早在 16 世纪，意大利的一大批科学人才云集在罗马的"山猫学会"、那不勒斯的"自然奥妙学会"和佛罗伦萨的"齐芒托学会"周围进行交流和合作，分别在力学、天文学和物理学奠定了近代科学的基础③。以上事实表明，科学合作早已有之，它是人类社会发展到一定阶段的产物，是科学家应科学发展需要，为了实现互利共赢的目标，而通过个人理性所达成的相互协调、相互配合、共同行动的研究形式。

从功能主义的角度来看，国外学者 Ziman 认为，科学合作可以被看作是科学发展到一定的"稳定期"之后的产物，进入"稳定期"之后合作效应在提高科学知识产出方面发挥着越来越重要的作用，科学合作被看作是一种科研政策工具，在这种情况下，将更多地依靠科学合作而不是单纯依赖于提高科研人力资源数量来推动科学的发展和进步④。从实用主义的角度来看，科学合作是指两个或者多个科研人员为着同一个科研项目在一起工作，并为之付出智力或物质资源。国内学者冯鹏志从合作群体的角度对科学合作的概念进行了解释，他认为科学合作的存在是以科学合作体的存在为标志，所谓科学合作体是指不同学科、不同部门或不同专业的科研人员聚集在一起，围绕一个共同的科研课题（项目或任务）进行研究的

① ［美］罗伯特·阿克塞尔罗德：《合作的进化》，吴坚忠译，上海人民出版社 2007 年版。

② Beaver D., Rosen R., "Studies in Scientific Collaboration: Part I: The professional origins of scientific co‐authorship", *Scientometrics*, 1978（1）: 65–84.

③ 赵红州：《科学能力学引论》，科学出版社 1984 年版，第 123 页。

④ Ziman J., *Prometheus Bound: Science in a Dynamic Steady State*, Cambridge: Cambridge University Press, 1994.

科研协作群体①。而科学计量学家 Katz 和 Martin 给予科学合作一个更为简单的定义，即科学合作是指研究者为生产新的科学知识这一共同目标而在一起工作②。但同时 Katz 和 Martin 又指出科学合作的概念其实是很难界定的，仅凭定义根本无法判定哪些活动可以称为科学合作，哪些人可以称为合作者，一般来说需要根据贡献程度大小来确定科学合作及合作者，但是贡献度的界定也带有很强的主观性。

通过以上有关合作和科学合作概念的梳理和分析，我们认为科学合作具备以下几个特征：第一，从来源来看，科学合作是科学研究发展到一定阶段的产物；第二，从目的来看，科学合作是为了提高科研产出的质量或者数量；第三，从参与主体来看，科学合作必须包含两个或者两个以上的合作者，合作者可以是个人也可以是组织；第四，从对象来看，科学合作必须是合作者共同参与同一项科研课题或者任务；第五，从形式来看，合作者通过相互配合、协同互助的形式进行科学研究，可以是面对面的合作，也可以是跨地域的合作；第六，从成果来看，科学合作的成果有多种表现形式，可以是有形知识，也可以是无形知识，合著论文只是其中一种；第七，从本质来看，科学合作即是合作者之间的资源共享，合作者相互分享的资源可以是智力、知识、声誉，也可以是资金、设备等等。综合以上观点和认识，我们给出了科学合作的一般化定义，所谓科学合作是指两个及以上的科研人员或组织共同致力于同一研究任务，通过相互配合、协同工作而实现科研产出最大化目标的一种科学活动，其本质是合作者之间的资源共享③。

（二）专利合作

目前，国内外相关研究成果中对专利合作这一概念尚无明确的定义。笔者认为，专利合作的概念包含广义和狭义两个方面。狭义的专利合作专指专利研发过程中的合作，即共同研究，主要表现形式为共同署名或联合申请，对应的英文翻译为"co - invent"。共同发明和共同发明人都是专利法中的概念，在本书中分别对应于合作专利和专利合作者。

---

① 冯鹏志：《论技术创新行动的环境变量与特征——一种社会学的分析视角》，《自然辩证法通讯》1997 年第 4 期。

② Katz J S., Martin B R., "What is research collaboration？" *Research Policy*, 1997, 26 (1): 1—18.

③ 赵蓉英、温芳芳：《科研合作与知识交流》，《图书情报工作》2011 年第 20 期。

广义的专利合作是指以专利为载体的所有形式的合作，既包括专利研发过程中的合作，又包含围绕专利成果展开的许可、转让、开发、应用等一系列的活动，涵盖专利生产—专利转让—成果开发—产品推广的整个过程，包括委托开发、合作研究、合作开发、专利许可或转让等多种合作形式。

综上所述，狭义的专利合作是指专利研发过程中的合作，广义的专利合作则同时包含合作研究和技术转移两个方面的内容。本书是从狭义的角度对专利生产（即发明创造）过程中的合作问题进行计量分析，以专利文献中发明人和专利权人栏目中共同署名的单位或个人为基本标识。

（三）科学合作与专利合作的关系

提到科学合作人们首先想到的是论文合著，在国内外已有的有关科学合作的研究成果中，特别是定量化研究成果中，从论文合著角度揭示合作现象确实是主流的研究方法。尽管也有学者提出从专利角度研究科学合作问题，但科学合作与专利合作之间总是处于一种若即若离的状态，大家更多地关注于专利合作与论文合著之间的区别，而很少有人将专利合作与科学合作直接等同。科学合作与狭义的专利合作是包含与被包含的关系，专利合作是科学合作的一种表现形式，是以专利为成果的合作研究；而科学合作与广义的专利合作是交叉的关系。

正如文献计量与专利计量的关系一样，科学合作与专利合作之间也存在着千丝万缕的关系，并且二者之间的区别与联系主要表现为"论文"与"专利"之间的异同。科学合作与专利合作分别有不同的侧重点，特别是有些学者习惯于将"科学"和"技术"严格区分开来，将科学合作看作是以基础研究和科学发现为目的的活动，而将专利合作看作是以技术开发设计为目的的活动。与此同时，二者之间也存在着一定的关联，原来用于合著论文研究的思想和方法可以被直接引入专利合作研究中，并且就研究成果来看会呈现出相似的规律性。Nelson 和 Romer 曾指出："虽然基础研究和应用技术研究由不同的制度来支持，但是这两种类型的工作相互促进时会有更高的生产率。"[1] 本书主要强调科学合作与专利合作之间的相似之处，采用狭义的专利合作概念，将专利合作看作是科学合作的一种，并将合著论文的统计分析方法引入专利合作

---

[1] Nelson R. etc. , *The Economic Impact of Knowledge*, Xinhua Press, 1999.

的计量研究当中。

二　知识转移与技术转移

（一）知识转移

知识转移的概念主要出现于知识管理领域，是知识从某个人的头脑中转移到另一个人头脑中或从某个组织转移应用到另一个组织的过程①。Szulanski 认为知识转移是组织内或组织间跨越边界的知识共享，即知识以不同方式在不同组织或个体之间的转移或传播，强调知识转移不仅是知识的扩散，而且是跨组织或个体边界的有目的有计划的转移或传播，当被转移的知识得以保留时，才是有效的知识转移②。Davenport 和 Prusak 认为知识转移包括两个阶段：一是知识传递，二知识吸收，如果接收者没有吸收知识，只能算作是知识的传递，而不能成为知识转移，知识转移可以表达为：知识转移 = 知识传递 + 知识吸收③。程妮认为知识转移是为了缩小知识差距、促进知识创新而进行的知识发送、接受和利用的全过程④。还有人认为知识转移就是个人或群体在实践中积累的知识、经验、技能等能够为其他个人或群体所共享，并且转移知识的双方都因开发和利用他人的知识而使自己的知识有所增加，这一宽泛的定义涵盖了一系列过程。从以上定义可以看出，知识转移是一个复杂的系统过程，包括众多步骤，它具有方向性，知识交流仅仅是其中的一环。

（二）技术转移

20 世纪 60 年代中期，经济学理论中首次引入技术转移这一概念。一般认为，技术转移是指作为生产要素的技术，通过有偿或无偿的各种途径，从技术源向技术使用者转移的过程⑤。专利技术转移是技术转移的一个重要组成部分，转移对象为特定的专利。一个完整的专利技术转移的过

---

① 刘宁、柴雅凌：《竞争情报与知识管理中知识转移的比较研究》，《情报资料工作》2006 年第 1 期。

② Szulanski G. " Exploring internal stickiness: Impediments to the transfer of best practice within the firm", *Strategic Management Journal* (special issue), 1996 (17): 27 – 44.

③ Davenport T. H., Prusak L., *Working Knowledge: How Organizations Manage What They Know*, Boston: Harvard Business School Press, 1998.

④ 程妮：《基于引文的知识转移研究》，武汉大学博士学位论文，2009 年。

⑤ William G. , *Technology Transfer: A Communication Perspective*, Newbury Park, CA: Sage, 1990.

程包含以下三个阶段，即专利技术的获取、转让和应用，这是一个随时间螺旋式推进的过程。在专利技术的获取阶段主要是研发人员通过创造性的探索活动提出新思想以及技术设计思路，并就此提出专利申请；专利技术的转让阶段同时涉及技术开发方和使用方，双方通过沟通与交流而对技术的功能和评价达成一定的共识，技术的潜在使用者能够采纳该项技术，这一过程实际上就是狭义的专利技术转移；专利技术的应用阶段即通常所说的产业化阶段，将专利技术应用到生产过程，技术开发方在此阶段仍然会与技术使用方进行交流，以追踪技术的使用状况，提供必要的技术支持[1]。从功能角度来看，专利技术转移作为学术界—产业界的一种互动方式，不仅可以帮助发明人实现新知识和新技术的商业化价值，而且能够解决企业的技术难题，促进产品和产业升级，并提升竞争力[2]。大学科技园、技术转移中心、科技孵化器、生产力促进中心等机构都可称作是技术转移机构。

（三）知识转移与技术转移的关系

知识转移与技术转移之间存在着相似之处：首先，广义的知识包含技术，技术转移的双方，即技术开发方和使用方也可称之为知识生产者和接受者；其次，两者都强调转移同时包含传递和应用两个方面，知识转移包含知识传递和知识吸收，技术转移包含技术转让和开发使用；最后，技术转移的过程中也伴随有知识转移，参与主体双方在技术转移的整个过程中都在不断地进行沟通与交流，其中主要是知识的交流。

知识转移与技术转移之间也存在着一定的差别：第一，知识转移可以发生在组织内部和组织之间，技术转移一般都发生在组织之间；第二，知识转移的内容可以是显性知识也可以是隐性知识，技术转移一般以显性的形态进行，如专利转移；第三，知识转移的目的是为了知识创新和知识再生产，技术转移的目的是把技术转化为实际生产力并创造利益；第四，技术转移多发生于学术界和产业界之间，典型的形式是高校、科研院所与企业之间的合作与转移，知识转移双方的身份和地位没有太多限定，可以是个人也可以是组织，可以是科研人员也可以是非科研人员；第五，知识转

---

① 曹建国等：《科研合作中的专利技术转移研究》，《科技管理研究》2009 年第 12 页。
② 饶凯等：《英国大学专利技术转移研究及其借鉴意义》，《中国科技论坛》2011 年第 2 期。

移的过程包括知识生产—传递—利用—再生产，是一个循环往复的过程，而技术转移的过程为技术获取—技术转让—技术应用，不以新技术的再生产为目的，所以并非循环往复的过程。

三　知识交流与知识创新

（一）知识交流

知识广泛存在于社会各个领域，可以说是无所不在，共享性和继承性是知识的两大特性，有知识的地方必然存在知识交流。知识是一个内涵非常丰富的概念，不同时期、不同层次、不同学科领域的研究者对它的认识有很大不同。同样，知识交流也没有统一、清晰的定义。比较有代表性的观点主要有：

知识交流指借助某种符号系统，围绕知识所开展的一切加工与交往活动[1]。

知识是人类认识的结晶，不同思想、观念之间的互相影响、互相作用的过程即为知识交流[2]。

知识交流指围绕个体所拥有的知识（包括显性知识和隐性知识）所进行的集体讨论，在讨论的过程中可以实现知识的共享、集成以及再创造[3]。

还有学者将"知识交流"、"情报交流"、"科学交流"、"科学知识交流"几个概念等同看待[4]。

（二）知识创新

知识创新是一切创新活动的基础，是知识要素之间的重新组合与发展[5]。目前对知识创新的定义尚未统一，我们可从不同的层次范围、主体角度、心理学角度、系统角度进行认识[6]。Amidon 将知识创新定义为：通过创造、演进、交流和应用等一系列的过程，将新的思想转化为相应的

---

[1]　翟杰全：《国家科技传播体系内的知识交流研究》，《科研管理》2002 年第 2 期。

[2]　姜霁：《知识交流及其在认识活动中的作用》，《学术交流》1993 年第 4 期。

[3]　杨艳：《虚拟社区中的知识交流和共享行为研究》，浙江大学硕士学位论文，2006 年。

[4]　王绍平：《图书情报词典》，汉语大词典出版社 1990 年版。

[5]　贺西安、赵红钰：《论知识创新活动中科学信息交流的障碍及其克服》，《图书情报工作》2000 年第 4 期。

[6]　吴杨：《团队知识创新过程及其管理研究》，哈尔滨工业大学博士学位论文，2009 年。

产品和服务，以实现企业经营成功、国家经济振兴以及社会全面繁荣①。路甬祥院士认为：知识创新是指通过科学研究获得基础科学和技术科学知识的过程，知识创新是技术创新的源泉和基础，知识创新的目的是追求新发现、探索新规律、创立新学说、创造新方法、积累新知识②。

（三）科学合作、知识交流、知识创新三者之间的关系

创新源于交流，交流的目的是为了创新。没有广泛而频繁的交流，就不能吸收新的知识，知识创新也就不可能实现，所以知识交流在知识创新过程中扮演着非常重要的角色。知识交流是知识创新的基础，可以减少创新活动中的不确定性；重要创新活动大多需要团体成员通过交流和合作来完成；交流有利于孕育和激发创造性思维，给人以新启示和新思想；由于知识的共享性与继承性，知识交流能够增加个人的知识含量，从而加速了知识创新；交流可以识别重复、无意义的思想，减少或避免无效和负效的知识创新③。

科学合作与知识交流有着极为密切的联系。合作是一种更为集中和有效的交流，它使得科研人员在进行知识交流的同时共享彼此的资源。合作者之间交流和共享的资源既包含知识，又包含设备、技能等。而交流对于合作来说意义更为重大，交流是合作得以产生、维系和完成的关键因素。一般来说，科研人员是在正式或者非正式的交流中萌生合作的意愿，而这种意愿经过反复的交流而得以确认，转化为合作动机和行为。之后，知识交流贯穿于科研过程的始终，成为联系合作者的纽带和培育新知识的沃土，期间如果合作者中止交流则在一定程度上意味着合作关系结束。这种交流活动甚至会在科学合作项目完成之后继续进行，合作者在中止合作关系之后可能会继续保持着交流关系。

科学合作、知识交流、知识创新之间存在着千丝万缕的联系，科学合作的核心内容即为知识交流，知识交流是科学合作得以维系的关键。对科学合作问题的研究离不开知识交流，对于知识交流问题的研究也要将科学合作的内容融入其中。而知识创新是科学合作与知识交流共同的出发点和归宿。本书的研究目标之一，就是在构建创新型社会和创新型国家的时代

①　Amidon D. M. ，"The Challenge of Fifth Generation R&D"，*Research Technology Management*，1993，39（4）：33.

②　唐五湘：《创新论》，中国盲文出版社 1999 年版。

③　张国红：《信息交流与知识创新》，《江西图书馆学刊》2002 年第 1 期。

背景之下，通过专利合作来研究知识交流的模式与规律，引导知识交流朝着高效和有序的方向发展，以期能够提高我国知识创新的能力和水平。

第四节 专利合作的相关因素

一 专利合作的主体

在界定专利合作的主体之前，有必要先明确发明人、申请人和专利权人三者的概念及其联系。《专利法》规定，只有在完成发明创造的过程中对发明创造的构思及构思的结构形式提出具体的创造性意见和建议的人才能被称为发明人[①]。在完成发明创造的过程中，只负责组织管理工作、只提供物质技术条件或数据信息，以及只从事其他辅助性工作的人，不能称为发明人。申请人是指申请专利的人，在职务发明创造中，申请人就是发明人所属的单位，此处所谓单位是指具有法人资格的实体，单位中的部门，例如大学的院系，不能作为申请人。在非职务发明创造中，申请人就是发明人本人。申请人若是自然人则应当注明其姓名、国籍和地址；若申请人是单位则应当注明它的正式名称、总部所在国家及地址。申请人有两人以上，以请求书中所列的第一申请人为代表人（另有声明除外）。专利权主体即专利权人，是指依法获得某项发明创造的专利权，对该项发明创造享有独占或垄断权力的人，可以是自然人也可以是单位。

在此需要说明的是，原则上来讲申请人和专利权人并不必然相等。根据专利权获得方式的不同，分为专利权的原始取得人和专利权的继受取得人，专利权的原始取得人是指依法申请专利并获得批准，由此获得专利权的人，此时，专利申请人和专利权人化为一体；专利权的原始取得人不仅包括那些实际参与创造性劳动而获得专利权的发明人，也包括那些依据法律规定而取得专利权的人，如职务发明创造的所属单位；专利权的继受取得人是指通过专利权转让而获得专利权的受让方，以及通过继承方式而取得专利权的继承人，此时专利权人和申请人不能等同[②]。本书所使用的样本数据是国家知识产权局专利数据库公布的申请公开说明书，说明书只是发明创造的原始申请以及批准情况的记录，并不涉及在取得专利权之后所

---

① 刘春田：《知识产权法》，北京大学出版社 2000 年版，第 139 页。
② 郭庆存：《知识产权法》，上海人民出版社 2002 年版，第 283 页。

进行的许可、转让等其他活动，说明书中出现的专利权人都是专利权的原始取得人，所以，说明书中将专利权人和申请人视为同一主体，直接显示为"申请（专利权）人"。根据该项原则本书也未将申请人和专利权人进行区分，除有特殊声明以外，文中所指的专利权人皆为专利权的原始取得人。

　　所谓"共同发明"是指由两个及以上的单位或个人通过分工合作（协作）的方式共同完成同一项发明创造，"共同发明"的客体是发明成果，而主体是对发明创造的实质性特点做出了创造性贡献的单位或个人①。具体表现为专利公开说明书中在发明人和专利权人两个栏目中联合署名的单位或个人。发明人只能是自然人，而专利权人则可以是个人或单位，所以，专利权人合作信息能够反映出更多的内容。通过发明人只能统计和分析个人与个人之间的合作关系，而专利权人则可以反映出不同组织、不同国家和地区之间的合作关系。因此，本书对专利合作问题的计量分析从发明人和专利权人两个角度展开，其中，以专利权人合作研究为主。

二　专利合作的动机

　　专利合作是科研人员理性的选择和行为，其目的是为了实现资源的优化配置，并最终实现效率和产出最大化。所以，和其他合作一样，专利合作是理性的个体为追求利益最大化而选择的科学研究方式。一般来说，当两个及以上的单位或个人的需求和目标实现了某种程度的契合，继而产生共同的研究方向，并且他们相信合作研究能够带给他们更大的效率和效益，此时就会产生合作的动机，当动机足够强烈时就会转化为实际的合作行为。合作动机是多种多样的，Beaver、Rosen、Katz、Bozeman 等学者都曾对以合著论文为主要成果形式的科研合作的诸多动机进行了详细的分析和说明。

　　早在 1978 年，Beaver 和 Rosen 识别出了 18 种合作动机：获取特殊的仪器和设备；获取特殊的技能；获取独特的材料；获得可见度；提高时间效率；提高劳动力使用效率；获得经验；训练年轻的科研人员；帮助学生；提高科研产出；通晓多门知识；避免竞争；减轻科研过程中的孤独

---

　　①　张希华：《合作完成的发明创造专利申请权纠纷探析》，《科研管理》1994 年第 2 期。

感；证实某一项科学研究；促进多学科的交叉；空间接近性；获得精神上的相互鼓励；偶然行为①。

Melin 于 2000 年针对科研合作动机以及合作所带来的最大益处两个问题对 195 名大学教授进行了调查访问，结果显示，对于科研合作动机这一问题，41% 的回答是合作者具有特殊的技能；其他常见的动机，包括合作者具有特殊的数据或设备（20%）、合作者是老朋友或者过去曾经有过合作（社会原因，16%）、师生关系（14%）、发展或者测试新的方法（9%）；而对于合作的最大益处这一问题，回答结果主要集中于以下几个方面：提高知识（38%）、提高科研质量（30%）、为未来的工作进行接触和联系（25%）、产生新的思想观点（17%）②。根据这一调查结果，Melin 认为科学家主要是出于实用主义的目的才进行合作。Melin 所罗列的科研动机虽然不如 Beaver 和 Rosen 那么详尽，但是 Melin 却通过定量化分析给出了各个动机的重要程度。

尽管专利合作与论文合著是不同领域的合作形式，但二者本质上都是科学合作，因此，专利与论文的合作动机在很大程度上都是相似的。参照国内外关于科学合作动机的已有研究成果，并结合自身的认识和理解，我们认为专利合作的动机可以简单地归纳为以下几个方面：

1. 应对科学发展的新需要

专利合作是科学研究发展到一定阶段的产物，当科学发展到一定时期，科研活动更加复杂，科研成本不断上升，而科研资源又非常有限，仅凭单个组织或个人的力量无法满足专利开发的需要，组织或个人出于理性思考采用合作的方式来共享资源以弥补自身科研条件的不足，最终实现整体效益最大化，共享的资源包括仪器设备、资金、知识、技能、智力等多种类型。

2. 实现科研资源的优势互补

一般来说，单个的组织或个人很难拥有全部的科研资源，更不可能在人财物等各个方面都占据优势。有些组织或个人拥有较强的知识或智力资源优势，而另一些组织或个人的财力或物力资源更加丰富，如果能够将这

---

① Beaver D., Rosen R., "Studies in scientific collaboration: Part I: The professional origins of scientific co-authorship", *Scientometrics*, 1978 (1): 65-84.

② Melin G., "Pragmatism and self-organization Research collaboration on the individual level", *Research Policy*, 2000 (29): 31-40.

些组织或个人组织起来进行合作研发，显然能够提高科学研究和技术开发的效率，达到"1＋1＞2"的增值效应。

3. 应对多学科交叉研究的需要

多学科的交叉融合成为大科学时代的一大特征，越来越多的科研项目，特别是一些重大科研项目，需要同时运用多个学科领域的知识、方法和工具才能完成。单个组织或个人很难同时具备多个学科的知识和技能，因此，跨学科的合作成为一种比较现实和可行的选择。而且多学科的合作研发往往孕育着新的科学和技术生长点，来自不同学科和技术领域的科研人员能够相互启发，更容易产生新的思想和观点，无论是对科学家个人的成长，还是对科学事业的发展来说，都具有积极的推动作用。

4. 建立和巩固社会关系

从某种意义上来说，合作关系是社会关系的延续和体现。这一观点不仅表现在相互熟识的人更容易进行合作，而且还表现在科研人员为了巩固和加强社会关系而建立合作关系。因此，在某些情况下科研人员并不是因为科学研究的真实需要而选择合作，而仅仅是出于保持良好社会关系的目的。Bozeman 曾提出科技人力资本（S & T human capital）的概念，他认为科技人力资本既包括个人通过正式教育培训所获得的知识和技能，又包括个人所拥有与其他科学家相联系的社会关系网络[1]。通过合作，科研人员能够不断地建立新的社会关系或者巩固已有的社会关系，进而实现科技人力资本的累积。甚至在某些情况下，对于科研人员来说，通过合作建立和积累自身的科技人力资本比创造新的知识和技术更具价值。

5. 提高专利成果转化率

这一动机多是针对产学研合作而言，通过产学研合作，学术界与产业界能够实现互利共赢。高校和科研机构拥有丰富的人力资源要素，具有科技创新的比较优势；企业贴近市场，能够较为准确地把握现实和潜在的技术需求，企业的研发能力有限，需要利用大学和科研机构的科技成果，提升自身竞争力[2]。高校和科研机构与企业之间所开展的专利合作，能够显

---

① Bozeman Barry, Elizabeth Corley, *Scientists' Collaboration Strategies: Implications for Scientific and Technical Human Capital*, Research Policy, 2004, 33（4）：599－616.

② 张彩霞、周衍平：《大学—企业专利许可的演化博弈分析》，《济南大学学报》（社会科学版）2010 年第 5 期。

著地提高专利成果的转化率和转化速度①，实现技术创新与企业经济发展的同步化。

很多时候专利合作并不是仅仅出于某一种动机，更多的情况下是两个或者多个动机综合作用的结果，是组织或个人经过全方位、多角度的比较和权衡之后做出的理性选择。而以上几个方面的合作动机相互之间存在着内在的联系，往往同时对组织或个人的决策产生影响。事实上，科研合作的动机远不止以上五个，正如 Katz 所言："科研合作是一个内在的社会化过程，和其他的人类交流行为一样，有多少个人参与合作就有多少种动机。"② 因此，关于专利合作的动机，我们很难穷尽所有，而只是列出了其中一些主要的方面。

三　专利合作研究的应用领域

大科学时代，合作的趋势日益加强，科研活动中广泛地存在着合作行为和合作关系。技术开发活动中亦是如此，一件专利拥有两个及以上的发明人和专利权人，这是非常普遍的现象。但是，越是普遍的现象其研究价值和意义越是容易被忽略。实际上，合作行为绝不是偶然的，合作现象也绝不是随意的，合作现象背后隐藏着一些极易被忽视的模式、规律和特征。通过专利合作模式的研究，不仅可以揭示出科技资源的产出和分布情况，而且能够揭示出不同个人、组织、地区之间的合作关系，以及伴随合作关系所产生的资源共享和知识交流情况。无论是学术界、产业界，还是科研管理部门，都应该对这种广泛存在的专利合作现象给予关注。专利合作研究可以服务于科研管理部门、广大的科技工作者以及产业界的管理和决策，相关的研究结论和发现能够在实际的科学研究、科技管理、商业经营等活动中得到广泛的应用。

（一）为科研管理部门提供决策依据

科研管理必须要根据科学技术发展的特征和规律来实施，每一项科技政策、每一个科技决策要想做到科学合理、行之有效，都有赖于对科学研究现状和科技发展规律进行充分的了解和认识。大科学时代，科学研究所

---

① Aija Leiponen, Justin Byma, "If you can not block, you better run: Small firms, cooperative innovation", *Research Policy*, 2009（38）: 1478 - 1488.

② Katz J. S., Martin B. R., "What is Research Collaboration?" *Research Policy*, 1997, 26（1）: 1 - 18.

呈现出的大规模、高成本、复杂化、全球化、多学科交叉等特征，意味着合作成为应对科学新需要、推动科技大发展的必然选择。科研管理部门和科技政策制定者对此要有清醒的认识，依据科技发展的新特征、新需要、新规律来合理地调整科研管理策略和科技政策，充分认识到合作在现代科技活动中所具有的价值与潜力。专利合作的现状如何、专利合作的模式有哪些、专利合作与科研产出的关系如何、何种合作模式更为科学高效、哪些单位在推动知识交流的过程中发挥着关键的作用，等等，这些都是科研管理部门和科技政策制定者所关心的问题。

科研管理和科技政策所具备的主要职能是合理配置科技资源，通过对人、财、物以及知识和智力资源实施优化配置，来营造规范有序的科研环境，并最终达到提高科研效率和科技产出的目的。合作的本质即为资源共享和知识交流，专利合作模式的研究能够在一定程度上揭示出科技资源的分布和流动情况，合作现象背后所隐藏的内容远比合作现象本身要丰富多彩。对于科研管理人员和科技政策制定者来说，只有把握合作的规律与特征，了解合作的属性与功能，认识合作的影响因素，以及合作对科研绩效的影响，才能合理地安排人财物，实现人尽其才、财尽其力、物尽其用，以最低的成本获得最大的收益，才能提高科研效率和科学生产力①。

（二）为科技工作者提供参考信息

如何获取充足的科研资源、降低研究成本、提高科研效率以及科研成果与科研人员的学术影响力是广大的科技工作者共同的愿望和需求。在大科学时代，这种愿望和需求更为迫切。面对合作化和集体化趋势日益加强的科研现状，要不要合作以及与谁合作成为摆在科技工作者面前的现实问题。从理论上来讲，合作研究能够推动合作者之间知识、经验、技能、设备、资金等资源的交流与共享，有效的合作能够促进科技资源的优化配置，提高科研效率、生产力以及科研人员在某一领域的影响力和显示度，跨学科的合作还有利于产生新兴交叉的学科和技术。当然，以上情况都是比较理想的状态，现实情况并不一定如此，合作与科研效率之间没有必然的正向促进作用。如果不能很好地处理合作者之间的分工、组织、协调与利益分配等问题，合作研究可能会带来"1 + 1 < 2"的负面效果。

---

① 谢彩霞：《科学合作方式及其功能的科学计量学研究》，大连理工大学博士学位论文，2006 年。

科研工作者只有充分地了解本领域的合作现状、本质和规律，了解各类科技资源的分布状况，并结合自身的需要选择最佳的合作模式和合作伙伴，才有可能实现美好的合作愿景。虽然，目前全世界范围内合作的趋势在不断增强，但具体到某一组织或个人，仍需结合自身情况三思而后行，是否要采取合作的方式进行研究和开发，每个科研机构或个人的潜在合作伙伴有哪些，如何选择适当的合作伙伴，以及采取何种合作方式，将会对合作的效果产生直接的影响。相关的研究发现和研究结论能够为广大的科技工作者提供选择依据和行动参考。

（三）为产业界提供科技资讯

科技在企业生产和管理中所发挥的作用日益显著，企业之间的竞争逐渐转向技术领域。许多大型的企业集团都设立了研发中心，培育自己的研发团队和核心技术。但与高校和科研机构相比，企业在科学研究和技术开发方面的优势并不明显，特别是一些中小型的企业根本无力承担研发任务。据统计，在我国的大中型企业中，设有研发机构的仅占25%，开展研发活动的仅占30%，研发投入仅占销售收入的0.76%[1]。在这种情况下，企业与高校和科研机构的合作，即产学研合作就显得非常必要。以往的产学研合作所采取的主要形式是企业通过专利许可或转让方式直接向高校和科研机构购买现成的专利技术。事实证明，这种合作模式出现了一系列问题，例如，转让双方缺乏信任机制、交易成本过高、企业对专利的吸收和转化能力不足等。导致产学研链条断裂，大量专利闲置在高校和科研机构，而企业仍然渴求科技成果。国家科技部统计数据表明，国内的专利实施率只有10%，科技进步对经济增长的贡献率仅为39%，其中高新技术对经济增长的贡献率仅为20%，远远低于发达国家60%的贡献率[2]。

加强产学研合作，提高专利转化率的呼声越来越高。一方面，企业希望能够实际参与到研发过程中，了解到更多的技术细节；另一方面，高校和科研机构也希望能够通过企业来更加准确地感知和把握市场需求。在合作研究中，学术界和产业界才能实现紧密而充分的对接。在这种背景下，专利合作不再仅仅是学术界和科研管理界所关心的问题，而且也是产业界

---

① 刘和东：《构建以企业为主导的产学研合作创新模式》，《中国高校科技与产业化》2008年第7期。

② 马忠法：《对知识产权制度设立的目标和专利的本质及其制度使命的再认识》，《知识产权》2009年第6期。

亟须了解的资讯。对于专利合作模式及其与专利产出关系的研究，同样能够带给产业界一定的指导和启示。企业可以以此为参考来制定自己的研发策略并选择恰当的合作模式，除此以外，企业还能够了解到同行及竞争对手的合作情况。

第五节　专利合作的基础理论

一　大科学理论

1962 年，普赖斯首次提出"大科学"的概念，用于形容科学研究活动中日益显著的合作化发展趋势①。1996 年，联合国教科文组织在其年度报告中正式使用"大科学"一词，用于形容科学发展所呈现出的新面貌和新特征。大科学是相对于小科学而言的，小科学时代的科学研究以自然为对象，科学研究的目的是为了更好地认识自然并增长人类知识，科学研究的方式主要是科学家个人或者少数科学家之间的自由研究和自发联合。大科学时代，科学研究的对象是自然、社会与人类共同构成的复杂系统，科学研究的目的不仅仅是追求知识，而是要实现科学、技术、生产一体化，将知识转化为直接的生产力。总的来说，大科学的特点主要表现为：一是规模大，需要投入大量的人力、物力和财力；二是综合性强，需要多学科、多部门的协作；三是基础研究、应用研究和开发研究综合成统一整体，需要建立科学、技术和生产一体化的完整体系②。因此，大科学对科学研究方式提出了更高的要求，小科学时代那种自由和自发的研究方式已经无法适应现代科学发展的新需要，大科学时代的科研项目需要科学家之间通过合作来完成。

第一，大科学呈现出既高度分化又高度综合的特征，一方面，科学的分工越来越精、专业性越来越强；另一方面，各个学科之间的交叉、渗透和综合趋势越来越明显。所谓大科学不仅包括自然科学、技术科学和社会科学，而且还包含三大领域之间由于门类交叉、方法交叉、学科交叉、知识交叉所形成的各种交叉学科、横断学科、边缘学科和综合性学科。面对

---

① Price D J., *Little Science*, *big Science*, New York: Columbia University Press, 1963.

② 宝胜：《创新系统中的多主体合作及其模式研究》，东北大学出版社 2006 年版，第 52 页。

以上发展态势，科学研究显然不能再依靠某一个或几个科学家的孤军奋战，而迫切需要来自不同学科领域的、具有不同知识和技能结构的科学家以合作形式进行科学研究。

第二，大科学时代的科研课题难度超越了单个科学家的能力范围。正如诺贝尔奖获得者狄拉克所言："在本世纪 20 年代前后，二流的物理学家去做一流的工作是非常容易的，自此以后，再也没有出现过这样令人愉快的时期了，现在一流的物理学家去做二流的工作都会感到有些困难。"① 大科学时代，除了科研项目的难度超出了单个科学家的能力范围之外，其工作量往往也超出了科学家个人的时间和精力以外，需要多个科学家进行分工合作。除了设计和创造类工作以外，还需要有人负责信息的收集与整理、实验及数据分析等方面的工作。

第三，大科学对于科研条件的要求越来越高。大科学研究需要更多、更新、更先进的仪器设备、文献资源、数据资料等。但就现实情况来看，一些昂贵的资源和条件，并非某一个或几个科学家、某一个科研机构能够拥有的。因此，实验条件的限制也迫使科学家以及科研机构之间通过合作的方法共享科研资源。

第四，大科学的研究成本越来越高，单个科研人员或组织的财力根本无法支付大科学所需的巨额资助。小科学时代那种单纯依靠单个组织或个人的筹资方式已经无法满足大科学的发展要求②。一些重大研究课题往往需要调动多个单位或地区乃至国家层次的经济力量，甚至需要多个国家的共同资助。在这种形势之下，科学家们只有通过合作研究才能筹集到足够的科研资助，才能充分而有效地利用科研资助去完成大科学项目。

综上所述，合作是科学发展的现实要求和必然趋势。大科学所呈现出的大规模、高难度、高成本、跨学科等一系列特征要求广大的科研机构及人员必须改变小科学时代自由和自发的研究方式，通过合作研究的途径实现互利共赢。走集体主义的合作研究之路，才能完成个体力量难以企及的重大项目，并提高科研的效率和水平。科学合作势不可挡，科学合作活动

---

① Dampier W C. , *A History of Science and Its Relations with Philosophy and Religion* , Cambridge：Cambridge University Press, 1985：410.

② 李国亭、秦健、刘科：《略论大科学时代科学家的合作》，《科学技术与辩证法》1998 年第 3 期。

的规模和范围随着科学活动的快速发展而迅猛增长①。

二 科研生产力与生产关系理论

生产力与生产关系之间的辩证关系，是马克思主义哲学的基本原理。生产力是人们改造自然的实际能力，由劳动对象、劳动资料和劳动者三大要素构成。生产关系是人与人之间在生产过程中结成的关系。马克思主义认为生产力与生产关系是辩证统一的：一方面，生产力决定生产关系，主要表现为，生产力的性质和水平决定生产关系的性质和形式，生产力的发展决定生产关系的变革；另一方面，生产关系反作用于生产力，当生产关系适合生产力发展时就会产生积极的促进作用，反之则阻碍生产力发展。

马克思认为符合社会全部需要的生产应当包括两种，即物质的生产和精神的生产，一般劳动是一切科学工作、发现与发明②。也就是说，人类劳动除了物质资料的生产以外，还包括精神领域的生产活动。科学研究是以生产知识为目的的精神领域的生产活动，是高度社会化的一般劳动。因此，人类社会中普遍存在着科研生产力与生产关系，马克思主义哲学中的生产力和生产关系理论同样可以用来分析和解释科学研究活动。

早在 1979 年，我国学者赵红州就提出了社会的科学能力，即科研生产力的概念，认为："社会的科学能力是一个国家科学技术发展的内在动力，也是人类认识和改造自然的巨大力量，反映了人与自然的关系，从其内涵来看当属于生产力的范畴，科研生产力又不同于一般的社会生产力，它的发展水平主要通过学术论文、著作、科技报告、专利等科研成果的数量和质量来体现。"③ 1979 年，钱学森教授提出了建立和发展马克思主义科学学的思想，并指出："马克思主义科学学主要包含三个方面的研究：科学技术体系学、科学能力学和政治科学学，其中，科学能力学主要是对科研生产力的研究，而政治科学学则是以科研生产关系为研究对象。"④

赵红州在《论科研生产关系》一文中指出："科研生产关系是在社会

---

① Glanzel W., Czerwon H J., "A new mothodological approach to bibliography coupling and its application to national regional and institutional level", *Scientometrics*, 1996 (2): 195 –221.

② 《马克思恩格斯选集》（第 1 卷），人民出版社 1995 年版。

③ 赵红州：《试论社会的科学能力》，《红旗》，1979 年。

④ 钱学森：《关于建立和发展马克思主义的科学学的问题》，《科研管理》1979 年第 1 期。

的科研生产力形成过程中产生的，是与科研生产力相互依存的。"① 科研生产力构成了科研生产关系的物质基础，科研生产力的发展水平决定了科研生产关系的性质和形式。反之，科研生产关系反作用于科研生产力，适当的生产关系能够推动科研生产力的发展，不适当的生产关系则会阻碍科研生产力的发展。总之，科研生产力与科研生产关系是对立统一的，没有科研生产力就没有科研生产关系，没有科研生产关系也就形不成科研生产力。

科研生产力由科学生产要素构成，包括科研工作者、资金、仪器设备、情报资料、数据等多种资源。在科学生产过程中，各种科学生产要素并非孤立存在的，而是需要有机结合、优化配置才能形成科研生产力并且推动科学的发展。在现代科学发展中，联系众多科研要素的一个非常重要的链条就是科学合作关系，来自不同国家或地区、不同学科领域的科研人员和机构之间通过分工合作的方式进行科学研究。合作不仅使得各种科研生产要素紧密地结合在一起构成科研生产力，而且借助于合作者的充分交流以及资源的优化配置，能够提高科研生产力。

科研生产关系是科学研究活动中人与人之间的关系，合作关系是科研生产关系的一种表现形式。马克思曾指出，科学劳动部分以今人的协作为条件，部分又以对前人劳动的利用为条件。其中，"今人的协作"即指科学合作，主要表现为同时期科研工作者之间知识的交流与共享，具有现时性。"前人劳动"指的是通过各种文献载体形式而传承下来的科学知识，具有历时性。对"前人劳动"的利用可以视为是与前人（或者前人的知识遗产）进行的交流与合作。

根据马克思主义哲学中关于生产力和生产关系的观点，生产力决定生产关系，科学合作是科研生产力发展到一定阶段的产物，科研生产力在一定程度上决定着科学合作关系的性质和形式，科学合作的目的是为了提高科研生产力。生产关系反作用于生产力，适当的科研生产关系能够促进生产力发展，科学合作就是通过合作者之间的知识交流与资源共享，对科学生产要素进行优化组合，旨在完善科研生产关系，并借此推动科研生产力的发展。因此，科学合作既是连接科研生产力与生产关系的桥梁，又具有

① 赵红州：《论科研生产关系》，《中国社会科学》1996 年第 1 期。

生产力和生产关系的双重属性①。本书的研究目的之一也是为了完善和优化现有的专利合作模式，使得科研生产关系能够更好地适应科研生产力发展的要求。

三 科学分化与科学统一理论

科学分化和科学统一理论可以用来解释科学合作的由来，也有助于我们更好地认识现代科学发展的现状与趋势。该理论认为科学表现出既高度分化又高度综合的双重发展态势，两个方面的力量交织在一起共同推动科学的发展。现代科学无论是自然科学还是社会科学，都已经成为门类众多、错综复杂、结构庞大的理论体系，这是科学分化与科学统一共同作用的结果。原来作为一门学科研究的领域，现在却分化为多个分支学科。原来一门学科只研究解决某一类专门的课题，现在却是一个课题涉及多个学科。特别是一些重大课题，例如，生态、环境、能源、材料、空间等问题，是科学分化与科学统一综合作用的结果，往往需要来自多个学科领域的学者联合攻关。如果将科学分化和科学统一视为科学认识发展的两条线，那么这两条线正在逐渐靠近，并且是朝向客观实际逼近②。

科学分化是指原有的一门学科发展成为两门或多门新的分支学科，随着科学理论的分化和人类主观认识的深化，将原来统一完整的学科划分为多个分支学科或领域。科学分化的结果是，研究对象的范围缩小了，研究的内容却更加深入具体。所以，科学分化一方面标志着人类认识活动从粗略到细微、由浅入深的过程；另一方面体现出科学从低级到高级的发展过程。科学统一是指两个及以上的独立学科，通过相互影响、相互渗透而形成一个新的学科。科学统一并不是简单的、机械的累加，而是基于多个学科之间的相关性而对原有学科的思想、理论、方法等方面的融合和升华，所形成的新学科既与原有学科存在关联，又具有自身独立的研究对象和内容。科学统一同样标志着人类认识由浅入深、科学发展由低级到高级的过程，只不过科学分化标志着科学认识向纵深方向发展，而科学统一则标志着科学认识朝着广延方向迈进。

---

① 谢彩霞：《科学合作方式及其功能的科学计量学研究》，大连理工大学博士学位论文，2006年。

② 陈康扬、高兴华：《论科学分化和科学统一》，《四川大学学报》（哲学社会科学版）1985年第1期。

科学统一以科学分化为基础，科学分化又是基于科学的统一性而产生，科学统一论者认为所有学科构成一个统一的整体。因此，科学统一与科学分化互为因果，形成对立统一的关系。例如，物理学、化学、生物学、天文学等都是由自然科学分化而形成，与此同时，这些学科之间在研究对象、基本规律、研究方法等方面存在着深厚的关联，通过相互渗透形成了物理化学、生物化学、生物物理学等新兴交叉学科，所以，这些新兴学科又是科学统一的产物。

现代科学分化与统一的特征表现得更为显著，且演化速度也在不断地加快，由此导致的结果是新兴的交叉和边缘学科大量出现，并且受到越来越多的关注。在科学发展上可能得到最大收获的区域是各种已经建立起来的部门之间的被人忽视的无人区①。决不能忽略已有学科的"接触点"，恰恰在这些接触点上可获得更大的成果②。在这种背景之下，科学研究的方式也要做出相应的变革。合作研究，尤其是跨学科的合作，在科学研究中所占的比重日益提升。

四　系统论

系统论由美籍奥地利人、理论生物学家贝塔朗菲（L. Von Bertalanffy）创立，主要研究各种系统的特征、模式、结构与规律，用数学方法对系统的功能进行定量描述，寻求普适性的原理与数学模型，是具有逻辑和数学性质的一门科学③。系统思想源远流长，"系统"一词起源于古希腊语，意为由部分构成整体。系统论的研究目标，不仅仅在于认识系统的特点和规律，更重要的是要利用这些特点和规律去控制、管理、改造原有系统或者创造新系统，使系统的存在和发展能够更好地满足人类需要。也就是说，对系统进行研究是为了调整系统结构，协调各要素关系，使其达到最优化目标。

系统论出现之后，人类的思维方式发生了深刻的变化。以往人们在研究问题时，习惯于将事物分解为若干部分，从中抽象出最为简单的因素进行分析，根据部分的性质来代表整体。该种方法着眼于局部，遵循单项因

---

① ［美］维纳：《控制论》，郝季仁译，科学出版社1962年版，第2页。
② ［德］恩格斯：《自然辩证法》，于光远译，人民出版社1984年版，第268页。
③ "系统论"，http：//baike. baidu. com/view/62521. htm。

果决定论，尽管在较长的历史时期内为众人所熟悉并被证实是一种有效的思维方法。但并不能真实全面地反映事物的整体性，也不能说明事物之间的相互关联与作用。所以，只适用于认识简单的事物，对于复杂问题的研究就不能胜任，正当传统的思维和分析方法难以应对现代科学的挑战之时，出现了一种新的思维方式，即系统论。系统论诞生于生物学领域，由于能够很好地反映出现代科学发展的规律与趋势，以及现代社会生活的复杂性，20 世纪 40 年代以后得到了学术界的重视，它的思想、原则和方法也随之被推广到其他学科领域，从而形成了具有跨学科性质的现代系统论。

系统论有三个主要的原则：整体性、模型化、最优化①。其中，整体性在三大原则中居于首位。对于任何一个系统来说，整体性都是其最为基本、最为显著的特征之一。我国现代系统科学的开拓者钱学森先生曾指出："什么是系统？系统就是由许多部分所组成的整体。"② 系统论强调整体是由相互关联、相互制约的各个部分所组成的。模型化原则用于形容系统论所包含的数学研究方法，系统论认为可以采用数学方法定量地描述和分析系统的功能，试图寻求适用于一切系统的数学模型。在此基础之上，对原有系统加以完善或者构建新的系统，最终实现最优化的目标。

笔者在选题和设计研究思路时受到了系统论思想的影响，系统论也为本研究奠定了一定的理论基础，主要表现在以下三个方面：

第一，系统论的整体性原理认为，由若干要素组成的系统具有一定的新功能，各个要素一旦组成一个有机整体，就具有独立要素所没有的性质和功能，也就是说整体的性质和功能不等于各个要素的性质和功能的简单相加③。国家创新体系是一个由人、财、物等多种创新要素组成的有机整体，是一个庞大的系统。因此，为了让国家创新体系达到稳定有序的状态，应该平衡整体与部分的关系。例如，我国西部地区在科技资源和实力方面的差距就会影响到国家创新体系的全局。本书站在面向国家创新体系的高度，将对我国区域之间的专利合作模式进行一定的探讨。

第二，系统论创始人贝塔朗菲曾这样写道："亚里士多德的论点——

---

① 尤永杰：《现代系统论整体性对整体与部分范畴的丰富与发展》，《学理论》2010 年第 36 期。

② 钱学森：《论系统工程》，湖南科学技术出版社 1982 年版，第 204 页。

③ 魏宏森、曾国屏：《系统论——系统科学哲学》，世界图书出版公司 2009 年版，第 205 页。

整体大于部分之和，是对系统问题的一种基本描述，至今仍然正确，整体与部分之间实际上存在三种关系，即整体大于部分之和，整体等于部分之和，以及整体小于部分之和，2 = 1 + 1 不是系统工程，2 > 1 + 1 才是系统工程。"① 该思想为科学合作提供了理论依据，合作就是通过合作者之间的资源共享和优势互补来实现整体大于部分之和的目标。

第三，本书根据系统论的三大原则——整体性、模型化、最优化，来设计研究思路和内容。首先，将合作团队视为一种具有整体性特征的系统，合作者及其拥有的科技资源有机地结合在一起，而不是简单机械的累加，最终产生倍加现象和增值效应，导致整体功能大于部分功能之和。其次，我们通过定量化的研究方法对国内专利研发过程中的合作现象和合作关系进行统计分析，来认识科学合作的规律和特征。最后，利用定量化的统计分析结果，面向国家创新体系这个庞大的系统，提出优化策略，使其达到更为理想的结果，更好地满足大科学时代背景下科学发展的新需要。

五　协同论

20 世纪 60 年代初，著名物理学家哈肯（Hermann Haken）博士在对激光理论进行研究的过程中，发现某种更为深刻的普遍规律隐藏在合作现象的背后。20 世纪 70 年代，哈肯创立协同论（又称协同学或协和学），它是研究不同事物共同特征及其协同机理的新兴学科，重点探讨系统从无序演变为有序的过程中所呈现出的相似性特征②。随后，这个诞生于物理学的新兴学科，被广泛地应用到生物学、生态学、社会学、经济学、心理学等多个学科领域，并且试图构建能够连接"软"科学和"硬"科学的学科框架。哈肯指出："这个学科之所以称为协同学，一方面是由于它的研究对象是诸要素之间通过联合作用产生宏观角度的结构和功能；另一方面，它需要来自许多不同学科的学者以合作方式来发现自组织系统的一般原理。"③

协同论认为，各个系统千差万别，尽管其属性存在显著的差异，但在整个环境中，各个系统间存在着彼此影响而又相互合作的关系。例如，不

---

① ［奥］路德维希·冯·贝塔朗菲：《普通系统论的历史与现状》，《科学学译文集》，科学出版社 1980 年版，第 309 页。

② "协同论"，http://baike.baidu.com/view/290928.htm。

③ ［德］哈肯：《高等协同学》，郭治安译，科学出版社 1989 年版。

同单位和部门之间的协作与协调、企业之间的竞争与合作，以及系统中各要素之间的相互干扰与制约等。协同论指出，由多个要素组成的系统，在一定条件下，要素之间相互作用和协作。协同论的研究内容包括各类系统的发展演变及其所遵守的共同规律。采用协同论的方法可以把已有的研究成果应用于探索其他未知领域。

协同论与系统论中的整体性思想是一致的，系统是多个要素组成的统一体，同时各个要素也是处于相互合作之中。没有合作，各个要素作为绝对的个体而存在，要素之间相互独立、各自为政，就不能构成系统，也就没有系统统一性。协同论认为自然界和人类社会中普遍存在的竞争与合作，并且两者之间存在着对立统一关系。协同反映了事物、系统或要素之间保持合作性、集体性的状态和趋势，而竞争则反映出事物、系统或要素保持个体性的状态和趋势。协同和竞争是相互依赖的，没有协同，就没有竞争；同样的，没有竞争，就没有协同。

科学合作即是合作者及其拥有的资源之间进行协同作用的过程。协同论带给我们的启示包含以下几个方面：首先，合作是科学从无序走向有序的途径；其次，科学合作必定存在着某些共同的规律和特征，通过一定的数学模型和处理方案，我们可以揭示并利用这些规律；最后，协同和竞争共存于科学研究活动中，竞争者之间也可以开展合作，合作者之间也会存在竞争，二者相辅相成，不能强调绝对的竞争或绝对的合作。

第六节　专利合作的研究视角

专利是一个垄断与公开兼具，技术、法律和经济三种属性并存的概念，相关的研究也呈现出多元化的特征。来自不同学科领域的学者分别从多个视角对专利合作问题进行多角度、多层次的研究。这些研究视角或侧重于定性研究，或侧重于定量分析，概括起来主要有法学、经济学、科学计量学、情报学、知识管理学等五个方面。

一　法学视角

在法学领域中，专利的合作问题也是一个重要的研究议题，其中涉及两个或者多个发明人和发明单位之间复杂的利益关联与产权纠纷。法学视角主要关注于专利合作的法律概念、产权归属等问题。

如果发明创造是由两人或多人共同完成，那么这些人就是共同发明人或设计人，专利的申请应由他们共同提出，获得专利的权利属他们共同所有①。但不能说所有参加工作的人都是共同发明人或者共同设计人，判断共同发明人或共同设计人的标准也是看其是否对发明创造的实质性特点做出了创造性的贡献。我国《专利法》规定：没有做出创造性贡献的其他人，如物质技术条件提供者、情报资料提供者、后勤服务者、实验操作者，以及其他从事辅助工作的人员均不能被视为共同发明人或设计人。有学者提出判断共同发明人的标准为：一是要依据发明创造的事实以及技术档案的真实记载，判定每个发明人在整个研发过程中所作的贡献；二是以每个参与者所从事的工作是否具有创造性为判断标准②。

关于合作专利的产权属性，除了理论界的争议之外，在实践中所产生的问题远比专利法的规定要复杂得多。第一，确定每个发明人或设计人在整个发明创造过程中所做的贡献，以及判定每个发明人或设计人所做出的贡献是否有创造性，都带有很强的主观性，在确定合作者时就极易产生纠纷；第二，在专利申请获得批准以后，共有专利权的实施、许可、转让以及技术改造升级等活动，均能涉及合作各方的利益关系，特别是牵扯到巨大的经济利益时，必然会出现超出专利法规定或者专利法界定不明确的视角。专利合作的产权争议和纠纷问题不仅在法学界是一个重要的研究议题，而且在产业界也备受关注。单位或者个人在决定是否要进行合作以及进行何种形式的合作时，产权归属就是首当其冲需要考虑的问题。因此，法学界对合作专利的界定将会对产业界的专利合作模式产生重要的影响。例如，在相关法律政策比较完备的情况下，合作率就会显著提升。相反，缺乏法律保障则会抑制单位或个人的合作积极性。

二　经济学视角

（一）专利的经济属性

林肯对专利所作的经典评价为：智慧之火添加利益之油。从个人利益角度考虑，发明人通过提供先进的技术成果对社会做出了贡献，社会理应

---

① 徐晓林等：《专利实务教程》，重庆大学出版社2007年版，第45页。
② 陶鑫良、单晓光：《知识产权法纵论》，知识产权出版社2004年版，第84页。

给予报酬和奖励，给付方式即是赋予发明人在一定期限内独占实施其发明创造的权力，使其能够利用该种独占权来垄断市场并从中受益。从社会公共利益角度考虑，发明创造对于社会技术进步和经济发展产生巨大的推动作用，必须大力提倡和鼓励。专利制度能够鼓励单位和个人从事发明创造的积极性，并且激发企业界在发明创造和技术应用活动中进行投资，由此可以促进产业界的持续和高速发展。因此，专利与生俱来的经济属性，意味着专利的实施、转让、许可都将涉及巨大的经济利益，这一点从林肯对专利的评价中就可见一斑，同时也意味着从经济学视角对其进行研究的必要性。

（二）专利合作中的经济关系研究

在经济学视角下，专利本身就是一种智力商品，可以通过实施、转让、许可等途径为发明人带来经济收益。与此同时，专利又可以被应用于开发新产品或新技术，为专利权人或专利实施者带来巨大的利益。专利合作将涉及更为复杂的经济利益关系，主要表现为合作者对专利所得收益的处置和分享。如何处理经济收益要比如何界定合作者更为困难，即便是都为发明创造做出了创造性的工作，每个合作者的贡献程度及其应得的收益也很难判定。法学中关于专利合作产权的纠纷往往源于此，在划分经济收益时合作者之间总是存在一定的分歧，即便事先有协议约定有时分歧也在所难免。在许多情况下，在专利研制过程中以及在专利申请过程中，合作者都能保持良好的合作关系并对其共同持有的专利权达成一致的意见。但当专利创造了经济利益的时候，尤其是当其收益大到出乎预料的情况下，原先良好而稳定的合作状态就会被打破，这种案例在现实生活中屡见不鲜。因此，专利的经济属性是一把双刃剑，既能吸引合作者共同进行发明创造，又能破坏原有的合作关系。

（三）技术经济视角下的专利合作

经济学中的内生增长理论认为，经济长期增长的内生源泉是知识创新和技术进步，技术经济领域的相关研究成果表明，技术研发活动所带来的技术进步对一个国家或地区的经济增长发挥着重要的推动作用[1]。而在现实中这样的案例也是不胜枚举：斯坦福大学通过建立科学工业园实现校内

---

[1] 庞文、韩笑：《高校 R&D 与区域经济增长关系的实证研究》，《技术经济》2010 年第 29 期。

研发成果的市场化和产业化，最终创造出了硅谷神话，成为该地区乃至全美经济发展的引擎；麻省理工学院以科研形式积极参与国家和地方经济建设，创立了"企业型大学"的发展模式，被称为马萨诸州的经济救星①。在技术经济学中，专利作为表征技术研发成果的重要指标受到了广泛的关注，专利申请量和授权量也随之成为衡量技术发展水平的重要指标。

三 科学计量学视角

科学计量学产生于 20 世纪 60 年代初期，是一门利用数学方法研究科学的量化特征与发展机制的学科，在其发展进程中，不同学科领域的研究者赋予它不同的名称，例如文献计量学、信息计量学、情报计量学等，而默顿和加菲尔德则认为这些其实是一门学科，即科学计量学②。根据这一观点，专利计量只是科学计量学的一个分支领域，是以专利为研究对象的科学计量学。科学计量学与专利计量之间的深厚渊源主要体现在两个方面：第一，专利计量研究所采用的理论、方法和工具大多都是直接来自于科学计量学；第二，从事专利计量研究的学者大多都是科学计量学家，如 Narin，Glanzel，Kreschmer 等。

传统的科学计量学主要关注科学论文的计量分析，并产生了大量的相关研究成果，其中包括关于合著论文计量的研究成果。而对直接表征技术研发和发明创造的成果形式——专利却没有给予足够的重视，相应的研究成果也比较少，特别是有关专利合作的研究成果相对于合著论文计量来说更显得微不足道。无论是在以 SCI、SSCI 为代表的外文数据库中，还是在以 CNKI、CSSCI 为代表的中文数据库中，利用专利计量、专利合作等相关主题词进行检索，检索结果非常有限。因此，笔者认为专利计量尽管具有巨大的研究价值和潜力，但就目前的实际情况来看，尚未形成如同文献计量学、情报计量学、信息计量学、网络计量学那样的能够以"学"字命名的独立学科。迄今为止，专利计量只是科学计量学中的一个分支领域，能否以"学"字命名仍然有待商榷。

专利是科技研发活动最重要、最直接的成果表现形式，可以作为表征

---

① 雷利利、徐君陶：《创办研究型大学的基本条件分析》，《西安交通大学学报》2002 年第 22 期。

② 蒋国华：《科学计量学和情报计量学：今天和明天》，《科学学与科学技术管理》1997 年第 18 期。

科技创新水平的有效指标，而且专利本身具有可被计数的良好特征。因此，作为科学计量学的一个重要分支学科，专利计量受到越来越多的科学计量学家的关注①。据世界知识产权组织统计，世界上90%—95%的发明创造能够在专利文献中查找到。20世纪90年代以后，由于国家之间科技竞争的需要，专利作为科技成果的直接表现形式开始受到越来越多的关注。定量化研究趋势的增强，加上大规模专利数据库所提供的数据来源保障，进入21世纪之后，专利计量研究有升温之势。按照这一发展趋势，专利计量终将成为科学计量学的一个独立的分支学科。专利合作的计量分析也将随之成为一个重要的研究主题，内容主要包括合作现象的描述、合作模式的分析、合作规律的揭示等方面。

早期的专利合作计量研究主要是通过专利及合作者数量的统计来描述和分析不同国家、地区、组织之间的合作程度。之后，社会网络分析、可视化分析等方法和技术被引入到专利计量研究中，允许我们从更新的角度和更深的层次对专利合作网络进行研究。相关的研究结果不仅能够更加直观生动地展示出专利合作者之间的关系，而且可以借助于网络特征的分析来揭示专利合作的模式与规律。本书在后续章节中就采用了科学计量学的理论、方法与工具，特别是社会网络分析和可视化技术。

四 情报学视角

科学研究必须要借助于科技情报的传递与交流才能实现，反之，信息封闭不利于相互之间取长补短，又很容易导致重复研究，最终只会阻碍科技创新。如果发明人能够及时公开发明创造的内容，可以提高科技情报交流与传播的效率，进而促进科技进步和产业发展。促使发明人公开其发明创造内容，就要先免除其后顾之忧。通常情况下，发明人并不愿意自己辛苦完成的发明创造被人轻易模仿，往往尽可能地对其保密。通过授予发明人专利权，既能提高发明人公开发明创造内容的积极性，又可以有效地抑制模仿和抄袭行为。发明人获得专利权的代价就是必须对外公开其发明创造的内容。

发明人公开的发明创造信息以专利文献的形式得以保存。专利文献是实行专利制度的国家，在接受专利申请及审批过程中所形成的有关出版物

---

① Griliches Z. R&D, *Patents, and Productivity*, Chicago: University of Chicago Press, 1984.

的总称，通常指各个国家或地区专利局出版的专利说明书①。专利说明书是专利申请人为了获得某项发明创造的专利权，而向专利局提交的有关该项发明创造的详细技术说明。专利说明书包含的内容比较具体，可以显示出专利的主要技术内容。因此，专利文献包含了重要而丰富的科技信息，作为重要的科技情报进入科学交流领域，被广大的科技工作者使用，成为科学研究和技术开发的重要参考来源，构成了十大情报源之一。

情报学视角下所关注的是专利中所包含的科技信息的保存和交流，主要以专利文献为研究对象。按照其研究内容、方法和角度又可分为竞争情报说、知识交流说和专利计量说。

（一）竞争情报说

竞争情报是关于企业内外与提高企业竞争力有关的一切信息，主要包含竞争对手、竞争战略、竞争环境三个方面的信息②。期刊、图书、专利等文献皆可作为竞争情报分析的原始信息，但就技术内容来看，专利中所含信息的可靠性比非专利文献要强③。专利兼具技术和经济双重属性，也就是说专利文献中同时包含有技术信息和经济信息。例如，国内外某一行业领域的新技术、新方法、新工艺的发展历史、现状及趋势，相关的技术政策、形势、市场动态等等，都可以通过专利文献分析来获取。因此，在竞争情报活动中，专利是一种重要的情报来源。通过专利分析可以把握和追踪竞争对手以及整个行业的技术信息和经济动态，为政府和企业相关管理部门制定新政策与新规划、引进新技术、开发新产品、开展技术贸易等活动提供必要的参考信息和决策依据。

（二）知识交流说

苏联著名情报学家 A. И. 米哈依洛夫曾指出："情报学是研究科学情报及其交流全过程的学科。"情报交流需要借助于一定的符号系统（口语、手势、文字等）和文献载体（期刊、图书、专利等）。情报交流的内容是科学知识，交流的目的是为了知识创新，情报交流通常又被称为知识交流。专利是科学研究和技术开发过程中所产生的知识产品，公开之后以专利文献形式进入情报交流系统，被科研人员用于新知识的生产和新技术

---

① 花芳：《文献检索与利用》，清华大学出版社 2009 年版，第 7 页。
② 查先进：《信息分析与预测》，武汉大学出版社 2000 年版，第 266 页。
③ 邹志仁：《情报研究与预测》，南京大学出版社 1990 年版，第 95 页。

的开发活动中。在各类科学成果的参考文献列表中，随处可见专利文献，说明专利作为一种知识产品已经充分融入知识交流中。因此，在知识交流视角下，情报学将专利视为一种更能体现技术内容的文献，关注于以专利为载体的动态的情报交流过程。例如，对于专利与专利之间、专利与论文之间引证关系的研究，以及伴随着专利合作而产生的不同组织和个人之间的知识交流等。

（三）专利计量说

在情报学发展初期，适逢科学计量学和文献计量学兴起，相关研究比较活跃，一些注重定量研究的情报学家很自然地把科学计量学和文献计量学看成是自己耕耘的园地，从而形成了"科学计量学和文献计量学是情报科学的特殊方法的综合"的观念①。随着情报学家的加入，他们对文献计量学的研究内容、方法、模型及应用等方面进行了深化和拓展，并取得了一系列的成就和进展，开创出范围更加广阔的一片新领域——情报计量学。情报计量学主要是以科学出版物为计量分析对象，包括图书、期刊、科技报告、专利文献等各种类型的文献。

在情报学研究视角下，专利计量即是对专利文献的统计和分析。从宏观层次研究专利文献的时间和空间分布与变化规律，包括专利增长与老化规律，专利数量、国别、机构、作者、主题分布情况；从中观层次对专利的引证与被引证情况进行统计分析；从微观层次对专利的关键词及其他知识单元进行词频统计、共词分析、聚类分析。通过专利计量可以评价和预测某一国家、组织、学科或技术领域的科学研究水平、技术开发实力、技术发展沿革等情况。而且与图书、期刊等传统的情报计量对象相比，专利文献更能直接反应技术状况、包含更多技术细节，可获得性、可靠性、准确性以及标准化程度更高。因此，近年来专利计量研究得到越来越多的关注，不仅被广泛地应用于竞争情报分析活动，而且在预测学、科学学与科技管理的研究和实践活动中的价值也不断提升。

在情报学研究视角下，专利研究的角度和方法都更加多元化，不仅广泛地吸收和借鉴了其他学科或领域的方法与工具，而且与其他学科或领域的研究主题在很多方面都有交叉重合之处。例如，知识交流说和专利计量说就分别与知识管理学和科学计量学有着一定程度的重合，而竞争情报虽

①　许勇：《计量情报学的动向》，《情报科学》1986 年第 6 期。

然是情报学独有的研究主题，但是竞争情报分析与预测中所采用的计量工具与方法和科学计量学也有着许多重合之处。这种现象与情报学的学科性质有关，情报学本身就是一个多学科交叉融合的学科。

五　知识管理学视角

知识是人们在社会实践中获得的认识和经验的总和，是经社会实践检验的人类智慧的结晶[①]。显然，专利不仅满足知识定义中的所有特征，而且与其他知识形态相比，专利具有能够直接转化为生产力的优秀品质，在各类知识形态中显得尤为醒目。20 世纪 90 年代初，世界著名管理大师彼得·F. 德鲁克在《后资本主义社会》一书中提出："我们正在进入知识社会，知识社会起源于知识价值革命，它是一个以知识为核心的社会，知识资本所占比重大于资金资本，成为企业最重要的资源，拥有知识的个人成为社会的主流。"[②] 知识既是生产要素的重要组成部分，又是分配的主要依据。知识逐渐代替权力与资本，成为世界发展的动力。知识无处不在，知识管理也随之渗透到社会生产和生活的各个方面，对政治、经济、科技、教育、生产、学习和工作等各个方面都产生了深刻的影响。知识经济的到来，不仅要求我们要从战略的高度来对待知识资产，并对其进行合理的经营与管理，而且需要我们从知识管理学的全新视角对知识活动或知识现象进行分析和研究。

在知识经济的时代背景下，知识成为第一资产，科技成为第一生产力。高校、研究院所、企业等单位作为知识的重要生产者和使用者，彼此之间围绕知识所开展的合作与交流活动空前活跃，特别是以专利为核心的产学研合作，其重要性超过了以往任何一个时期。这种发展现状与趋势需要我们以知识管理学的视角来看待专利以及围绕专利所开展的一系列社会活动。笔者认为，知识管理学视角下的专利合作研究主要关注以下两个方面：第一，将专利看作是一种重要的知识资产，而不是普通的科研成果，对其进行战略规划与管理，推动其尽快转化为生产力或者促使其在有效的经营管理中不断升值；第二，不同国家、组织、个人之间围绕专利合作所展开的知识交流与知识共享，以专利转让或许可为途径的专利合作是显性

---

① 邱均平：《知识管理学》，科学技术文献出版社 2006 年版，第 1 页。
② ［美］彼得·F. 德鲁克：《后资本主义社会》，傅振焜译，东方出版社 2009 年版。

知识交流，而伴随着合作研究而产生的则主要是隐性知识的交流与共享。

如果说显性知识是冰山的一角，那么隐性知识则是隐藏于水面以下的大部分，与显性知识相比，它们很难被发觉，却是社会财富的主要源泉。因此，在知识管理学领域，通常认为隐性知识比显性知识更有价值，隐性知识交流比显性知识交流更值得关注。例如，目前我们所倡导的产学研合作，除了以专利转让或许可方式促进专利转化以外，还鼓励企业与高校、科研院所建立合作研发中心，打破以往高校与研究院所只承担专利研发、企业只负责专利转化的职能分工，让企业也参与到专利研发过程中。这种合作研究模式使得企业、高校和研究院所之间能够进行更为充分的隐性知识交流与共享，不仅有利于发明人更好地了解市场需求，而且提升专利的实施和转化效率。

随着人类对知识认识的不断深入，知识交流研究也在不断发展和完善。人们越来越深刻地认识到，知识交流的广度和深度决定着知识的力量和价值，只有通过交流知识才能被传承、传播和利用，才能在社会进步和人类发展中发挥更大的作用①。专利文献中所提供的合作者信息，包括合作者所在的机构及性质、所在的学科领域、所在的地区和国家等，借助于这些信息我们可以了解到不同机构、不同地区、不同国家、不同行业之间伴随着合作而产生的知识交流情况，其中主要是隐性知识的交流。借助于大规模的专利文献数据库，我们还能够对这些合作情况进行定量化的统计分析，从中得出一些不同于以往知识管理学定性研究的新结论和新启示。

以上五个方面是对主要研究视角的概括，除此以外还有其他的研究视角，例如，从高等教育管理视角研究校企之间的专利合作，从社会学视角研究基于专利合作的人际网络关系等，在此不再逐一列举。本书在规划研究内容和设计研究思路时受到了多个学科领域相关研究成果的启发，在实际的研究过程中也借鉴了以上多个研究视角的思想、理论和方法。

---

① 杨思洛：《基于网络引证关系的知识交流规律研究》，武汉大学博士学位论文，2011 年。

第五章　专利合作计量

　　所谓专利制度是指依据《专利法》规定通过授予专利权来保护和鼓励发明创造，从而推动科技进步与经济发展的法律制度。目前，专利制度已经成为国际社会普遍实行的一种制度，我国从 1985 年 4 月 1 日开始正式实施专利法。自此以后，我国专利申请量和授权量稳步提升，专利申请和授予过程中的相关信息以专利文献形式得以公开，专利文献不仅架起了科学与生产的桥梁，而且为专利计量研究提供了可靠的数据来源。本章将通过对 1985 年我国开始实施《专利法》以来，国家知识产权局专利数据库中收录并公开的发明专利信息进行统计分析，分别从合作率与合作度、合作者数量分布规律、合作类型分布规律等多个方面对我国专利合作的现状进行一定的揭示和分析，以期从中归纳提炼出现有的专利合作模式及特征。本章主要解决以下问题：

　　　　·借助于合作率与合作度指标，考察专利合作的程度；
　　　　·通过合作频次分布规律的描述与揭示，考察专利合作的强度；
　　　　·通过基于合作者数量的专利合作模式分布规律的描述与揭示，考察专利合作的规模；
　　　　·通过基于合作类型的专利合作模式分布规律的研究，考察专利合作的范围。

第一节　样本数据采集与整理

一　研究样本

　　我国《专利法》所称的专利包含发明、实用新型和外观设计三种，并采取了统一立法方式对以上三种客体进行保护，这是我国《专利法》的特点之一。但实际上发明、实用新型和外观设计三者之间存在着较大的区别。

第一，发明创造本身的技术含量和创造性有高低之分，其中，发明的技术含量和创造性水平最高，实用新型次之，外观设计仅是工业品具有美感的设计方案，虽有创造性但无技术性。

第二，以上三种专利的授予条件、申请程序及获得专利权的难易程度不同，发明专利的授予条件最为严格，要求必须具有突出的实质性特点和显著的技术进步，并且要经过初步审查和实质审查，而实用新型和外观设计对创造性的要求较低，并且只需进行初步审查，公告异议，而不进行实质审查。

第三，以上三种专利的保护期限不同，发明专利的保护期为20年，而实用新型和外观设计的保护期只有10年。

第四，从国际惯例来看，世界上绝大多数国家都采用分别立法方式，只将发明作为专利法的保护对象，对实用新型和外观设计则采用《专利法》以外的专门法的形式给予工业产权保护。《巴黎公约》中也明确指出以《专利法》保护的仅仅指发明。

考虑到发明、实用新型和外观设计在技术含量、授予条件、审查程序等方面的诸多差异，并结合国际上对专利的界定标准，本书只选择发明专利作为研究对象，若无特殊说明书中所提及的专利均特指发明专利。

本书所研究的专利合作主要是指两个或者两个以上的主体（个人或者组织）共同从事发明创造的情况，具体体现为专利文献中在发明人和专利权人栏目署名的共同发明人和共同专利权人。如图5—1所示，凡在发明人一栏中同时出现的个人，都可视为共同发明人，他们之间构成合作关系。若该项专利属于职务发明，申请人（专利权人）栏目会显示出发明人所在单位名称。如果合作发明人分别来自两个或者多个单位，则在申请人（专利权人）一栏中会出现两个或者多个单位的名字，这些单位之间也可视为合作关系，即跨组织合作关系。

我国《专利法》规定发明人只能为自然人，而不是法人或其他组织。发明创造行为是一种具有创新性和探索性的智力劳动，需要劳动者具有创造性思维，这种行为具有一定的人身属性，只有自然人才能从事发明创造活动[1]。如果发明创造是由一个或者几个自然人完成，即便是单位之间合作完成的发明创造，也必须依法在发明人一栏填写参与发明的若干自然人的真实姓名。专利权人指依法获得某项发明创造的专利权，对该项发明创

---

① 吴汉东：《知识产权法》，法律出版社2004年版，第129页。

造享有独占权力和垄断地位的人。专利权人可以是自然人，也可以是单位。根据《专利法》中对发明人和专利权人的限定可知，发明人之间的合作关系只能是个人与个人之间的合作，而专利权人之间的合作关系可以发生在个人与个人之间，也可以发生在单位与个人或者单位与单位之间。

由于发明人只能是自然人，专利文献中又没有提供发明人的身份和地址信息，仅凭发明人姓名我们只能研究个体之间的合作关系，组织之间、区域之间的合作关系则无从考察。而专利权人可以是单位，也可以是个人，并且在专利文献地址栏中提供第一申请（专利权）人的详细地址，一般来说凭借单位名称我们可以获得机构性质、所在省区等方面的信息，与发明人相比，从专利权人角度进行研究能够获得更多的有关合作者的信息，能够对专利合作的主体分布情况、区域分布情况以及合作模式等方面进行统计分析。

例如，在图5—1中，从发明人信息栏中，我们只能看到该项专利是由10个发明人共同完成，至于发明人的身份信息我们无从得知。而在申请人信息栏中我们可以看到，该项专利是由两个单位共同研发完成，两个单位的性质分别为企业和高校，所在省区分别为广东省广州市和湖北省武汉市。所以，受样本数据提供的信息所限，本书对组织内的合作主要从发明人角度展开，而对组织之间和地区之间专利合作关系的研究则主要从申请（专利权）人角度展开。

申 请 号：	201010518275.6	申 请 日：	2010.10.22
名 称：	一种检测2型糖尿病易感基因18个位点突变的基因芯片		
公开(公告)号：	CN101956017A	公开公告日：	2011.01.26
主分类号：	C12Q1/68(2006.01)I	分案原申请号：	
分 类 号：	C12Q1/68(2006.01)I;G01N21/64(2006.01)I		
颁 证 日：		优先权：	
申请(专利权)人：	广州阳普医疗科技股份有限公司；武汉大学		
地 址：	510730广东省广州市经济技术开发区科学城开源大道102号		
发明(设计)人：	邓冠华;谢淼;刘松梅;周新;马海波;郑璇;袁媛;丁峰;王春芳;梁纯子	国际申请：	
国际公布：		进入国家日期：	
专利代理机构：	武汉科昊知识产权代理事务所（特殊普通合伙）42222	代理人：	张火春

图5—1 专利文献题录信息示例

二 数据来源

本书所需的专利数据全部来自于中国知识产权局专利数据库，该数据库由国家知识产权局建立和维护，是目前国内规模最大、最为权威的专利文献数据库，也是世界上规模最大的中文专利文献数据库。该数据库收录了 1985 年 9 月 10 日以来公布的全部中国专利信息，包括发明、实用新型和外观设计三种专利的著录项目及摘要，共计收录三种类型授权专利 700 余万件，其中，发明授权专利 130 余万件。对于数量如此巨大的专利文献，我们只能通过网络爬虫工具对其题录信息进行批量下载。

ROST WebSpider 网页采集器是一款研究型下载软件，由武汉大学信息管理学院沈阳教授开发，主要用于下载整个网站的网页或者批量下载定制 URL 的网页，其下载效率很高，可以多线程并行下载[1]。数据采集时间为 2014 年 5 月，即获得 1985—2014 年间发明专利的题录信息。由于爬虫工具在批量下载数据时受到一定的限制，我们未能将专利数据库中发明授权专利文献的题录信息全部下载，经过反复尝试最终获得了将近 80 万条授权专利数据，有效样本数量占全部专利信息总量的约 60%。

三 处理方法

ROST WebSpider 的下载结果以网页形式保存到本地，文件扩展名为 html，网页形式及内容如图 5—1 所示。我们通过分析网页格式来制订抽取关键信息的方案。然后采用 Java 的正则表达式匹配关键信息，配合文件读取程序进行抽取。通过自编 Java 程序从约 80 万个原始网页中自动提取有效信息，包括专利公开号、申请日、公开日、专利名称、发明人、专利权人、第一专利权人地址、主分类号、专利分类号等信息，并将以上信息以统一格式导入 Excel 表格中进行汇总。然后，我们自编 VBA 程序对数据进行清洗和筛选，剔除了题录信息不完整的数据，最终得到约 78.9 万条有效数据。之后我们分别从时间、国别、行业分类、所在省区、专利权人性质等几个方面对专利数据进行初步的整理和分类。分类原则如下：

---

[1] ROST WebSpider 网页采集器升级，http：//hi. baidu. com/whusoft/blog/item/0e10ecaf20614dcb7cd92a8e. html。

（一）时间分类

专利文献中包含两个时间信息，分别是申请日和公开日，申请发明专利有一定的审查期。所以，一般来说申请日和公开日之间会有几个月到几年不等的时间间隔。申请日相对来说更接近于发明创造实际产生的时间，另外，考虑到《专利法》中专利的保护期限也是自申请日起计算，因此，本书对专利时间分布情况的统计皆是以申请日为准。

（二）国家（地区）分类

中国知识产权局专利数据库中收录的专利既包含中国的个人和组织在本国申请的专利，又包括外国组织和个人在中国申请的专利。所以，我们需要对样本数据的国别进行分类。专利信息地址一栏中提供了第一申请人的详细地址，我们以此为依据判定该项专利所属的国家或地区。中国台湾、香港、澳门三个地区我们将其单独列出，中国的数据只包含大陆地区31个省（自治区、直辖市）。统计结果显示，样本中的授权专利来自104个国家或地区，其中，中国大陆地区拥有专利数量为53.28万件。

（三）行业分类

国际专利分类法（IPC）是国际上通用的专利文献分类指南，我国知识产权局也是以此为分类依据。一级类目（部）名称及代码如表5—1所示。中国知识产权局根据《国际专利分类表》对其受理的专利进行分类，并赋予国际专利分类代码。我们依据主分类号对样本中每件专利所属的行业大类进行划分，即将一级类目（部）当作行业大类。

表5—1　　　　　　　　国际专利分类一级类目代码表

部代码	一级类目名称
A	人类生活必需
B	作业；运输
C	化学；冶金
D	纺织；造纸
E	固定建筑物
F	机械工程；照明；加热；武器；爆破
G	物理
H	电学

（四）专利权人性质分类

我们根据专利权人的性质将其分为企业、高校、科研院所、个人、其他等五种类型。采用 VBA 程序进行自动分类，然后进行人工核查，分类原则如下：

· 如果机构名称中含有"企业"、"公司"、"集团"、"厂"、"株式会"等字段，则机构性质判定为企业；

· 如果机构名称中含有"大学"、"学院"、"学校"等字段，则机构性质判定为高校；

· 如果机构名称中含有"研究院"、"研究所"、"研究中心"、"研发"、"科研"、"科学院"、"实验室"等字段，则机构性质判定为科研院所；

· 如果机构名称中既含有高校特征的字段又含有企业特征的字段，该类机构一般为校办企业，我们将之归为企业类。尽管校办企业是由高校创建和经营，但因为校办企业是以盈利为目的，与高校的教育和科研的基本职能相差甚远，所以我们将之划归为企业类；

· 如果机构名称中既含有高校特征的字段又含有科研院所特征的字段，一般为挂靠在高校或院系的科研机构，我们将之归为高校类。主要原因有两点：一是这类科研机构并不独立，在许多方面与校外的科研院所存在一定的差别；二是这些校属科研机构往往同时承担教学和人才培养的职责，研究人员也总是身兼研究人员和高校教师双重职务；

· 如果机构名称中既含有企业特征的字段又含有科研院所特征的字段，一般为企业内部的研发中心，我们将之归为企业类。原因是该类科研机构是由企业设立和运营，服务于企业的生产和经营，无论是行政地位还是经济关系都不独立，与社会上的科研院所存在较大的区别；

· 除企业、高校、科研院所、个人以外的专利权人一律归入"其他"类，包括政府部门、医院、军队等。

我们选取中国大陆地区 31 个省（自治区、直辖市）的专利数据作为统计对象。若无特别说明，本书所研究的专利合作都是指我国大陆地区的专利合作情况。本章将采用数理统计分析方法，分别从合作率与合作度、合作者数量分布规律、合作类型分布规律等几个方面对我国国内的专利合作情况进行描述和揭示，旨在从宏观上了解和把握 1985—2014 年近三十年间我国专利合作的现状、特征与规律。

第二节 专利合作率与合作度分析

一 专利合作率与合作度的计算方法

合著率与合著度（也称合作指数）是科学计量学领域常用的表征科学合作程度的指标。合著率是指合著论文数占全部论文数的百分比，一般用 DC 表示[①]；而合著度则是指论文的篇均作者数，一般用 CI 表示[②]。合著率与合著度的计算公式分别如下：

$$DC = 1 - \frac{f_1}{N} \qquad\qquad (式5—1)$$

$$CI = \frac{\sum_{j=1}^{K} if_j}{N} \qquad\qquad (式5—2)$$

其中，f_1 为独著论文数量，j 为单篇论文的作者数量，k 为单篇论文作者数量的最大值，f_j 为作者数为 j 的论文数，N 为论文总数。

合著率与合著度是用于描述某一学科、国家、地区、期刊、组织、个人的合作意识、合作规模与合作能力的指标。合著率反映合作的广度，合著度则揭示合作的深度，两者从不同角度反映合作程度，有利于科研管理部门和科技工作者更加科学地组织和实施科研项目，更为合理地制定科研规划和人才政策[③]。合著率与合著度不仅能够反映论文研究的深度与广度，而且可以用于研究论文合作的类型、条件、影响因素等，因此，这两个指标被广泛地应用于科学计量与科研管理活动中。

合著率和合著度都是针对学术论文的计量指标。鉴于论文与专利之间的相似与相通之处，本书将这两个指标引入专利计量领域，提出专利合作率和专利合作度两个指标，用于表征专利的合作程度。专利与学术论文的不同之处在于，专利文献中既有发明人信息又有专利权人信息，因此，专利合作可以分别从发明人和专利权人两个角度进行衡量，与之对应的分别

① Peters HPF, Van Raan AFJ. , "Structuring scientific activities by co – author analysis: An exercise on a university faculty level", *Scientometrics*, 1991 (20): 235 – 255.

② Subramanyam K. , "Biliometrics studies of research collaboration: a review", *Journal of Information Science*, 1983 (6): 33 – 38.

③ 谢彩霞：《科学合作方式及其功能的科学计量学研究》，大连理工大学博士学位论文，2006 年。

是发明人合作率、发明人合作度、专利权人合作率、专利权人合作度。发明人合作率和发明人合作度主要反映个体之间的合作情况，合作者为自然人；而借助于专利权人合作率和专利权人合作度则可以对组织之间、地区之间，甚至是国家之间的合作情况进行计量分析，合作者可以是个人也可以是组织。以上四个指标的计算方法分别为：

$$发明人合作率 = \frac{两个及以上发明人共同发明的专利数量}{专利总数} \qquad （式5—3）$$

$$发明人合作度 = \frac{发明人总数}{专利总数} \qquad （式5—4）$$

$$专利权人合作率 = \frac{两个及以上专利权人共同申请的专利数量}{专利总数} \qquad （式5—5）$$

$$专利权人合作度 = \frac{专利权人总数}{专利总数} \qquad （式5—6）$$

通过以上计算公式可知，发明人合作率、发明人合作度、专利权人合作率和专利权人合作度等4个指标分别从不同的方面反映专利的合作意识、合作程度、合作规模和合作范围。

发明人合作率指标体现出整体（包括组织内和跨组织）的合作情况，发明人合作率越高，表明合作意识和合作程度越强。专利权人合作率指标体现跨组织专利合作情况，即跨组织专利合作所占比例，专利权人合作率越高，不仅表明合作意识和合作程度较强，而且反映出合作范围较大。如果某一地区或者某一组织的发明人合作率高，而专利权人合作率低，则在一定程度上说明该地区或者组织的专利合作多限于组织内部，合作范围非常有限。

发明人合作度指标反映整体（包括组织内和跨组织）的合作规模，即平均每件专利投入的人力资源的多少，发明人合作度越高，表明平均每件专利参与的发明人数量越多。专利权人合作度主要反映跨组织专利合作情况，专利权人合作度越高，说明平均每件专利参与的单位数量越多。专利权人合作度指标不仅能够反映专利合作的规模，而且能够反映出专利合作的范围，即专利权人合作度越高，说明专利合作的范围越广泛。

依据以上计算和分析方法，以1985—2014年间我国大陆地区的专利文献为样本，得到我国大陆地区不同行业、不同类型组织、不同省区以及国内整体的发明人合作率、发明人合作度、专利权人合作率和专利权人合作度。行业、类型以及省区的划分均以第一专利权人为准。

二 专利合作率与合作度的分布规律

1. 行业分布

国际专利分类法（IPC）一级类目分别为：A—人类生活必需、B—作业；运输、C—化学；冶金、D—纺织；造纸、E—固定建筑物、F—机械工程；照明；加热；武器；爆破；G—物理、H—电学。我们将国际专利分类法的一级类目当作行业大类，分别计算各行业的专利合作率与合作度，并对各行业的合作情况进行比较分析，具体计算结果和比较情况如表5—2和图5—2所示：

表5—2　　　　　　　　国内各行业专利合作率与合作度

行业 ＼ 合作情况	发明人合作率	发明人合作度	专利权人合作率	专利权人合作度
A—人类生活必需	0.4530	2.2910	0.0841	1.1206
B—作业；运输	0.5892	2.7086	0.0969	1.1197
C—化学；冶金	0.7758	3.4784	0.1254	1.1655
D—纺织；造纸	0.5967	2.7539	0.0941	1.1159
E—固定建筑物	0.4607	2.5271	0.0932	1.1228
F—机械工程；照明；加热；武器；爆破	0.4734	2.2432	0.0987	1.1193
G—物理	0.6561	2.9217	0.1253	1.1472
H—电学	0.6264	2.6587	0.0997	1.1036
平均	0.5886	2.7023	0.1024	1.1273

（1）就国内专利合作的整体情况即从各行业的平均合作情况而言，发明人合作率为0.5886，说明一半以上（58.86%）的专利是由两个及以上的个人合作完成；但专利权人合作率仅为0.1024，说明只有10%左右的专利是由两个及以上的组织合作完成。发明人合作率远大于专利权人合作率，说明大部分的专利合作都发生在组织内部，跨组织合作的比例较低。从发明人合作度来看每件专利平均由近3个发明人共同完成。从专利

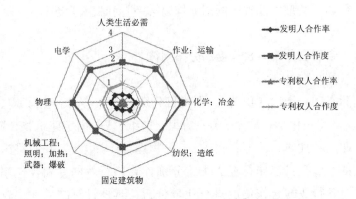

图5—2 国内各行业合作率与合作度对比

权人合作度来看每件专利平均由1.1273个专利权人完成。发明人合作度与专利权人合作度两个指标数值的差距，也再次说明专利合作的范围非常有限，大部分的专利合作都发生在同一单位内部。

（2）就各行业的专利合作对比情况来看，各个行业的合作程度与合作规律存在一定的差异，主要通过合作率与合作度的指标数据来体现。在国际专利分类体系的8个一级类目中，"化学；冶金"行业的发明人合作率、发明人合作度、专利权人合作率和专利权人合作度等四个指标均排第一位，并且远高于所有行业的平均值，说明该行业的合作程度和合作规模较高。其次是"物理"行业，发明人合作率、发明人合作度、专利权人合作率和专利权人合作度等四个指标也均高于所有行业平均值。与之相反，"固定建筑物"和"机械工程；照明；加热；武器；爆破"的合作率与合作度均显著的低于平均水平。而其他四种行业，"人类生活必需"、"作业；运输"、"纺织；造纸"和"电学"的合作率与合作度都接近于平均水平。通过以上各行业的合作率与合作度指标的对比分析，我们可以得出结论，行业性质是影响专利合作程度与合作规模的重要因素之一。

2. 主体类型分布

我们依据第一专利权人的性质将其分为企业、高校、科研院所、个人、其他等5种类型，分别计算每种类型主体的专利合作率与合作度，并对各种类型主体的合作情况进行比较分析。具体计算结果和比较情况如表5—3和图5—3所示：

表5—3　　　　　　　　　　国内各类型主体专利合作率与合作度

合作情况 主体类型	发明人合作率	发明人合作度	专利权人合作率	专利权人合作度
企业	0.6578	2.8946	0.1179	1.1352
高校	0.9234	4.1465	0.0622	1.0704
科研院所	0.8856	4.2349	0.0672	1.0785
个人	0.2492	1.4943	0.1129	1.1644
其他	0.7830	3.9856	0.1301	1.0002
平均	0.5896	2.7648	0.1034	1.1297

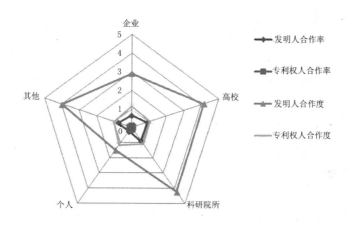

图5—3　国内各类型主体合作率与合作度对比

各种类型主体的合作率与合作度指标各不相同，表明各种类型主体的合作意识、合作程度、合作规模等方面都存在一定的差别。

（1）从合作率方面分析：高校与科研院所的发明人合作率最高，分别为0.9234、0.8856，远远高于所有类型主体的整体合作率0.5896，说明高校与科研院所完成的专利，85%以上都是由两个或者多个发明人合作完成。但就专利权人合作率计算结果来看，高校与科研院所的专利权人合作率最低，分别为0.0622和0.0672，远低于整体合作率0.1034，说明高校与科研院所完成的专利，只有极少数是跨组织合作完成。通过发明人合作率与专利权人合作率的对比结果来看，高校与科研院所虽然有较强的合作意识，但是仅限于组织内部，跨组织的合作水平亟待提高。

另外，我们还发现高校、科研院所、企业和其他等4种类型主体的发明人合作率都远高于整体水平，只有个人的发明人合作率却远远低于整体水平。这种差异恰好体现出了职务发明和非职务发明在合作程度方面的差异，职务发明的专利权人为单位，非职务发明的专利权人一般为个人。就表5—3中的数据来看，只有不足25%的非职务发明是由两个或者多个发明人合作完成，而职务发明的发明人合作率却高达65%以上。

（2）从合作度方面分析：同样是高校与科研院所的发明人合作度最高，分别为4.1465和4.2349，远高于整体合作度2.7648，说明高校和科研院所的发明人合作规模较大，每件专利都投入了较多的人力资源，平均每件专利都由4个以上的发明人合作完成。但就专利权人合作度来看，高校与科研院所的专利权人合作度非常低，分别为1.0704和1.0785，都低于整体合作度。高校与科研院所在合作率和合作度方面表现出一定的规律性，发明人合作率和合作度最高，而专利权人合作率和合作度却比较低。高校与科研院所在发明人合作和专利权人合作两个方面所呈现出的鲜明对比，说明高校与科研院所的专利合作范围极其有限，组织内部的合作程度和合作规模较高，但跨组织的合作水平却非常低，这种现象和规律应该引起高校、科研院所以及相关的科研管理部门的关注，在日后制定或者调整专利策略时要注意扩大专利合作范围。

从表5—3中我们发现，高校、科研院所、企业和其他等4种类型主体的发明人合作度都远高于整体水平，只有个人的发明人合作度却远远低于整体水平。这种现象体现出职务发明和非职务发明在合作规模方面的差异，职务发明的发明人合作度较高，每件专利投入的人力资源较多，而非职务发明的合作度较低，每件专利投入的人力资源较少。现实情况中，非职务发明多是个人利用业余时间、个人资源以及有限的研发条件完成，而职务发明则由单位较强的研发条件和研发资源做支撑，无论是研发条件还是人力、物力资源，非职务发明均无法与职务发明相比。另外，我们还注意到个人和企业的专利权人合作度高于整体水平，而高校、科研院所和其他类型组织的专利权人合作度低于整体水平。这一现象恰好与发明人合作度相反，说明除企业外，职务发明大多都为单位内部合作。

（3）从合作率与合作度的整体情况分析：5种类型主体的合作情况存在显著的差异，不同类型主体的合作意识、合作程度、合作规模也不尽相同，这种差异表明主体（专利权人）类型是影响专利合作的一大因素。

另外，就5种类型主体的合作表现来看，只有企业的发明人合作率、发明人合作度、专利权人合作率、专利权人合作度等4个指标都高于整体水平，而其他4种类型的主体在4个指标上总是表现出一定的不均衡性。发明人合作率和合作度较高的主体，往往其专利权人合作率和合作度较低。而专利权人合作率和合作度较高的主体，则其发明人合作率和合作度却较低。以上现象表明，在5种类型主体中，只有企业的合作情况较为理想，合作程度、合作规模以及合作范围都高于平均水平。但在这里需要特别说明的是，企业的这种优势仅限于国内，只是在我国各种类型主体合作程度普遍较低的情况下，企业的合作状况相对而言略胜于其他类型主体，实际上从合作率和合作度指标的绝对值来看，企业的合作程度仍然偏低，尤其是跨组织合作的比例仅有11.79%。

3. 省区分布

根据第一专利权人所在省区，将样本数据中我国大陆地区的80余万件专利划归为31个省区，然后分别计算各个省区的专利合作率与合作度，并对各省区的专利合作指标数据进行比较分析。具体结果和比较情况分别如表5—4和图5—4所示：

表5—4 国内各省区专利合作率与合作度

合作情况 省区名称	发明人合作率	发明人合作度	专利权人合作率	专利权人合作度
广东	0.5469	2.3219	0.1475	1.1757
北京	0.6889	3.2770	0.1658	1.2033
上海	0.7064	2.9306	0.0968	1.1166
江苏	0.5482	2.5639	0.0775	1.0953
浙江	0.5280	2.4144	0.0746	1.0881
山东	0.5642	2.7575	0.0863	1.1103
辽宁	0.5528	2.7259	0.0813	1.1074
天津	0.5597	2.7013	0.0443	1.0596
四川	0.5683	2.8104	0.0811	1.1121
湖北	0.6366	3.2266	0.0670	1.0908
湖南	0.4871	2.5898	0.0682	1.0916
河南	0.5461	2.9804	0.0960	1.1476

续表

合作情况 省区名称	发明人合作率	发明人合作度	专利权人合作率	专利权人合作度
黑龙江	0.6189	2.9943	0.0982	1.1383
陕西	0.6683	3.1765	0.0705	1.0958
河北	0.4828	2.4978	0.0992	1.1374
吉林	0.6362	3.2029	0.0742	1.1029
福建	0.5017	2.3785	0.0977	1.1263
安徽	0.5591	2.7409	0.0590	1.0747
重庆	0.6318	3.0093	0.0736	1.0899
山西	0.5966	3.0278	0.0816	1.1095
云南	0.6181	3.3385	0.0959	1.1287
江西	0.5006	2.4565	0.0865	1.1095
广西	0.4468	2.2980	0.1003	1.1375
贵州	0.4407	2.3284	0.0944	1.1319
甘肃	0.6681	3.3675	0.0998	1.1265
内蒙古	0.4358	2.3185	0.0950	1.1318
新疆	0.4938	2.6702	0.1014	1.1263
海南	0.4302	2.2726	0.1052	1.1455
宁夏	0.5029	2.4436	0.0936	1.1244
青海	0.5509	2.8372	0.1143	1.1394
西藏	0.4394	2.1665	0.0938	1.1152
平均	0.5893	2.7647	0.1032	1.1294

注：表中省区名称按照专利申请量大小自高向低排序。

（1）从合作率方面分析：就发明人合作率指标来看，北京、上海、湖北、黑龙江、陕西、吉林、重庆、山西、云南、甘肃等几个省区的发明人合作率均高于整体水平，表明这些省区的专利合作意识和合作程度较强。但就专利权人合作率来看，只有广东、北京、海南、青海等4个省区的专利权人合作率高于整体水平，表明这4个省区跨组织专利合作所占比例较高，而其他省区的合作范围却非常有限。特别是上海、湖北、陕西等几个省区，发明人合作率较高而专利权人合作率较低，表明这些省区的专利合作多限于单位内部。

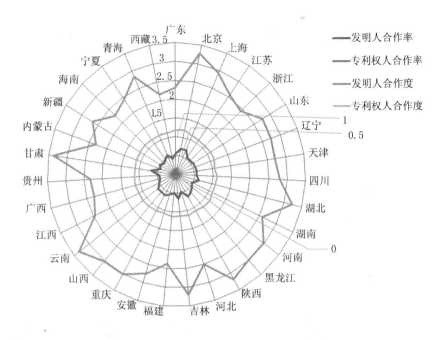

图5—4 国内各省区专利合作率与合作度对比

（2）从合作度方面分析：就发明人合作度指标来看，北京、上海、湖北、四川、黑龙江、河南、陕西、吉林、重庆、山西等几个省区，发明人合作度高于整体水平，表明这些省区专利合作规模较高，平均每件专利投入的人力资源数量较多。就专利权人合作度指标来看，广东、北京、河南、黑龙江、河北等几个省区的专利权人合作度高于整体水平，表明这些省区的合作规模较高、合作范围也较为广泛。而上海、湖北、陕西等省区，发明人合作度较高而专利权人合作度较低，表明这些省区的合作范围非常有限，专利合作活动大多都在单位内部开展。

（3）从合作率与合作度整体情况分析：中国大陆地区31个省区的专利合作情况也存在着差异性。31个省区中，只有北京市在发明人合作率、发明人合作度、专利权人合作率、专利权人合作度等各个方面都优于国内整体水平，4个指标的计算结果分别为0.6889、3.2770、0.1658、1.2033，均远高于整体水平。说明与国内其他省区相比，北京市的合作意识、合作程度、合作规模和合作范围都处于领先水平。如果某个省区的发明人合作率和合作度指标高于整体水平，而专利权人合作率和合作度指标却低于整体水平，表明该省区虽然有较强的合作意识、合作程度和合作规模，但都大多局限于单位内部合作，合作范围有待提高。与之相反，如果专利权人合作率和合作度都高于整体水平，表明该省区跨组织专利合作所占比例较高、合作范围较为广泛。

三　专利合作率与合作度的变化规律

专利合作的特性归纳起来有两个方面：静态特性和动态特性。相应的，对于专利合作规律的研究也是从静态和动态两个角度展开，即空间分布规律和历时变化规律。前者主要研究一定时期内专利合作在空间分布方面所呈现出的规律性特征；后者则主要关注专利合作随时间的延续而呈现出的规律性变化。前文中对于专利合作率和合作度的研究主要是从静态角度展开，定量地考察了专利合作的行业、组织类型、省区分布情况。本节内容将从动态角度考察专利合作率和合作度的历时变化情况。

我国自 1985 年开始实施专利制度，至今已有 30 年发展历史。本书研究样本中也收录了 1985—2014 年间的专利数据。我们将分别计算各年度的合作率和合作度指标，并借此定量地考察近 30 年间我国专利合作程度的变化规律。合作率和合作度指标仍将合作主体分为发明人和专利权人两种分别进行计算，具体计算结果及各个指标数值历年变化情况分别如表 5—5 和图 5—5 所示：

表5—5　　　　　　　　　**专利合作率与合作度历年变化情况**

年份	发明人合作率(%)	发明人合作度	专利权人合作率（%）	专利权人合作度
1985	48.28	2.2688	8.74	1.1091
1986	42.10	2.0733	9.41	1.1238
1987	47.02	2.2033	10.88	1.1605
1988	46.64	2.1921	14.70	1.2062
1989	49.09	2.3373	13.03	1.2105
1990	50.76	2.3810	15.19	1.2240
1991	48.96	2.3717	14.37	1.2340
1992	45.45	2.2939	14.35	1.1249
1993	42.75	2.1299	11.68	1.1645
1994	42.68	2.1077	11.34	1.1497
1995	42.06	2.1080	11.69	1.1634

续表

年份	发明人合作率(%)	发明人合作度	专利权人合作率（%）	专利权人合作度
1996	40.84	2.1023	11.31	1.1463
1997	41.54	2.1361	11.80	1.1563
1998	43.93	2.2153	11.95	1.1587
1999	42.57	2.1721	12.47	1.1569
2000	56.21	2.3444	12.15	1.1539
2001	50.75	2.2757	11.56	1.155
2002	53.97	2.3195	10.99	1.1426
2003	55.14	2.4592	9.88	1.1222
2004	56.38	2.6466	10.57	1.1264
2005	57.49	2.6760	10.68	1.1254
2006	58.32	2.6904	10.53	1.1243
2007	60.23	2.7859	11.01	1.1433
2008	61.98	2.9535	8.68	1.1095
2009	65.17	3.1287	10.12	1.1219
2010	70.77	3.3652	9.83	1.1201
2011	74.76	3.5984	9.58	1.1976
2012	76.79	3.7448	9.44	1.1024
2013	77.83	3.9216	9.89	1.1137

注：2013 年数据统计不完全；2014 年数据量太小不予计算和显示。

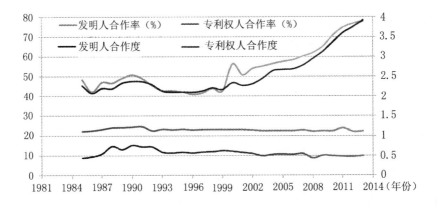

图5—5　专利合作率与合作度历年变化曲线

如表5—5所示，发明人合作率和发明人合作度在不同的年份有所波动，但从整体来看，自1985年到2013年，二者呈现出逐渐上升的发展趋势。发明人合作率由1985年的48.28%增加到2013年的77.83%，发明人合作度由1985年的2.2688增加到2011年的3.9216。特别是2000年以后，发明人合作率和发明人合作度两个指标的上升趋势更为稳定和显著，上升的幅度也更大。表明越来越多的专利是由两个及以上发明人合作完成，每件专利的平均参与人数量也逐渐增多，专利合作的程度呈逐年上升之势。这一研究发现与现实情况非常吻合。

在大科学时代背景之下，科学呈现出高度分化与高度综合的双重发展态势，科学研究具有大规模、跨学科、高难度、高成本等特征。越来越多的科研项目，特别是那些涉及重大问题的项目，仅仅依靠某一单位或个人，甚至某一国家的力量都难以完成。因此，无论是在自然科学领域还是人文社科领域，无论是基础科学研究还是应用科学研究，科研活动的集体化和合作化趋势不断增强，合作研究所占的比例稳步上升。国外学者Price[①]，Zuckerman[②]，Glänzel[③]、国内学者陈悦[④]、刘雅洁[⑤]等人都曾以合著论文为统计样本，对科学合作现象及趋势加以定量分析，并且指出科学研究的合作化趋势不断加强，合著论文所占比例稳步上升。本书以合作专利为统计样本，通过发明人合作率与合作度的计算，发现这两个指标都呈现出逐年增长的发展规律。尽管专利和论文作为两种成果形式存在诸多的不同，但对其合作率和合作度的统计分析却发现二者都呈现出相似的规律性，即合作化趋势不断增强。由此也验证了一个业已形成的共识，大科学时代科学合作的确是一种普遍的现象，科学合作的程度和规模都在不断提高，各个研究领域概莫能外，专利研发亦是如此。

专利权人合作率和合作度却呈现出与发明人合作率和合作度完全不同的规律性。如图5—5所示，专利权人合作率和合作度基本保持稳定，整

---

① Price D S. , *Little Science*, *Big Science*, New York：Columbia University Press, 1963.

② Zuckerman H A. , "*Patterns of name ordering among authors of scientific papers：a study of social symbolism and its ambiguity*", American Journal of Sociology, 1968（743）：276 – 291.

③ Glänzel W, Czerwon H J. , "*A new methodological approach to bibliography coupling and its application to national regional and institutional level*", Scientometrics, 1996（2）：195 – 221.

④ 陈悦等：《中国管理科学合著现象分析》，《科学学研究》2005年第6期。

⑤ 刘雅洁：《中国科学技术管理论文合著现象研究》，大连理工大学硕士学位论文，2007年。

体上略微下降。这种现象值得关注和思考。在大科学时代科学合作不断加强的背景之下，专利权人合作率和合作度不仅没有随之增强，反而呈现出下降的趋势。从其计算方法可知，专利权人合作率和合作度反映跨组织合作情况。专利权人合作率和合作度所呈现出的基本稳定并略微下降的发展规律，说明尽管专利合作程度不断加强，但大都限于单位内部，多年以来跨组织的专利合作现象不仅没有得到增强，反而有所下降。总体来说，这种现象是由于科学研究的竞争性导致。科学研究也有自己的奥林匹克竞赛，现代科学发展是与科学家个人之间和集体之间的竞争紧密联系在一起的①。经过进一步的分析，笔者认为以上现象可以从三个方面来解释：

1. 专利自身所具有的垄断性特质

专利与生俱来的垄断性特质，决定了专利合作必然在某些方面呈现出与论文合著所不同的特征和规律。垄断意味着专利是独有、独占和独享的，通常在专利研发过程中就排斥合作，因为合作本身就意味着权力的共有和利益的共享。但是个人的研发能力和条件有限，合作研究可以提高科研效率，并且能够带来一系列其他的益处，例如，能够均摊研发成本和风险，能够提高研发者的影响力和可见度，有助于研发者建立广泛的社会关系等。尤其是当课题的成本、难度及其所需的资源和条件超出某一个人或组织的能力范围时，就不得不开展合作研究。专利是科学合作与科学竞争的矛盾体，合作与竞争这两个看似矛盾的元素共存于专利中，共同推动着专利的发展和繁荣。

为了争得科研成果的首创权，并对首创权赋予法律保护，专利制度由此诞生，从某种意义上来说，专利是科学竞争的产物，专利权具有排他性。但是在专利的产生过程中又无时无刻不伴随着各种形式的科学合作，科学家需要彼此交流知识、共享资源。因此，垄断和合作两个矛盾体并存于专利研发过程中，既相互依赖又相互排斥。专利所具有的垄断性特质以及合作者之间的竞争性关系，使得专利合作呈现出一定的规律性：能够单独完成的，就尽可能地不选择合作；能够由单位内部合作完成的，就尽可能地不对外寻找合作伙伴。这也是许多单位和个人对于专利研发所达成的共识，于是我们也看到了一种普遍的现象，专利合作大多都在同一单位内

---

① 陈益升：《多元视野中的科学——科学的哲学、历史、社会的研究》，科学出版社 2009年版，第 49 页。

部展开，跨组织合作所占比例非常低。

2. 专利拥有科学和经济双重属性

专利是一种富有创造性的智力成果，是无形的知识产品。一方面，专利是科学研究的产物，是科技工作者创造性智力劳动成果的结晶，从这一角度来讲，专利与论文、专著、科技报告等其他形态的智力成果一样，具有一定的科学属性；另一方面，专利具有价值和使用价值，能够大大提高劳动生产率，提高企业的经济效益，或者能够转化为产品或技术从而为专利权人带来垄断性的经济收益。专利权是一种无形财产权。从这一角度来讲，专利权又与其他形态的科研成果不同，具有一定的经济属性。正是因为专利同时具有科学和经济双重属性，所以，专利合作呈现出论文合著不同的规律性。

我国《专利法》第8条规定，合作专利的产权归属采取约定优先原则，当没有合同约定或约定不明时，专利权由合作各方共有。鉴于专利所具有的经济属性，及其可能带来的巨大经济收益，专利合作的机会成本较高。发明人和专利权人对待合作问题会格外慎重，往往会对合作的收益和成本进行全面、反复的比较。只有当其确实需要进行合作方能完成或者确定合作带来的收益大于其成本时，才会产生合作的动机。因此，专利所具有的经济属性也会在一定程度上对专利合作的程度和范围产生负面的影响。由此可见，专利自身所具有的垄断性和经济性这两个特征都会在一定程度上对专利合作的程度和范围产生负面的影响，尤其是对跨组织的专利合作行为产生明显的抑制作用。这也可以用来解释为什么专利权合作率和合作度偏低并且呈现下降之势。

3. 科学技术领域的竞争不断加剧

从专利的固有属性看，技术和市场两个方面的因素对专利价值产生重要的影响，技术是专利成果表现出的第一层特征，专利本身就是一种技术，是一种表现创新的技术[1]。随着科学技术日新月异的发展和市场经济的深入推进，科学技术成为推动经济发展和社会进步的第一生产力，国家或者企业之间的竞争主要集中于科学技术领域。专利作为一种包含知识与技术的成果形式，既是联系科学与生产的桥梁，又是赢得市场竞争的利刃。专利发明人和专利权人作为先进技术的创造者和拥有者，不仅能够攫

---

[1]　中华人民共和国国家知识产权局：《专利审查指南》，知识产权出版社2010年版。

取巨额的垄断利润，而且可以借此打压竞争者，限制他人在某一技术领域的研究和经营，从而在市场竞争中占据优势地位。

　　上至一个国家，下至一个企业，都在积极推行专利保护战略，试图借助于专利技术创新活动抢占更大的市场。例如，美国和日本等发达国家都在通过向国外申请专利的方式抢占他国的技术创新空间，从而为本国企业和商品占领国外市场铺平道路。美国就曾借助于专利战略在全球市场上大肆扩张，并最终确立了经济和科技双重霸主地位。据有关资料统计，美国在国外申请的专利数量占到其专利申请总量的92%[1]。与之相反，中国则深受其害，由于专利方面的劣势，中国企业不断陷入专利诉讼，高额的专利使用费更是难以承担，为此陷入困境的企业不胜枚举。

　　科学技术领域的竞争越是激烈，专利所具有的垄断性和竞争性越是被无限地放大和强化，专利合作行为越是受到排斥和抑制。尤其是跨组织的专利合作，不仅意味着权力和利益的共享，而且涉及复杂的知识产权关系，甚至可能带来烦琐的知识产权纠纷，更加不被鼓励。因此，在知识经济的时代背景之下，一方面，科学研究集体化和合作化趋势不断加强；另一方面，科学技术领域的竞争也在不断加剧。以上两个方面的力量相互抵消，导致1985—2013年近三十年间，专利合作权人合作率和合作度不仅没有得到提升，反而整体上还略微下降。

　　实际上，以上三个原因是相辅相成的，归根结底是专利自身属性和知识经济时代背景内外合力的结果。专利所具有的垄断性特质和经济属性使其成为科技竞争的利刃，而不断加剧的科技竞争则使得专利的竞争性和垄断性不断被放大。以上三个方面的因素共同作用，对专利合作产生了较强的抑制作用，并最终导致了在我们的统计数据中，合作率和合作度指标呈现出两大规律：一是专利权人合作度和合作率远低于发明人合作度和合作率；二是专利权人合作度和合作率多年保持基本稳定并在整体上呈略微下降之势。

第三节　专利合作强度分析

　　专利合作频次分布规律的研究主要从专利权人角度展开。专利合作频

---

　　[1]　Landry Retc.，"*An economic analysis of the effect of collaboration on academic research productivity*"，Higher Education，1996，32（3）：283－301.

次是指两个专利权人之间共同拥有的合作专利数量，它在一定程度上可以作为表征合作强度的指标。若两个专利权人共同拥有多件合作专利，说明他们之间曾经进行过多次合作，合作频次越高，则表示合作强度越大，专利权人之间的合作关系越稳定和牢固。稳定的合作关系，不仅有利于信息、知识、资源的高效传播，而且专利权人之间日后再次进行合作的概率也较大。一般来说，建立新关系的成本和风险更大，无论是单位还是个人，在选择合作伙伴时都倾向于巩固旧的合作关系，而不是建立新的合作关系。因此，对于专利权人合作频次分布情况的统计分析，有助于我们更好地了解和把握专利合作关系的强度和稳定性，也有助于我们更好地预测不同专利权人之间信息传播的效率和再次合作的概率。

一　专利合作频次分布规律

统计结果显示，样本数据中共有 50 余万件合作专利，包含合作专利权人共计 42017 个，实际构成 30678 个合作关系对，每个合作关系对的平均合作频次为 2.26。合作频次最低的为 1 次，并且合作频次为 1 的合作对占合作关系总数的比例为 74.83%。不同频次的合作关系分布情况如表 5—6 所示：

表 5—6　　　　　　　　专利合作频次分布情况统计

合作频次	所占比例（%）	累计比例（%）
1	74.83	74.83
2	14.67	89.50
3	4.34	93.84
4	1.94	95.78
5	1.12	96.90
6	0.55	97.45
7	0.43	97.88
8	0.35	98.23
9	0.25	98.48
10	0.19	98.67
10 次以上	1.33	100.00

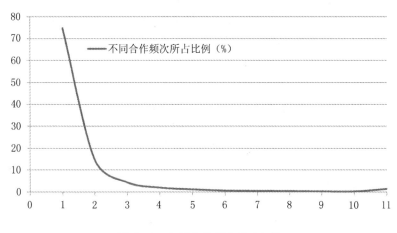

图5—6　专利合作频次分布规律

如图5—6所示，专利合作频次呈现出集中与离散分布规律，即少数合作关系对拥有非常高的合作频次，而大部分合作关系都停留较低的合作频次。由表5—6可知，高达74.83%的专利权合作关系的合作频次仅为1；合作频次为2的为14.67%；10次以上的合作关系仅占样本中专利权人合作关系总数的1.33%；超过95%的合作关系都停留在4次及以下的水平。

二　专利合作强度分析结果

（1）就整体情况而言，我国大陆地区专利的平均合作强度较小，专利权人之间关系稀疏。较低的合作频次意味着合作关系不够牢固，不利于专利权人之间建立长期稳定的合作关系。而合作频次所呈现出的集中与分散的分布情况，也不利于专利权人之间进行广泛的传播、交流和共享，知识交流和资源共享的范围仅仅局限于较小的范围之内，绝大部分节点之间交流渠道不畅，专利合作的强度亟待加强。

（2）就个体情况而言，少数专利权人之间合作频次非常高。例如，鸿富锦精密工业（深圳）有限公司和鸿海精密工业股份有限公司之间的合作频次高达6000多次，中国石油化工股份有限公司和中国石油化工有限公司石油化工科学研究院、深圳市海川实业股份有限公司和深圳海川色彩科技有限公司、群康科技（深圳）有限公司和群创光电股份有限公司等，合作频次都在1000次以上。说明这些单位之间已经建立了长期稳定的合作关系，当然日后再次进行合作的可能性也非常大。按照社会网络分析和科学交流的观点，这些拥有较高合作频次的节点之间更容易进行知识交流，而且知识交流的效率也远大于其他节点。

第四节　基于合作者数量的专利合作模式分布规律

一件专利可以由单个发明人或专利权人独自完成，也可以由两个及以上发明人或专利权人共同完成，后者即为专利合作行为，参与同一件专利发明创造过程的两个及以上发明人和专利权人之间构成专利合作关系。众所周知，一件合作专利的发明人或专利权人至少为两个，多者可达几十个，无论是两个或者几十个，这些发明人或专利权人都可以被称为合作者。合作者的数量反映出专利合作的规模。根据合作者的数量可将专利合作分为二人合作模式、三人合作模式、四人合作模式、五人及以上合作模式等。在较大的统计样本中，我们发现基于合作者数量的专利合作模式的分布存在着一定的规律性，本小节将以中国大陆地区的合作专利为样本，分别从发明人和专利权人两个角度揭示专利合作模式的分布规律，并对其进行比较分析。

一　基于发明人数量的专利合作模式

在我们的统计样本中，中国大陆地区的专利共有 50 余万件，其中，有两个及以上发明人的合作专利约 35 万件。在这 35 余万件发明人合作专利中，合作发明人数量最多为 64 人，最少为 2 人。基于合作发明人数量的专利合作模式的分布情况如表 5—7 和图 5—7 所示：

表 5—7　　　　　专利合作模式的分布情况（发明人角度）

合作模式	所占比例（%）	累计比例（%）
二人	28.34	28.34
三人	22.67	51.01
四人	18.41	69.42
五人	12.32	81.74
六人	7.45	89.19
七人	4.26	93.45

续表

合作模式	所占比例（%）	累计比例（%）
八人	2.71	96.16
九人	1.44	97.60
十人及以上	2.40	100.00

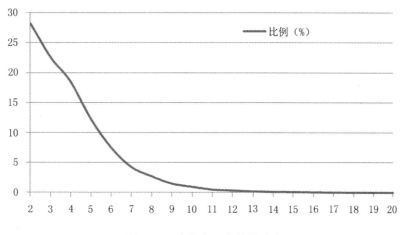

图5—7　合作发明人数量分布

由表5—7和图5—7可以看出，基于发明人数量的专利合作模式分布规律表现为：

（1）合作发明人数量与其对应的专利数量及比例呈指数下降趋势。如图5—7所示，横坐标为每件合作专利拥有的发明人数量，纵坐标为其对应的专利数量占统计样本中合作专利总数的比例。拥有两个发明人的专利所占比例最高，为28.34%。随着合作发明人数量增加，与之对应的专利数量及其在专利总数中所占的比例随之降低。当合作者数量超过20人时，与之对应的专利比例接近于0。

（2）从发明人角度来看，两人合作模式和三人合作模式是主流的合作模式。在国内所有合作专利中，拥有两个发明人的专利数量最多，占统计样本中合作专利总数的28.34%；其次是拥有三个发明人的专利数量，占合作专利总数的22.67%。两人合作模式和三人合作模式累计占合作专利总数的一半以上。四人合作模式和五人合作模式在所有合作专利中也占有较高的比例，分别为 18.41% 和 12.32%。以上四种合作模式累计占总数的 80% 以上，合作发明者数量超过五人的情况已经比较少见，累计比例不足 20%。

二　基于专利权人数量的专利合作模式

如果一件专利拥有两个或多个专利权人且专利权人为组织，则可视为跨组织合作。样本数据中，合作者数量最多为 20，最少为 2。基于合作专利权人数量的专利合作模式分布情况如表 5—8 和图 5—8 所示：

表5—8　　　　　　　专利合作模式的分布情况（专利权人角度）

合作模式	所占比例（%）	累计比例（%）
二人	82.76	82.76
三人	11.84	94.60
四人	3.89	98.49
五人	0.93	99.42
六人	0.27	99.69
七人	0.12	99.81
八人	0.07	99.88
九人	0.05	99.93
十人及以上	0.07	100.00

由表 5—8 和图 5—8 可以看出，基于专利权人数量的专利合作模式分布规律表现为：

（1）合作专利权人的数量与其对应的专利数量及比例呈指数下降趋势。如图 5—8 所示，横坐标为每件专利拥有的合作专利权人数量，纵坐标为拥有不同数量专利权人的专利在合作专利总数中所占的比例。拥有两个专利权人的合作专利数量最多，占统计样本中合作专利总数的 82.76%。拥有三个专利权人的合作专利比例骤降为 11.84%。当合作者（专利权人）数量达到 10 人以上时，所对应的专利比例已经接近于 0。

（2）从专利权人角度来看，两人合作模式是专利合作的主流。两人合作模式，即每件专利拥有两个专利权人，在专利权人合作模式中所占比

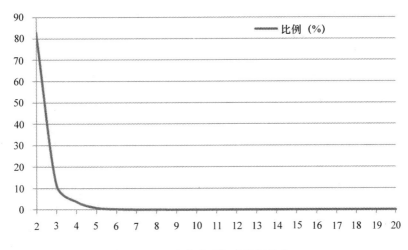

图5—8 合作专利权人数量分布

例高达82.76%，三人合作模式所占比例与之相差甚远，仅为11.84%。两人合作和三人合作累计占合作专利总数的94.60%。其他合作情况非常少见，四个及以上专利权人合作的比例累计仅为5%左右。

三 专利合作模式的分布规律比较

在前面两个小节中，我们分别从发明人和专利权人两个角度揭示了基于合作者数量的专利合作模式的分布规律。从前文分析结果可知，两种角度的统计结果呈现出相似的规律性，例如，两人合作模式所占比例最高，合作者数量及其对应的专利比例呈指数下降趋势。与此同时，二者也呈现出了一定的差别之处。为了更加直观地展示出合作者分布及变化规律，并对合作发明人和合作专利权人的分布规律进行比较分析，我们将在同一坐标图中同时展示出合作发明人和合作专利权人的分布曲线。如图5—9所示，横坐标为同一件专利的合作者（发明人或专利权人）数量，纵坐标为其对应的专利数量在合作专利总量中所占的比例。

（1）同一合作者数量所对应的合作发明人比例和合作专利权人比例各不相同。如图5—9所示，两个专利权人合作所占比例远远大于两个发明人合作，但三个专利权人合作的情况锐减，对于三人以上的情况，合作发明人比例均高于合作专利权人比例。

（2）尽管合作发明人比例和合作专利权人比例都呈指数下降趋势，但是下降速度和幅度各异。合作发明人数量分布曲线下降趋势相对较为平

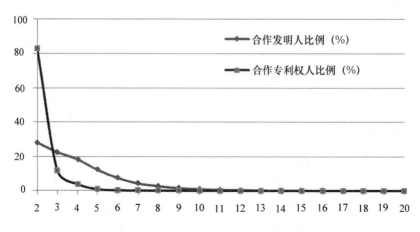

图5—9 合作发明人和合作专利权人数量分布规律比较

缓，而合作专利权人数量分布曲线则呈现出急剧下降之势。当合作者数量从2人增加到3人，合作发明人比例只是从28.34%下降为22.67%，而合作专利权人比例则从82.76%骤减为11.84%。当合作者数量从2人增加到5人，合作发明人比例仍保持平稳下降趋势，而合作专利权人比例迅速下降并无限接近于0。

（3）以上两种现象同时说明：第一，发明人合作虽然非常普遍，但大多都是在同一单位内部展开，跨组织的专利合作现象并不普遍；第二，与发明人合作相比，专利权人合作的规模和范围非常有限，由三个及以上发明人同时参与一项发明创造的情况还是比较常见，但同时在三个及以上单位之间开展的专利合作行为则非常少见。

本节内容分别从发明人和专利权人两个角度对基于合作者数量的专利合作模式的分布情况进行描述和分析，统计结果显示发明人合作的规模多在5人及以下，其中，两（发明）人合作模式和3（发明）人合作模式所占比例最高；而专利权人合作的规模多在3人及以下，其中，两（专利权）人合作模式为主流。合作规模指参与专利研发过程的合作者数量大小，直接反映出每件专利所投入的人力资本的多少。合作规模并非越大越好，合作规模要控制在合理的范围之内，具体大小以专利研发的实际需要为准。

虽然理论上讲，随着合作规模的扩大将提高合作团队内部异质性知识的覆盖度，但并非意味着合作规模越大越好。合作是为了从合作伙伴处获取互补知识，实现知识创新和知识积累的双重目的，而且合作者之间可能存在一定的竞争性，所以合作过程中不可避免会出现"搭便车"和"钓鱼"现象，合作各方只想索取不愿付出，最终导致合作失灵。合作规模的扩大会使得合作者之间相互了解和协调的难度加大，不易感知对方是否努力，且伴随合作成本的提高，合作效果会有所降低，企业与企业如此，个人与个人之间的合作也存在类似情况。因此，合作规模过大，不仅造成科技人力资源的浪费，而且还会加大合作成本，专利合作的规模要在权衡合作的成本与收益之后慎重决定。

一般情况下，对于广大的单位和个人来说，在长期的实践活动中会逐渐达到合理的合作规模，与此同时，外部干预也会改变合作规模。例如，如果政府部门从长期战略考虑，采取一定的外部激励或协调措施来支持某些关键技术的突破，此时将导致合作行为偏离市场内生的规模，但是随着外部措施逐渐消失，经过一段时间之后又会回归原来的合作规模。除此以外，具有强烈合作倾向的文化和精神，也可以对合作规模产生显著的影响。

以上研究结论和发现为科研管理部门和从事专利研发的科研机构和科技工作者提供一定的参考依据和指导信息，有助于他们更为科学地配置人力资源、合理地控制合作规模，根据课题需要和个人能力合理组织、科学分工，做到物尽其用、人尽其能，最大程度地提高科研效率和合作收益。

第五节　基于合作类型的专利合作模式分布规律

创新中的合作行为包括跨组织的合作和组织内的合作。跨组织合作构建了不同组织之间的网络，这些网络打破了阻碍知识传播的组织壁垒，实际上成为知识传输与交流的"俱乐部"，特别是跨国合作更是融合了具有国别异质性的前沿知识与技术，有力地促进着技术的进步①。组织内的合作使得知识能够在各个合作者之间进行互补和传递，使合作者在知识生产和知识累积两个方面受益。本节将从合作专利权人所在区

---

① 张化尧、史小坤：《日本企业的合作与创新：企业和项目层面分析》，《科研管理》2011年第1期。

域和主体性质两个角度考察专利合作类型分布情况。从所在区域角度，将专利合作类型分为组织内合作和跨组织合作，其中，跨组织合作具体分为同省（自治区、直辖市）合作、跨省合作和国际合作 3 个大类，3 个大类再细分为 5 个小类。旨在通过不同合作类型的统计分析来考察专利合作的范围。跨组织合作类型的划分以专利权人所在国家和省市为准。从主体性质角度，根据本章专利权人主体性质划分标准，我们将样本数据中合作主体（合作专利权人）分为企业、高校、科研院所、个人、其他等 5 种类型，不同类型的专利权人之间分别结成不同种类的合作关系。通过不同种类合作关系分布情况的统计分析，揭示不同类型组织之间的专利合作和知识交流情况，以及每种类型主体在专利合作中所发挥的作用和功能。

一　区域视角下的专利合作模式

若某一件专利中含有两个及以上发明人但只有一个专利权人，则可视为组织内合作；若某一件专利中同时含有两个及以上发明人和专利权人，则可视为跨组织合作。按照这一分类方法，我们统计得出样本数据中组织内合作所占比例为 48.63%，跨组织合作所占比例为 10.29%，其余 41.08% 的专利由单个发明人独立完成。为进一步考察专利合作的范围，我们将跨组织合作分为 3 个大类和 5 个小类，详细地统计和计算出每种合作模式所占比例，如表 5—9 所示：

表 5—9　　　　　　　　区域视角下的专利合作模式分布情况

合作模式	所占比例（%）	合作模式	所占比例（%）
同省合作	50.09	同城	45.03
		异城	5.06
跨省合作	47.94	大陆	29.93
		港澳台	18.01
国际合作	1.97	国际	1.97

注：1. 同省合作是指大陆地区 31 个省区的省内合作；

　　2. 表中"大陆"是指大陆地区 31 个省区之间的跨省合作；

　　3. 表中"港澳台"是指大陆地区 31 个省区与港澳台地区之间的跨省合作；

　　4. 表中"国际"是指中国大陆地区 31 个省区与国外组织和个人之间的跨国合作。

　　通过区域视角下的专利合作模式分布情况，我们可以获得以下几个方面的研究发现：

　　（1）专利合作范围非常有限，大多限于组织内部。样本数据中组织内合作非常普遍，相比之下，跨组织合作的情况就比较少。组织内合作所占比例（48.63%）远远高于跨组织合作所占比例（10.29%），组织内合作所占比例为跨组织合作的近5倍，说明大部分的专利合作都在组织内部展开，合作范围有待扩大。

　　（2）国际合作程度较低，跨国合作的情况非常少见。如表5—9所示，中国大陆地区31个省区所开展的跨国专利合作仅占1.97%。在样本数据中，中国共与19个国家之间存在专利合作关系，其中，韩国、日本和美国与中国的合作频次最高，如表5—10所示，三个国家合作频次所占比例累计达93.04%。

表5—10　　　　　　　　　中国大陆地区的跨国专利合作情况

国别	所占比例（%）	累计比例（%）
韩国	51.73	51.73
日本	29.75	81.48
美国	11.56	93.04
德国	1.04	94.08
澳大利亚	0.94	95.02
英国	0.93	95.95
法国	0.86	96.81
加拿大	0.85	97.66
新加坡	0.85	98.51
丹麦	0.27	98.78
俄罗斯	0.26	99.04
泰国	0.17	99.21
以色列	0.17	99.38
赞比亚	0.17	99.55
巴西	0.09	99.64
荷兰	0.09	99.73

国别	所占比例（%）	累计比例（%）
瑞士	0.09	99.82
乌克兰	0.09	99.91
意大利	0.09	100

注：国际合作只统计了第一合作者为中国大陆地区单位和个人的情况。

（3）中国大陆地区与台湾地区之间存在着相对较为紧密的专利合作关系。如表5—10所示，中国大陆地区与港澳台地区的合作所占比例为18.01%。在对台湾、香港、澳门三个地区分别进行统计之后发现，中国大陆地区与港澳台地区的合作其实主要是大陆地区与台湾地区之间的合作。从合作频次来看，台湾、香港、澳门三个地区所占比例分别为99.08%、0.86%、0.06%。说明海峡两岸在专利研发领域存在着较为广泛和深厚的合作关系。

（4）专利合作范围存在着一定的区域集中现象，即地理距离越近的组织和个人之间越容易开展专利合作。这一研究发现主要体现在以下几个方面：第一，从合作类型大类来看，同省合作、跨省合作、国际合作所占比例分别为50.09%、47.94%、1.97%，一般来说，国际合作的地理距离大于跨省合作，跨省合作又大于同省合作，所以，随着地理距离增加三种合作类型比例依次降低。第二，从合作类型小类来看，（省内）同城合作比例远大于（省内）异城合作，显然同城合作的地理距离也小于异城合作，所以，再次证明地理距离越小，合作频次越高。当然这种区域集中现象只是我们从区域合作类型统计结果中得出的比较粗浅的发现，我们将在本书第六章中对此问题进行进一步的验证和分析。

二 主体性质视角下的专利合作模式

对于每件专利，我们只取前两个专利权人进行统计，以上5种专利权人两两之间合作，共计结成15种关系：企业—企业、企业—高校、企业—科研院所、企业—个人、企业—其他、高校—高校、高校—科研院所、高校—个人、高校—其他、科研院所—科研院所、科研院所—个人、科研院所—其他、个人—个人、个人—其他、其他—其他。不同种类合作关系的分布情况如表5—11所示。

表5—11　　　主体性质视角下的专利合作模式分布情况（无向）　　（单位:%）

合作关系	所占比例	累计比例	合作关系	所占比例	累计比例
企业—企业	37.21	37.21	高校—高校	0.89	96.95
个人—个人	34.55	71.76	高校—其他	0.77	97.72
企业—高校	11.97	83.73	科研院所—科研院所	0.64	98.36
企业—个人	4.54	88.27	科研院所—个人	0.53	98.89
企业—科研院所	3.93	92.20	科研院所—其他	0.52	99.41
高校—科研院所	1.35	93.55	个人—其他	0.36	99.77
企业—其他	1.36	94.91	其他—其他	0.23	100
高校—个人	1.15	96.06			

注：1. 表中合作关系按照出现频次降序排列；

　　2. 表中数值均为百分比；

　　3. 表中合作关系为无向。

由表中数据可知，在15种合作关系中，企业—企业合作所占比例最大，为37.21%；其次是个人—个人，最后为企业—高校，以上三种合作关系占样本数据中合作关系总数的83.73%。其他12种合作关系所占比例总计仅为16.27%。说明目前已有的专利合作多在企业与企业、个人—个人、企业—高校之间展开。

若考虑到第一专利权人和第二专利权人在专利合作中不同的地位和贡献度，假设第一专利权人在专利合作中处于主导地位，可以将专利合作关系视为有向。此种情况下，5种类型主体两两之间最多能够结成25种合作关系。我们又根据第一专利权人的类型将这25种合作关系分为企业主导型、高校主导型、科研院所主导型、个人主导型、其他主导型等5种模式。不同合作模式及合作关系的分布情况如表5—12所示：

表5—12　　　　　主体性质视角下的专利合作模式分布情况（有向）

合作模式	合作关系	比例（%）	合作模式	合作关系	比例（%）
企业主导型 （47.97%）	企业—企业	37.21	个人主导型 （35.50%）	个人—企业	0.68
	企业—高校	4.66		个人—高校	0.10
	企业—科研院所	1.55		个人—科研院所	0.10
	企业—个人	3.86		个人—个人	34.55
	企业—其他	0.69		个人—其他	0.07
高校主导型 （10.45%）	高校—企业	7.31	其他主导型 （1.65%）	其他—企业	0.67
	高校—高校	0.89		其他—高校	0.26
	高校—科研院所	0.69		其他—科研院所	0.20
	高校—个人	1.05		其他—个人	0.29
	高校—其他	0.51		其他—其他	0.23
科研院所 主导型 （4.43%）	科研院所—企业	2.38			
	科研院所—高校	0.66			
	科研院所—科研院所	0.64			
	科研院所—个人	0.43			
	科研院所—其他	0.32			

注：1. 表中合作关系为有向关系，例如，"企业—高校"表示第一专利权人是企业；第二专利权人是高校。2. 表中数值均为百分比。

（1）企业占据绝对优势。一方面，在业已存在的合作关系中是以企业主导型合作模式为主。由表中数据可知，近一半的合作关系第一专利权人都是企业。在5种企业主导型合作关系中，又以企业—企业类型最多。另一方面，在其他4种模式中，企业作为第二专利权人与其他类型主体之间的合作关系所占比例也较大。除个人主导型合作模式之外，其他3种合作模式中，高校—企业、科研院所—企业、其他—企业三种关系所占比例都远大于其他种类的合作关系。说明即便是作为第二专利权人，企业仍然在各类合作关系中居于重要地位。

（2）个人的力量不容小觑。在5种专利权人类型中，个人是最为特殊的一种。其他四种类型皆为法人，只有个人为自然人。当个人作为专利权人时，则意味着自然人作为独立的研究力量和权力主体存在，即该项专利全部或部分为非职务发明。在5种合作模式中，个人主导型仅次于企业主导型，所占比例高达35.50%，其中，又以个人—个人合作关系为主，比例为34.55%。该数据说明，个人作为独立的研究力量和权力主体在专利研发活动以及专利合作关系中发挥着重要的作用。科研管理部门、产业界以及社会各界应该给予非职务发明创造及其发明人更多的关注和重视。

（3）不同类型主体在选择合作伙伴时带有鲜明的倾向性。由以上5种合作模式和25种合作关系所占比例可知，企业作为第一专利权人时倾向于选择其他企业作为合作伙伴，其次是高校；个人作为第一专利权人时倾向于选择其他自然人作为合作伙伴；而高校、科研院所和其他类型组织作为第一专利权人时都比较倾向于与企业建立合作伙伴关系。在各种类型合作主体中，企业被视为最理想的合作伙伴，其次是高校。

第六章 专利合作网络

社会网络分析（Social Network Analysis，SNA）是 20 世纪 70 年代以来在社会学、心理学、人类学、通信科学等学科发展起来的一个研究领域①。它是一种集社会学、数学、统计学、图论等理论、方法与技术于一体的定量分析方法，能够以可视化图谱形式生动直观地展示网络关系和网络结构。社会网络分析既是一种工具，也是一种关系论的思维方式。近年来社会网络分析得以迅速发展，被社会学、政治学、人类学、心理学、组织管理、大众传播和社会政策研究等多个领域广泛应用②，以揭示这些领域所存在的社会关系和社会网络结构问题。在科学计量学和情报学领域，社会网络分析更是得到了广泛的应用，并且在引证关系、合著关系、链接关系等方面的研究中发挥着重要的作用。

德国学者 Sternitzke 等人曾指出："社会网络分析方法刚刚开始进入专利分析领域，其应用前景非常广阔。"③ 近年来，社会网络分析在专利计量领域已经有所应用，但主要集中在专利引文分析，在专利合作网络研究方面的应用较少。实际上，专利合作作为一种普遍的社会现象，同样包含着社会关系和社会网络问题。按照社会网络分析的思想，行动者（发明人或专利权人）并不是孤立的，而是相互关联构成专利合作网络。他们之间所形成的合作关系及网络是传递信息、知识和资源的渠道，网络结构

① Hanneman etc.，*Introduction to social network methods*，Riverside，CA：University of California，Riverside. 2005：2.

② 林聚任：《社会网络分析：理论、方法与应用》，北京师范大学出版社 2009 年版，第 2 页。

③ Sternitzke C etc.，"Visualizing patent statistics by means of social network analysis tools"，*World Patent Information*，2008，30（2）：115－131.

也决定着发明人或专利权人的行动机会及其结果。因此，借助于社会网络分析方法和工具来对专利合作问题进行研究，具有一定的可行性和必要性。与其他专利合作研究方法相比，社会网络分析不仅提供了一种新的研究视角，而且能够揭示出更深层次的关系、结构和规律。正如社会网络分析学家 Barry Wellman 所言："社会网络分析探究的是深层结构，即隐藏在复杂的社会系统表层之下的一定的网络模式。"[1]

本章主要解决以下问题：

·验证专利合作网络是否具有复杂网络特征；

·找出专利合作网络中的小团体和核心节点；

·描述合作网络中知识交流和资源传递的特征与规律；

·分析典型的专利合作模式，揭示影响专利合作的主要因素；

·揭示我国不同地区之间专利合作的模式与规律。

第一节　构建专利合作网络

专利合作者可以分为发明人和专利权人两种，相应的，专利合作网络亦可分为发明人合作网络和专利权人合作网络。按照《专利法》规定，发明人只能是自然人，对于自然人来说，我们很难根据名字判定其社会角色，而且自然人的姓名存在较多的重名现象。尤其是在较大的研究样本中，以上两个问题就显得更加严重。因此，通过发明人合作网络分析能够获取的信息非常有限，研究结果也存在一定的失真之处。而对于专利权人来说，专利权人既可以是法人也可以是自然人，根据专利权人的名称我们能够判定其类型、国别及地区等信息，通过专利权人合作网络，可以揭示跨组织的专利合作情况，我们也能够从中获得更为丰富的研究发现和结论。而且在数据处理过程中，大部分的专利权人数据都能通过 VBA 程序实现自动分类。因此，无论是研究意义和价值，还是研究过程和结果的准确性与可行性，专利权人合作网络都要优于发明人合作网络。因此，本章对专利合作网络的研究主要是从专利权人角度展开，我们将分别从整体网络分析、网络结构分析、网络节点分析、区域

---

[1]　Barry Wellman，"Network analysis：Some basic principles"，*Sociological Theory*，1983（1）：155－200.

合作网络分析等四个方面进行研究。

本章在构建专利权人合作网络时遵循以下取样原则：当一件专利含有三个及以上专利权人时，我们只取前两个专利权人。之所以采取这样的取样原则，主要是基于以下两个方面的考虑：

（1）从理论上来说，当一件专利中含有多个专利权人时，无论署名先后，专利权人彼此之间都构成合作关系。例如，如果一件专利含有 5 个专利权人，则这 5 个专利权人之间可以构成 10 种无向合作关系和 20 种有向合作关系。但实际上，每个专利权人所做出的贡献并不相同，从某种程度上讲，署名先后反映了专利权人贡献度的大小。一般来说，贡献度越大，署名越靠前。因此，本书默认为前两个专利权人对该项专利的贡献度更大，他们之间的合作关系也更能反映出专利研发过程中真实的合作情况。

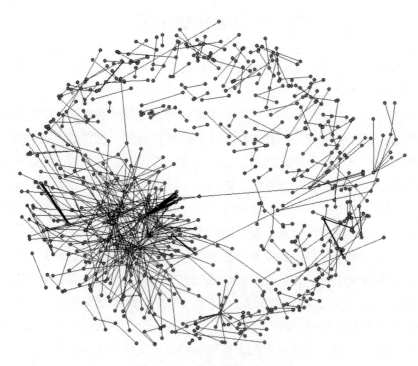

图 6—1　专利权人合作网络

（2）从样本规模考虑，如果将所有合作专利权人都作为研究对象，则样本量过大，数据处理难度较大。根据本书第五章关于合作专利权人数量分布规律的研究结果可知，超过80%的合作专利为两（专利权）人合作模式，含有三个及三个以上专利权人的专利不足样本总量的20%。由此可见，只取前两个专利权人，能够在有限的时间和精力保障之下，保存尽可能大的样本容量，如此也能最大程度地保证研究结果的真实可靠性。

在完成取样工作之后，就要对专利合作关系进行梳理和统计。此时，我们将合作关系视为无向，即A—B和B—A视为同一种合作关系，若无特别声明，本章所研究的专利合作网络都是指无向网络。我们根据样本数据中的合作关系，构建了专利权人合作网络初始矩阵，然后将初始矩阵导入Ucinet软件中进行分析，并利用可视化工具Netdraw画出专利权人合作网络图谱，如图6—1所示。由于样本数据中专利权人数量太大，无法在图谱中全部显示，图中只显示合作频次在10次及以上的合作关系对。

第二节　整体网络分析

整体网络分析将行动者的集合视为一个整体，关注于网络整体上所呈现出的属性、特征和规律，而不考虑行动者的个体属性。在本节内容中，我们将专利合作网络视为由诸多专利权人构成的整体，从宏观层次展开研究，通过专利合作网络的密度考察合作网络关系的疏密程度，通过复杂网络分析来验证专利合作网络的小世界效应和幂律分布特征。

一　网络密度分析

密度是社会网络分析中常用的概念，用于衡量网络成员之间的关系是否紧密，密度越大说明网络中成员之间的关系越紧密。一般来说，对于一个关系紧密的团体，成员之间的合作行为比较多，相互之间便于进行各种交流与沟通，团体及成员的工作绩效也会比较高。而对于关系稀疏的团体来说，成员之间相互交流较少，情感支持不足，个体及团队的工作绩效也难免受到一些负面的影响。网络密度定义为某一网络中所存在的"实际关系数"与"理论上可能存在的最大关系数"之比，即网络中实际拥有的连线数量除以图中最多可能拥有的连线数量，计算公式为：

$$d = \frac{2l}{n\ (n-1)}\ (0 \leqslant d \leqslant 1)①^*$$ （式6—1）

其中，d 为网络密度，l 为网络中实际拥有的连线数，n 为网络中的节点个数。对于无向关系网络，若其中包含 n 个节点，则理论上该网络中最多可能包含的关系总数是 $n\ (n-1)\ /2$。网络密度的数值范围在 0—1 之间，越趋近于 0，说明该网络的成员关系松散，越趋于 1 则表示网络中节点关系紧密，完备图的密度为 1。

一般来说，密度越大，该网络对其成员的影响可能越大。网络节点之间联系越是紧密，其成员能够从网络中获取的资源和支持越多。目前，整体网络研究技术及相关的成果已经能够检验此类命题统计特征的显著性②。

本章利用整体网络密度概念对我国大陆地区专利权人合作网络进行分析，以考察合作关系的疏密程度。根据以上计算方法，可得出专利权人合作网络的整体密度为 2.41×10^{-5}。由此可见，整体网络密度非常小，网络关系十分稀疏，大部分的行动者仍然处于自发和孤立的状态。根据整体网络密度的概念和内涵可知，如此小的网络密度反映出以下两个方面的问题：第一，该合作网络对其成员的影响是微不足道的，整体网络不能为其成员提供必要的资源支持；第二，合作网络中成员之间相互交流不多，知识和资源传递的渠道不畅，网络成员很难从网络中获取资源。综上所述，网络的密度小，说明专利权人之间的合作关系松散，这种情况对于整体与个体的绩效都是非常不利的，对于我国科技创新事业的发展也会产生负面的影响。

即便如此，我们在计算合作网络的密度时没有考虑合作强度因素，也就是说无论合作强度（频次）大小，只要两个专利权人共同拥有一件合作专利即视为两者之间存在合作关系。如果我们将合作频次视为表示合作强度的指标，将其引入到网络密度的计算当中，过滤掉频次较小的合作关系，合作网络的密度会更小。

---

① ＊注：网络图分为有向图和无向图两种，两者的整体密度计算方法不同，本书将合作关系网络图视为无向图，因此，采用了无向图的网络密度计算方法。

② Wasserman S, Faust K., *Social Network Analysis*：*Methods and applications*，Cambridge：Cambridge University Press，1994.

二　复杂网络分析

复杂网络具有两大统计特征，通常也被称为两大基本规律——小世界效应和幂律分布规律。1998 年，D. J. Watts 和 S. H. Strogatz 对复杂网络的小世界效应进行了研究①。1999 年，A. L. Barabási 和 R. Albert 分析了复杂网络中的幂律分布规律②。他们的研究引起了国内外学者对复杂网络问题的关注，大家从多个角度进行验证，发现复杂网络的确是普遍存在的，论文的引文网络和合著网络都呈现出复杂网络的特征。本节将分别从小世界效应和幂律分布规律两个方面验证专利合作网络是否具有复杂网络特征。

（一）小世界网络效应

1969 年，Travers 和 Milgram 通过小群体实验，得到一个论断——世界上任何人之间通过 6 步就可以建立起联系，整个世界是小世界（Small World）③。小世界理论提出之后引起了学术界的广泛关注和持续研究。可以通过平均路径长度和聚类系数两个指标来验证和描述小世界特性。如果一个社会关系网络具有较小的平均路径长度和较大的聚类系数，就可以被看作是具有小世界效应。

平均路径长度和聚类系数两个指标可以直接由 Ucinet 计算得到。由于专利权人合作网络初始矩阵规模过大，我们只选取了合作频次在 10 次及以上的节点组成合作网络进行分析。首先将初始矩阵转化为二值网络矩阵，然后导入 Ucinet 中进行计算。

1. 聚类系数的计算

在利用 Ucinet 软件计算聚类系数时，首先要对初始网络进行对称化处理，然后沿着 Network→Cohesion→Clustering Coefficient 进行计算，Ucinet 会计算出两种聚类系数。一是根据局部密度得出的聚类系数（overall graph clustering coefficient）；二是根据传递性得出的聚类系数（weighted overall graph clustering coefficient）。两个聚类系数分别为：0.179 和 0.113。

---

①　Watts D. J., Strogatz S. H., "Collective dynamics of 'small – world' network", *Nature*, 1998 (393): 440 – 442.

②　Travers J, Milgram S., "An experimental study of the small world problem", *Sociometry*, 1969 (32): 425 – 443.

③　Ibid, pp. 425 – 443.

2. 平均路径长度的计算

平均路径长度同样由 Ucinet 直接计算得出。首先对数据进行对称化处理，然后沿着 Network → Cohesion → Distance 计算距离，计算结果为 4.147。

3. 计算结果讨论

Valverde 等人认为"小世界网络的判定标准是平均距离小于 10 而聚类系数大于 0.1，对于节点数量特别大的网络，标准可以适当放宽"[1]。就聚类系数的计算结果来看，专利合作网络的聚类系数为 0.179 和 0.113，尽管聚类系数值偏低，但基本满足小世界效应的要求。聚类系数偏低，说明合作网络联系稀疏，节点之间的传递性不强。就平均路径长度的计算结果来看，专利合作网络中每两个节点之间的平均路径长度为 4.147，任意两个节点平均经过 3 个中间人的传递就可联系上。近 85% 的节点之间的距离都在 3—6 步之间。从聚类系数和平均路径长度两方面来看，专利合作网络具有小世界特征，整体上呈现出一定的小世界效应。

从理论上来讲小世界网络可以激发创造力，提高整体绩效[2]。在小世界网络中，较高的聚簇程度可以提高节点之间相互的信任与合作，从而推动知识交流的效率和准确性；较小的平均路径长度又使得节点可以较为方便地从其他节点处获取新鲜的、必要的、非冗余的信息。如果合作网络同时具备较高的聚类系数和较小的平均路径长度，则合作网络中的节点既可以很便利地与周围的节点进行合作交流，又能够方便地获取其他团体和研究领域的新知识，从而有利于提高专利产出水平。鉴于小世界网络的这种特征和功能，具有小世界效应的合作网络被认为是能够提高知识交流的效率与质量，可以更好地激发节点的创造潜力，并获得更好的表现。我国学者陆子凤和官建成曾证实小世界效应确实有利于知识交流，能够提高整体科研绩效，较小的平均路径长度和较高的聚类系数，可以提高科技产出能力[3]。

---

[1] Valverde S etc., "Scale - free networks from optimal design", *Europhysics Letters*, 2001 (60): 512 –517.

[2] Zifeng Chen, Jiancheng Guan., "The impact of small world on innovation: An empirical study of 16 countries", *Journal of Informetrics*, 2010 (4): 97 – 106.

[3] 陆子凤、官建成：《合作网络的小世界性对创新绩效的影响》，《中国管理科学》2009 年第 3 期。

本小节通过小世界网络分析方法，验证了专利合作网络具有小世界效应特征。从分析结果来看，在较短的路径内（平均长度为 4.147）专利权人之间就可以认识并建立联系，但专利权人之间合作的概率较低（聚类系数偏小）。该研究发现对于科研管理部门和从事专利研发的单位和个人具有一定的启示作用和指导意义。

（1）把握科学交流的内在规律，促进专利权人之间的科学交流。对于社会关系网络来说，小世界效应越强，节点之间彼此认识的概率越大，节点之间的关注和了解程度也会增强，能够更好地了解彼此的研究动态，推动节点之间的交流与合作，整个网络呈现出欣欣向荣的景象[①]。而据本节对专利合作网络的分析可知，尽管整体上呈现出一定的小世界效应，但聚类系数较小，说明专利权人之间的关注度不高，相互之间进行交流与合作的概率较小，合作程度有待加强。

（2）了解网络节点的平均距离，加强专利权人之间的交流与合作。尽管专利合作网络的聚类系数偏小，但是平均路径长度只有 4.147，说明专利权人通过较短的路径就可以与其他单位或个人取得联系并建立合作关系，网络中蕴藏着巨大的、潜在的合作机会，专利合作网络也具有很大的提升空间。应该鼓励广大从事专利研发的组织和个人提高自身的合作意识和开放程度，积极地通过业已存在的合作网络寻找新的合作伙伴并建立更为广泛的合作关系。

（3）为科研管理与决策提供参考信息。一个国家、地区或学科合作的广度和深度在一定程度上反映了它的活跃度和创造力。对于合作较少的学科、国家、地区和组织来说，其小世界效应必然不是很显著，合作与交流情况不够理想，一般来说不适宜承担较大规模和较大难度的攻关性项目。在大科学时代科学合作不断加强的背景下，应该鼓励学者进行多方位、多层次的合作研究，建立更大的合作圈，并借助于有效的合作与交流提高科研的效率、成果的质量以及研究者自身的影响力。

（二）幂律分布规律

社会网络分析中的节点度数是指某一节点所附着的连线数量。复杂网络中节点的度数通常呈现出一定的集中与离散分布特征，即大部分节点的

---

① 马瑞敏：《基于作者学术关系的科学交流规律研究》，武汉大学，博士学位论文，2009 年。

度数很小，而极少数节点的度数非常大，这种现象通常被称为幂律分布规律或无标度统计特征。本节内容将借助于统计分析工具 SPSS，验证专利合作网络中节点（专利权人）的度数是否服从幂律分布规律。

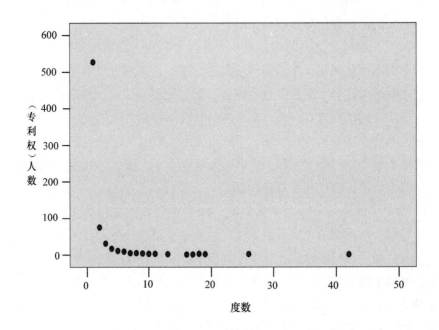

图6—4　专利合作网络中专利权人度分布散点

图 6—4 为专利合作网络节点度分布图，横轴表示节点的度数，纵轴表示拥有该度数的人数。从曲线的趋势初步判断，呈现出了幂函数分布曲线的特征。然后，我们将自变量和因变量都取对数，采用最小二乘法直接进行图像拟合。如图 6—5 所示，度分布曲线做对数转换后呈现直线趋势，拟合优度达到了 0.902，具有显著的统计学特征。由此可见，专利合作网络中节点度数的分布完全符合幂律分布规律。

（三）研究结论与启示

通过以上两个方面的验证和分析，我们证实了由合作专利权人结成的专利合作网络具有小世界效应并符合幂律分布规律，是典型的复杂网络。在研究中我们还得到了以下启示：

（1）文献计量学中的经典定律可以用于分析合作网络、引文网络等问题。例如，文献计量学中著名的洛特卡定律和齐普夫定律都是典型的幂

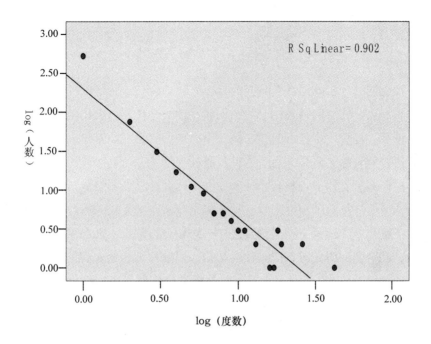

图6—5　专利合作网络双对数最小二乘法拟合效果

律分布，这与社会网络分析中专利合作网络的幂律分布规律是相似和相通的。应该扩大经典定律的应用领域和范围。

　　（2）就目前国内外研究现状来看，复杂网络研究吸引了诸多学科领域的专家学者，如系统科学、科学计量学、图书情报学、物理学、计算机科学等。一方面，说明复杂网络研究具有多科学交叉的属性；另一方面，说明该研究主题具有巨大的研究价值和意义，日后应该强化对此类问题的关注和研究。

　　（3）对于图书情报学和科学计量学领域的学者来说，应该本着继承与创新相结合的原则，在坚守核心阵地的同时更要不断拓宽视野，而且还要广泛引入新的工具和方法，特别是要给予社会网络分析更多的关注，通过将其引入科学交流、文献传递、科学合作、文献引证等问题的研究中，来获得更多、更新、更大的结论与发现。

第三节 网络结构分析

社会网络分析既是社会研究的具体方法，也是一种研究社会关系及结构的新观点。社会网络是社会的结构属性的集中体现，突出地表现出人类关系特征。社会网络分析的核心概念是，一切社会现象都可以通过社会网络分析得到较好的研究，沿着这种思路社会网络分析已经发展出获得广泛的经验研究所支持的一整套特征和原理。因此，社会网络分析又常常被称作结构分析。从这种角度来看，社会网络分析不只是对关系和结构进行分析的一套技术，还是一种理论方法——结构分析观点。社会网络分析学者认为，社会学的研究对象就是社会结构，而这种结构的表现形式就是行动者之间的关系模式①。本节内容将通过专利合作网络结构分析来进一步揭示专利权人之间的关系模式。

一 成分分析

成分（Component）在有些文献中也被称为组件或连通子图，它是整体网络的一个子图，且每个成分内部的节点之间是完全连通的，但各个成分间不存在联系。孤立节点也是一个成分，但在研究过程中通常只关注非孤立点的成分。进行成分分析以后，整个网络会被分成多个成分，其中包含节点数量最多的成分被称为主成分，也叫最大连通子图。主成分的性质类似于原有的整体网络，但密度更大，也就是说主成分中的成员之间的联系更为紧密。

John Scott 对成分的解释是通过一定的关联链而连接在一起的点集②。通过寻找这些节点的连通路径，可以找出成分的边界。原则上，一个成分内部的各个成员都可以直接或者通过中介而进行沟通，孤立点却没有这样的机会。因此，成分的模式，即数量和规模，可以在一定程度上反映网络节点之间进行知识交流和资源传递的机会与障碍。本节拟通过成分分析来达到以下三个目的：

---

① 林聚任：《社会网络分析：理论、方法与应用》，北京师范大学出版社 2009 年版，第 2 页。

② John Scott, *Social network analysis：A handbook*, London：Sage Publication, 2000：102.

　·考察专利合作网络中成分的数量和规模。

　·寻找关系紧密的专利合作小团体。

　·分析专利合作关系的主要影响因素。

　　我们将专利权人合作网络初始矩阵导入 Ucinet 中进行成分分析。结果显示，专利权人合作网络共包含 314 个成分，其中，主成分包含 281 个节点，占网络中节点总数的 33.78%。次一级成分包含 26 个节点，其他成分的规模都在 5 个以下。整个网络中共有 89.34% 的节点彼此不能连通，说明专利合作网络中专利权人之间的合作关系非常松散，网络中将近90% 的节点之间不存在合作关系。与整体网络相比，最大成分内的 281 个节点之间存在较为紧密的合作关系，任何一个节点都可以直接或者间接地连接到另一节点。我们将最大成分（连通子图）以可视化的形式呈现出来，如图 6—6 所示：

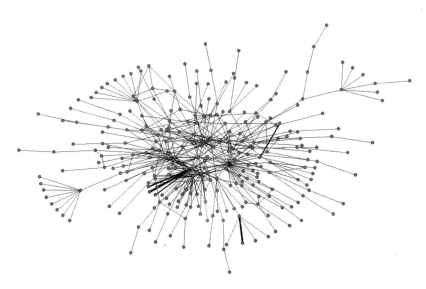

图6—6　专利合作网络中的主成分（最大连通子图）

　　由图 6—6 可以看出：①主成分中的节点之间存在较为紧密的合作关系，任意两个节点之间都可以连通，说明这些节点之间建立了广泛的合作关系；②节点之间的合作强度存在一定差异，图中连线的粗细代表着节点之间合作频次的高低，图中大部分连线较细，说明网络中大部分合作关系都较弱；③少数节点集中分布于网络中心，它们与许多节点直接相连，而大部分节点都位于网络边缘，只与少数节点直接相连，说明节点的度数存在典型的集中与离散分布规律。由于图6—6规模较大，无法清晰地显示节点之间的合作强度以及节点的名称，我们将对网络中节点进行过滤，只显示合作频次较高（大于等于50次）的节点及连线。如图6—7所示：

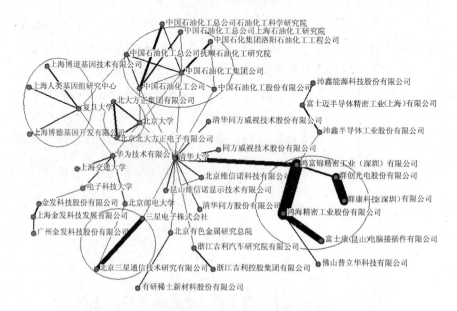

图6—7 专利合作网络中的合作频次较高的节点及关系

图6—7中节点代表专利权人，节点之间的连线代表专利权人之间的合作关系，连线的粗细表征合作强度（频次）的大小。如图6—7所示：

（1）清华大学、华为技术有限公司、鸿富锦精密工业（深圳）有限公司和鸿海精密工业股份有限公司是主成分中极具特色的几个节点。清华大学位于主成分的核心位置，与图中多家企业之间都建立了直接的合作关系。华为技术有限公司则与诸多高校之间都建立了直接的合作关系，图6—7中华为技术有限公司直接连接的5个节点全部都是高校。鸿富锦精密工业（深圳）有限公司和鸿海精密工业股份有限公司在图中非常醒目，与它们之间相连的节点很少，但是这些少数的节点之间的合作频次却非常高。清华大学恰好与之相反，清华大学与许多单位都建立了合作关系，但是合作频次却相对较低。以上两种现象分别代表着两种不同的合作模式：第一种是只与少数重点合作单位开展长期、稳定、紧密的合作；第二种是不断拓展合作范围，与更多的单位建立广泛的合作关系。笔者认为，前者更适合于企业，而后者则更适合于高校，特别是规模较大、科研实力较强的综合性研究型大学。

（2）主成分中的单位大多从事高科技领域的经营或研究，例如，电子、通信、基因、汽车、石油化工、精密工业等。就企业名称来看，大多包含"科技"、"技术"等字段；就企业经营范围来看，主要集中于高新技术产业；就合作研究的主题来看，也主要围绕高新技术领域。由此可以看出，企业所从事的产业性质是影响专利合作的重要因素，一般来说，从事高新技术产业经营的企业合作程度更高。

就图中企业、高校、科研院所三种类型组织的合作情况来看，专利合作的主题主要集中于电子、通信、基因、汽车、新材料、新能源、石油化工、精密工业等，这些领域所具有的共同特征是技术含量高、产业附加值高、应用领域广泛。说明高新技术领域的专利合作特别是跨组织合作程度较高。由此我们得到启示：无论是企业，还是高校和科研院所，不一定要在所有领域都开展合作研究或提高合作程度，而是应该将合作战略的重点放在高新技术领域。

（3）不同类型组织在专利合作网络中地位和作用各不相同。从图6—7中可以看出，尽管高校数量较少，但许多合作关系都是以高校为中心节点。说明高校，特别是科研实力较强的高校，在专利合作网络中处于比较关键的位置，是构建专利合作网络的桥梁和纽带。主成分中科研院所的数量很少，而且基本上都处于比较边缘的位置，几家石油化工研究院也都是主要面向中国石油化工总公司服务。说明科研院所在专利合作网络中处于比较被动的地位，所发挥的作用极其有限，影响力和控制力更是有待提高。主成分中企业的数量最多，约占图中节点总数的80%，而且许多专利合作关系的建立都是由企业需求驱动并由企业发起，说明企业在专利合作网络中处于主导位置。主成分中的节点都是单位，没有个人，尽管样本中专利权人为个人的专利占样本总数的近1/4，但在专利权人合作网络中，个人的可见度非常低。说明单一个人的合作程度、合作范围和合作规模都非常有限，大规模的专利权人合作网络仍然是以企业、高校和科研院所为主力。

（4）主成分中专利合作关系的强度存在较大差异。尽管主成分中节点之间建立了广泛的合作关系，任何一个节点都可以直接或者间接地连接到另一节点。但从合作强度来看，只有部分节点之间合作频次较高、合作强度较大。合作强度从一定程度上反映了合作关系的强弱，若两个节点之间的连线较粗则表示二者之间频繁进行合作，已经建立了长期稳定的合作关系。例如，鸿富锦精密工业（深圳）有限公司和鸿海精密工业股份有限公司之间的合作频次高达 6000 多次，群创光电股份有限公司和群康科技（深圳）有限公司的合作频次超过 1000，鸿海精密工业股份有限公司和富士康（昆山）电脑接插件有限公司、鸿富锦精密工业（深圳）有限公司和清华大学、北京三星通信技术研究有限公司和三星电子株式会社等单位之间的合作频次均在 500 次以上。

根据合作关系的强弱，我们还可以将主成分进一步进行划分。从图 6—7 可以看出：鸿富锦精密工业（深圳）有限公司、鸿海精密工业股份有限公司、群创光电股份有限公司、群康科技（深圳）有限公司、富士康（昆山）电脑接插件有限公司、清华大学结成了一个更为紧密的有关电子产品与技术的小团体，团体成员之间的合作频次都在 500 次以上；中国石油化工集团公司与其在各地设立的多家研究院和分公司结成了一个有关石油化工的小团体；复旦大学与三家上海的研究中心和技术公司结成了以基因为研究主题的小团体；北京大学、北京方正集团有限公司和北京北大方正电子有限公司结成了一个小团体；北京三星通信技术研究有限公司和三星电子株式会社结成了一个跨国合作的小团体。

对这些小团体内部成员之间关系进行分析可以发现：

①经营业务范围相同或相似的单位之间更容易开展专利合作。

②存在亲缘关系的单位之间更容易开展专利合作，例如，高校及其校办企业之间，总公司与分公司之间，隶属于同一总公司的多个分公司之间，合作关系往往更为紧密。

③处于同一地区的单位之间更容易开展专利合作，例如，基因小团体中的四家单位都位于上海市。

综上所述，专利权人的产业性质，相互之间的业务关联程度、亲缘关系、地理距离等因素，都对专利合作关系产生显著的影响。

二 核心—边缘结构分析

在社会网络分析中，核心—边缘结构分析有着广泛的应用。核心—边缘结构分析的意义和目的体现在以下几个方面①：第一，核心—边缘模型反映了现实生活中抽象而简明的关系模式；第二，根据核心—边缘模型，并结合现实数据，可以估算出行动者的核心度（coreness），从而对行动者所处的位置有一个定量化的认识和判断；第三，利用核心—边缘模型可以进行一些先验性研究，其成果可用于分析一些社会现象，如科学合作。

我们将专利合作网络矩阵导入 Ucinet 沿着 Network→Core/Periphery 进行操作，计算出每个节点（专利权人）的核心度，找出处于核心位置的重要节点。Ucinet 根据核心度计算结果，推荐前 20 名的节点为核心节点，如表 6—2 所示：

表 6—2　　　　　　　　专利合作网络中的核心节点及其核心度

排名	节点名称	核心度	排名	节点名称	核心度
1	清华大学	0.576	11	东华大学	0.127
2	中国石油化工集团公司	0.271	12	中国石油天然气股份有限公司	0.125
3	华为技术有限公司	0.232	13	北京化工大学	0.124
4	浙江大学	0.223	14	中科院上海有机化学研究所	0.118
5	宝山钢铁股份有限公司	0.167	15	中国移动通信集团公司	0.116
6	上海交通大学	0.161	16	中南大学	0.114
7	北京大学	0.154	17	北京科技大学	0.109
8	华东理工大学	0.151	18	中科院化学研究所	0.107
9	北京航空航天大学	0.137	19	上海微电子装备有限公司	0.104
10	复旦大学	0.134	20	钢铁研究总院	0.091

核心—边缘结构分析结果显示，专利合作网络中专利权人的网络相关性为 0.271，数值偏低，说明节点之间的关系不够紧密。核心节点的核心度如表 6—2 所示，共有 20 个专利权人位于专利合作网络的核心区，集中度为 0.914。

核心度的大小在一定程度上反映了各个专利权人在整个专利合作网络中的位置和影响力。在社会网络分析中，从现实生活中抽象出来的核心—边缘模型，能够在一定程度上反映出实际社会现象中抽象而简明的关系模

---

① 刘军：《社会网络分析导论》，社会科学文献出版社 2004 年版。

式①。Bavelas 曾证实处于网络中心位置的行动者影响力较大②。这一研究发现可以用来解释社会网络中的信息传播、知识扩散、资源共享以及组织效率等问题。一般来说，处于核心位置的节点在整个网络中占据重要的战略地位，在信息传播、知识扩散、资源共享等方面发挥着积极的作用，对于其他节点以及整个网络的绩效都有着较大的影响力。由此可见，表6—2 中的 20 个专利权人在专利合作网络中具有较高影响力和较强活跃性。

科学合作从本质上来说就是资源共享和知识交流，其目的是为了提高个体和整体的科研效率，实现"1 + 1 > 2"的增值效果。通过核心—边缘模型，并结合现实数据，我们找出了 20 个处于专利合作网络核心位置的专利权人，它们具有较高的开放性和影响力，在我国专利研发、技术转移等方面都具有重要的战略意义。这 20 家单位不仅在知识扩散和知识共享中发挥着积极的作用，而且对于提高整个专利合作网络的效率也发挥着关键的作用。这一研究发现可以为科研管理部门提供决策支持，如果能够给予核心节点重点关注和投入，利用其控制力和影响力，显然能够更好地促进科研资源的传播和共享。

另外，在对 20 个核心节点的性质进行分析之后，我们还得到以下两个发现：

第一，高校在专利合作网络中具有较高的核心度，说明高校具有较高的开放性和影响力，并且在合作网络中发挥着重要的桥梁和纽带作用。如表6—2 所示，核心节点以高校居多，20 个节点中共有高校 11 个，占总数的 56%。普特南（Putnam）曾对美国硅谷和 128 公路的影响进行了比较，发现加州的硅谷之所以能够发展成为高新技术的全球研发中心，正是由于硅谷的企业受到了本地高校研发力量的支持，硅谷成功的关键就是本地高校与企业之间所形成的各种正式和非正式的合作网络③。

第二，核心节点基本上都是规模大、实力强的单位。在 20 个节点中，清华大学、浙江大学等 11 所高校在国内具有较高的知名度，科研能力和实力也都位于国内高校前列；中国石油化工集团公司、华为技术有限公

①　罗家德：《社会网分析讲义》（第一版），社会科学文献出版社 2005 年版。

②　Bavelas A. , "Communication patterns in task oriented groups", *Journal of the Acoustical Society of America*, 1950（22）：725 – 730.

③　Putnam C J. , *Bowling alone：The collapse and revival of American community* , New York：Simon Schuster, 2000.

司、宝山钢铁股份有限公司等都是世界500强企业，是国内同行业的佼佼者，素以规模大、实力强而著称；中国科学院化学研究所、中国科学院上海有机化学研究所等几家科研机构，在国内也都具有较高的影响力和知名度。说明单位的规模和实力，特别是科研实力，对于单位的合作程度及其在合作网络中的影响力产生着重要的影响。

三 典型专利合作模式分析

合作模式是一个非常抽象的概念，它主要用于反映合作的方式和形式，根据不同的划分标准，合作模式呈现出许多不同的状态，例如，在第五章，我们根据合作者数量的多少将合作模式分为两人合作模式、三人合作模式等多种形式；根据第一专利权人的性质将合作模式分为企业主导型、高校主导型等多种形式；根据合作的范围将合作模式划分为组织内合作、跨组织合作，其中，跨组织合作又可细分为同城合作、同省合作、跨省合作、国际合作等多种形式。在本节中将根据专利合作网络结构特征，从社会关系和拓扑结构两个视角对几种典型的专利合作模式进行分析。

（一）社会关系视角

科学合作关系是社会关系在科学研究领域的延续和体现。一方面，相互熟识的个人或组织之间更容易建立合作关系；另一方面，通过科学合作，合作者能够拓展或巩固已有的社会关系。通过对专利合作网络的分析，我们也证实了专利合作网络确实是基于众多节点之间千丝万缕的社会关系而构建，科学合作的确是社会关系在科学研究中的映射。在专利合作网络中，我们发现了以下几种典型的专利合作模式，这些合作模式都是基于社会关系而产生。

1. 亲缘型合作模式

顾名思义，亲缘型合作模式是指合作者之间存在着某种形式的亲缘关系。例如，母公司和子公司、高校与校办企业、企业与其下属的研究机构之间，等等。图6—8就是两种典型的亲缘型合作模式，左边星形的网络结构反映出海尔集团与其旗下众多分公司之间的合作关系，右边三角形的网络结构是由北京大学与其校办企业构成的。

亲缘型合作模式类似于人类社会中普遍存在的基于亲缘关系而形成的

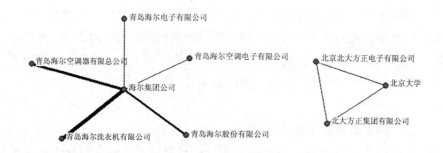

图6—8 亲缘型合作模式示例

人际网络。费孝通先生认为，中国的乡土社会是一个熟人社会①。乡土社会中的个人借助于各种亲缘关系构成网络，并形成普遍化的亲缘秩序，亲缘秩序塑造出中国乡土社会的宗族文化，这种文化延续了几千年，在现代社会中仍然普遍存在，并且深刻地影响着国人的社会关系、思想与行动。正如金耀基所言："关系、人情和面子是理解中国社会结构的关键性的社会—文化概念，是中国人处理日常生活的基本储备知识。"② 这种亲缘型的文化同样影响着科学研究活动，国内学者马瑞敏曾经基于合著论文的统计分析指出师生合作模式包含着复杂的社会关系，并且是普遍和长期存在的③。

从中国几千年的亲缘文化来看，亲缘型合作模式在科学研究领域的存在是必要和必然的，并且有其天然的优势。首先，在专利合作关系建立之前，个体之间就已经存在深厚的社会关系，这种社会关系使得他们很容易跨越组织或地区界限结成专利合作关系；其次，亲缘型合作者之间存在着比较密切和高效的交流与沟通；再次，亲缘关系本身就具有维持秩序和配置资源的功能，它能够协调和维系合作者之间复杂的利益关系，使专利合作在稳定、有序的状态之下进行；最后，亲缘型合作者之间存在着共同的利益和目标，能够显著减少合作过程中的利益纠纷和冲突。尽管如此，亲缘型合作模式也有其天然的弊端，亲缘型合作者形成一个封闭的小圈子，

① 费孝通：《社会学初探》，鹭江出版社2003年版。
② 金耀基：《金耀基自选集》，上海教育出版社2002年版。
③ 马瑞敏：《基于作者学术关系的科学交流规律研究》，武汉大学，博士学位论文，2009年。

活动范围狭小，能够从外界获取的资源非常有限，不利于更大范围内的知识交流与资源共享，一般来说，在专利合作网络形成的初期，亲缘型合作模式发挥着重要的作用，但随着网络逐渐趋于成熟，亲缘型合作模式的负面影响逐渐显现出来，甚至可能成为限制专利合作范围和规模的桎梏。

2. 地缘型合作模式

地缘型合作模式是指地理位置相同或相近的个体之间所结成的合作关系，地理因素在其中发挥着重要的作用。地缘性合作模式的基本前提假设是：地理距离越近的个体之间越容易结成合作关系。图6—9就是典型的地缘型合作模式，左边是浙江省的4家单位构成合作关系网，右边是上海市4家单位构成的合作关系网，并且两个子网都以高校为中心形成星型拓扑结构。说明高校，特别是科研实力较强的知名高校，在本地区发挥着重要的科技辐射和带头作用。

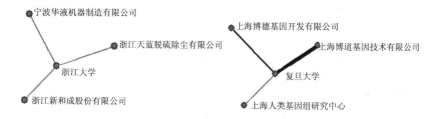

图6—9 地缘型合作模式示例

地缘型合作模式广泛存在于科学研究领域，国内外学者Katz、梁立明等人都曾通过合著论文的统计分析，证实地理距离对科学合作产生重要影响，科学合作呈现出明显的地域倾向[1][2][3]。地缘型合作模式也有其存在的依据和原因，大致可以从以下几个方面解释：第一，科学合作的强地域倾向可以用最小距离原则来解释，特别是对于同城合作来说，在最小距离内寻找合作伙伴，无论知识交流还是资源共享都是最便利的，符合最小投

---

[1] Katz J S. , "Geographical proximity and scientific collaboration", *Scientometrics*, 1994（31）：31—43.

[2] 梁立明、沙德春：《985高校校际科学合作的强地域倾向》，《科学学与科学技术管理》2008年第11期。

[3] 陈连堂等：《中国区域知识生产合作强度的定量分析》，《科技进步与对策》2006年第1期。

入与最大收益的经济学规律。第二，一般来说，科研人员是在正式或非正
式的交往中萌生合作的意愿，而这种意愿经过反复的交流得以确认，转化
为合作动机和行为。同一地区的科研人员之间进行交往，尤其是面对面交
流的机会较多，更容易建立合作关系。第三，地理距离接近的个体之间容
易进行沟通和交流，而且交流的效率比较高。第四，远距离的沟通和交流
往往带来一定的时间和经济成本，例如，交通、通信等方面的费用，地理
距离越近，合作成本越低。与亲缘型合作模式一样，地缘性合作模式会把
合作者限定在一个较为封闭的圈子内，不利于更大范围内的知识交流与资
源共享。

　　3. 业缘型合作模式

　　业缘关系是人们由于职业或行业活动的需要而结成的人际关系，业缘
型合作模式是指经营范围相同或相似的单位之间所形成的合作关系。
图6—10 即是典型的业缘型合作模式，图中的单位都从事于电子类产品的
生产和经营。

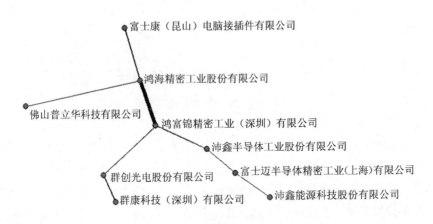

图6—10　业缘型合作模式示例

　　与亲缘和地缘不同，业缘关系不是人类社会与生俱来的，而是在亲缘
和地缘关系的基础之上由于广泛的社会分工而形成的更为复杂的社会关
系。历史上几次大的社会分工推动了经济的发展，也促进了业缘关系的发
展，现代社会中，以职业或行业为纽带的业缘关系所占的比重正日益提
高，业缘型合作模式也随之成为一种重要的合作模式。

业缘型合作模式的优势是不受亲缘或地域限制的，只要合作者之间能够实现互惠互利，合作关系网络可以在同一行业内部或者相似行业之间无限扩展，便于扩大知识交流和资源共享的范围与规模。而其缺点是，由于亲缘型合作者的经营范围是相同或相似的，它们之间存在着较强的竞争关系，这种竞争性会破坏合作关系，合作过程中容易产生矛盾和冲突，合作关系和合作网络非常容易受到破坏，所以，亲缘型合作模式不够长期和稳定。

亲缘、地缘、业缘是构建合作关系的重要纽带，其本质都是社会关系，三者之间既有显著的差别，又存在深厚的关联。第一，从发展起点来看，许多业缘关系通常诞生于亲缘和地缘关系之上，初期的业务往来常常需要亲戚、朋友、同学、同事等人来牵线或担保。第二，从发展层次来看，业缘关系的层次较高，它是在社会分工精细化和市场发展规范化的时候才产生的，在规范的市场机制之下，业缘关系的作用大于前面两种，亲缘和地缘关系可以通过业缘关系发挥作用或者借助于业缘关系得以扩展。第三，亲缘和地缘两种合作模式都符合距离最小化原则，亲缘代表着社会距离，而地缘则代表着空间距离。第四，很多情况下，亲缘、地缘和业缘都是同时存在和发生作用，并且相互交织在一起，很难区分哪个因素的影响更大，甚至同一组合作者之间同时包含亲缘、地缘和亲缘三种关系。例如，在学术界，以所学专业为纽带形成的科学合作网络常常被看作是业缘关系，而其中的师生合作关系就同时包含业缘和亲缘两种成分。实际上，导师与研究生、同班同学、同门同学都会成为亲密的业务合作伙伴，很多情况下，这种同时包含亲缘和业缘的合作关系会维系一生。

亲缘型、地缘型、业缘型三种合作模式分别有其独特的优势：亲缘型合作模式中，合作者之间的关系较为牢固和稳定，知识交流与资源共享的阻力和障碍较小；地缘型合作模式中，合作者之间便于进行充分的沟通和交流，而且交流的成本相对较低；业缘型合作模式中，合作者一般属于同一行业，相互之间具有相同或者相似的经营范围和研究兴趣，专利合作可以与其他形式的合作同时进行，例如，共同进行新产品的开发和销售等，合作者之间在专利研发方面的合作关系能够与其他形式的合作活动相互促进、相得益彰。

以上是我们在对专利合作网络的结构以及专利权人之间的合作关系进行分析的基础之上所提出的三种典型的专利合作模式，它们都是基于社会关系而形成的，每种模式各有利弊，它们之间不应该是相互取代的关系，而应该长期共存，并发挥优势互补的效应。在现代社会中，业缘型合作模式所占的比重越来越高，但由于中国特殊的关系文化，亲缘和地缘两种模式还将长期存在，并且仍然发挥着非常重要的作用。笔者认为亲缘、地缘、业缘三种合作模式应该长期共存，特别是在专利合作网络形成初期，合作程度不高、合作关系稀疏、合作规模偏低，更应该积极地借助于亲缘和地缘来发展和巩固合作关系。待初级专利合作网络形成之后，再主要依靠业缘关系来延展合作网络的规模和范围。

（二）拓扑结构视角

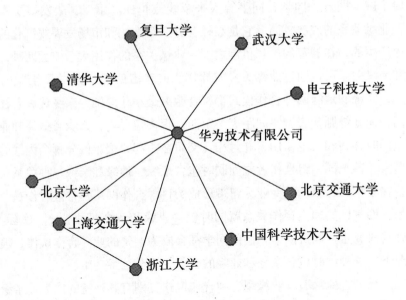

图6—11　星型合作模式示例

拓扑（Topology）一词源于几何学，在计算机科学领域得到了广泛应用并为公众所熟知，主要用来描述计算机设备的物理布局。之后，拓扑的概念又被引入社会网络分析中，用于反映节点之间的关联以及网络的结构。在计算机网络中，拓扑结构主要有星型、总线型、环型、树型、网状型、蜂窝型、混合型等多种形式。以上各种类型的拓扑结构对于研究科学合作模式以及科学交流模式有着积极的借鉴意义。本小节即是从拓扑结构视角，对专利合作网络以及专利合作模式进行揭示和分析。与计算机网络不同，专利合作网络拓扑图中节点是专利权人，节点之间的连线表示专利权人之间的合作关系，连线的粗细代表着合作关系的强弱。由于专利合作网络关系稀疏，未必每一种拓扑结构都能找到原型，我们只在其中发现了以下几种典型的拓扑结构：

1. 星型合作模式

在计算机网络中，星型拓扑结构是最古老的一种连接方式。星型合作模式，即多个节点围绕一个中心节点进行合作。图6—11就是典型的星型合作模式，中心节点为华为技术有限公司，该企业与国内多家知名高校之间建立了合作关系。

星型合作模式在整个专利合作网络中是非常常见的，说明该种合作模式具有显著的优势。第一，以某个中心节点为核心，所有知识和资源的传递都必须依赖于中心点进行，便于集中控制，而且网络延迟较小，传输误差较小。第二，网络规模容易扩张，只要中心节点与新的节点建立合作关系，网络规模便能扩大。第三，非中心节点之间虽然没有直接相连，但是都与中心节点存在合作关系，由中心节点充当中介，非中心节点构成潜在合作伙伴，相互之间非常容易建立新的关联。尽管如此，星型合作模式也有其弊端：首先，整个星型网络都依赖于中心节点，构成一种不稳定的合作结构，中心节点一旦破坏，整个网络马上分解为多个孤立的节点；其次，星型合作模式对中心节点的要求很高，一般要求中心节点具有极高的可靠性和影响力，在专利合作网络中，星型网络结构的中心节点多为规模大、实力强的高校或企业。

2. 总线型合作模式

总线型网络中所有节点都连接到公共总线上，即A和B合作，B又和C合作，如此循环但不闭合。总线型模式结构非常简单，但在合作关系网络中反而不易存在，很难保证总线以外的节点彼此之间不再合作，所以在现实中总线型合作模式大多都是与其他类型的合作模式同时存在。图6—12就是一个集星型和总线型于一体的合作模式，清华大学和华为技术有限公司两个节点位于总线上，其他节点则围绕这两个节点形成两个小型的星型网络。

总线型模式构造简单灵活，易于扩充，增加或者减少节点都非常容易。在计算机网络中就是常用的局域网组织形式，在社会网络中也是非常

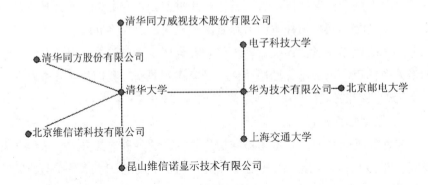

图6—12　星型—总线型合作模式示例

常见的合作模式。总线型模式的缺点就是所有节点都需要经过总线才能发生关系，对总线过于依赖，总线既是所有节点的桥梁又是整个网络的瓶颈。

3. 环型合作模式

环型拓扑结构是指网络中所有节点都通过一条连线组成一个闭合回路，即起点和终点是一致的。在计算机网络中，令牌环网就是典型的环型拓扑结构。而在合作网络中，环型合作模式并不多见，特别是对于较大规模的合作网络，很难保证每个节点的度数都为2。环型合作模式即便存在，也都是只包含3个节点或者4个节点的小型网络。如图6—13所示：

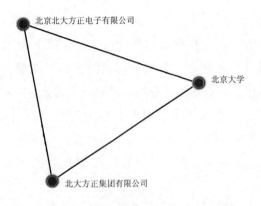

图6—13　环型合作模式示例

环型合作模式结构简单，但是不易于扩展，而且每个节点都是网络中的瓶颈，任意一个节点退出都会破坏整个网络的环型结构。

4. 混合型合作模式

在专利合作网络中，以上几种合作模式很多情况下都不是单独存在的，而是多种合作模式共存构成混合型的合作模式，整个专利合作网络就是一个大规模的混合型拓扑结构图，同时包含星型、总线型和环型等多种合作模式。图6—14就是从整个专利合作网络中截取的部分混合型合作网络图：

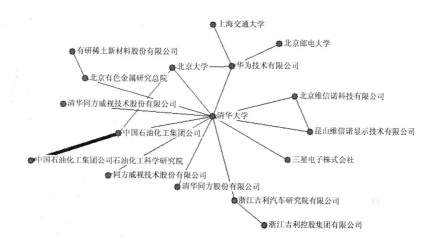

图6—14 混合型合作模式示例

（三）研究结论与启示

从社会关系和拓扑结构两个视角对专利合作网络进行研究，对其中几种典型的专利合作模式逐一进行了介绍和分析，通过本节内容我们可以得到以下几个方面的发现与结论：

（1）尽管拓扑结构呈现出的是一种物理结构的形态，但其本质仍然是包含社会关系和社会属性的社会网络。若将拓扑结构和社会关系两个方面结合起来研究，可以发现两者本质上是相通的。社会关系以拓扑结构的状态显示出来，而拓扑结构是基于社会关系而形成的，两者可谓是现象与本质的关系。例如，从社会关系视角下所看到的亲缘型、地缘型和业缘型合作模式，大都呈现出星型、总线型、环型的拓扑结构。而在拓扑结构视角下，各种类型的拓扑结构也都处处体现出节点之间深厚的社会关系。

（2）网络结构过于简单，说明专利合作网络还很不成熟，节点之间合作关系比较稀疏。从理论上来讲，拓扑网络结构包含星型、总线型、环型、树型、网状型、蜂窝型、混合型等多种形式，但在专利合作网络中我们只找到了星型、总线型、环型和混合型等四种拓扑结构的原型，而其他较为复杂的拓扑结构，如树型、蜂窝型等，未能在专利合作网络中有所体现。说明目前国内专利合作模式比较单一，网络结构过于简单，网络关系非常松散。

（3）专利合作网络中的明星节点引人注目，但须谨慎对待。在专利合作网络中，星型拓扑结构和总线型拓扑结构非常普遍，两者都是以某一个或几个明星节点作为核心或总线，明星节点在整个网络中起着至关重要的作用。在专利合作网络中，明星节点一般为规模大、实力强、地位高，具有较高影响力和开放性的企业或高校。在专利网络尚未成熟、专利合作程度不高的初级阶段，这些明星节点在整个网络中发挥着至关重要的作用，应该充分发挥这些明星节点在本地区、本行业专利合作网络中的辐射和带动作用，鼓励和依靠明星节点来拓展和加强合作关系。但这种星型和总线型的结构过于依赖明星节点，具有天然的不稳定性。因此，对于这种普遍存在的依赖明星节点的合作模式需要谨慎对待。从长期来看，还是应该鼓励非明星节点之间建立广泛的合作关系，逐渐降低整个网络对明星节点的依赖性，推动专利合作模式朝着多样化的方向发展。

（4）通过社会关系和拓扑结构两个视角的分析，证实了社会关系在构建和扩展专利合作网络的过程中发挥着重要的纽带作用，专利合作网络是一个典型的社会关系网络。专利权人之间通过业已存在的亲缘、地缘、业缘等各种社会关系来开展专利合作并且共享专利成果，多个专利权人通过千丝万缕的社会关系结成巨大的专利合作网络。专利合作网络从物理结构上所呈现出星型、环型、总线型、混合型等各种形态，本质上都体现了现实社会中错综复杂的社会关系。

社会关系不仅能够促成专利权人之间的专利合作关系，而且还能够提高专利成果的转化率。据中国专利局抽样调查，通过交流会、展览会而成功转化和实施的专利仅为 4.4%，但是，通过个人、亲友之间介绍而成功转化和实施的占 62.9%①。这一研究发现和结论对于科学研究活动以及科研管理工作，具有一定的启示：对于科研管理部门来说，借助于社会关系网络分析可以深度地认识和把握专利合作现象及规律，从而更有针对性地制定和实施科技政策，鼓励单位和个人通过各种社会关系加强科研合作；对于从事专利研发工作的单位和个人来说，社会关系是寻找科研合作伙伴的一条捷径，科学合作反过来又能巩固和扩展已有的社会关系；科学合作研究领域的学者们则发现了一种全新的研究视角，通过社会网络分析能够发现一系列新的现象与规律，社会关系也为科学研究领域广泛存在的合作现象及合作关系提供了一种新的诠释方法。

第四节　网络节点分析

前文关于整体网络分析和网络结构分析分别是从宏观和中观对专利合作网络的研究，本节网络节点分析则是从微观角度对专利合作网络中的节点（专利权人）进行的分析和讨论。根据社会网络分析的观点，网络节点并不是孤立存在的，而是由一定的社会关系结成关联网络，并受到整个网络以及其他节点的影响和制约。尽管如此，每一个节点在网络中所处的位置和拥有的权力是各不相同的。因此，我们有必要从微观角度对每一个网络节点，特别是某些重要的节点进行分析，以便更好地认识和了解专利合作网络中复杂的社会关系，找出在信息和资源传递中具有较高影响力的明星节点。实际上，社会网络分析从一开始就重视对网络中某些重要节点的研究，他们反映了社会网络中节点之间在等级、地位和优势等方面的差异，这是社会关系网络的重要属性②。本节将通过中心性指标的计量分析来考察不同网络节点对信息和资源传递的影响。

中心性是一个重要的个人结构位置指针，利用这一指针可以衡量个体的地位、特权、影响力以及社会声望等方面③。在社会网络分析中，中心

---

① 吴钦缘：《高校专利实施现状、途径和对策研究》，《福建师范大学学报》（哲学社会科学版）1996 年第 3 期。

② 林聚任：《社会网络分析：理论、方法与应用》，北京师范大学出版社 2009 年版，第107 页。

③ 罗家德：《社会网分析讲义》（第二版），社会科学文献出版社 2010 年版，第 187 页。

性分为三种：点度中心性（degree centrality）、中介中心性（betweenness centrality）、接近中心性（closeness centrality）。根据测量对象的不同中心性分为两类：中心度和中心势。对于个体节点来说只能衡量其中心度，中心度指标又有绝对中心度和相对中心度之分。中心势（network centralization）反映整个网络的性质，一个网络只有一个中心势，主要用于衡量整个网络的凝聚性。本节内容将分别利用三种中心性指标对专利权人合作网络进行分析，各个指标值都由 Ucinet 直接计算得到。

一 点度中心性

点度中心性是社会网络分析中常用的概念工具之一，用于测量节点在网络中的地位差异。根据其概念和计算方法，点度中心度表示某一节点与其他点相连的情况，本书中的点度中心度均为局部中心度，即只计算与它直接相连的节点数量。点度中心度为 0 表示该点在网络中是孤立的，在实际样本中表示该专利权人未与他人开展过专利合作。表6—3 中列出了点度中心度前 20 名的专利权人。

表6—3　　　　　　　**专利合作网络的点度中心度（前20名）**

排名	专利权人名称	排名	专利权人名称
1	清华大学	11	中科院化学研究所
2	华为技术有限公司	12	中国石油天然气集团公司
3	上海交通大学	13	华中科技大学
4	中国石油化工集团公司	14	中科院上海有机化学研究所
5	浙江大学	15	北京航空航天大学
6	海尔集团公司	16	四川大学、中山大学
7	北京大学、复旦大学	18	中科院上海药物研究所、北京科技大学
9	东华大学、华东理工大学	20	东南大学

点度中心度主要用来衡量哪些节点是这个团体中的重要人物，这也是确定行动者位置和重要性的最简单和最直接的方法。在一个社会网络中，某节点的度数越高，说明与其直接相连的节点越多，该节点居于网络中心位置，该点所对应的行动者就是该网络中的中心人物。从社会学的角度来看，这些中心人物是最具有社会地位的人；从组织行为学角度来看，他们

是最有权力的人。中心性越高的个体，在这个团体中的地位越重要。表6—3中的节点拥有较高的点度中心度，说明它们与其他组织建立了广泛的合作关系，在专利权人合作网络中处于重要的地位。例如，排名第一的清华大学，点度中心度为53，说明在专利合作网络中，清华大学与其他53个专利权人之间都建立了直接的合作关系，由此反映出清华大学在整个网络中具有重要的权力和地位，对于信息和资源的传递产生着重要的影响。

另外，我们还发现表6—3中点度中心度排名比较靠前的20个单位，其中，有13个（65%）都是高校；点度中心度排名前50的单位中有28个（56%）都是高校。由此可见，我国高校，特别是科研实力较强的知名院校，在专利合作网络中处于中心位置，与其他节点（包括高校、企业、科研院所等）具有诸多的直接联系，可谓是专利合作网络中的"明星"。

中心势（centralization）主要用于衡量整体网络的凝聚性，即紧密程度，它的数值在0—1之间，越接近于1表示网络越紧密，越接近于0表示节点之间的关系越松散。在现实情况中，中心势过高或过低都会给信息流动带来负面影响。中心势过低表明网络稀疏，节点之间的关系过于松散，不利于知识交流和资源共享；过高的中心势则意味着合作关系过于集中，网络中的成员主要与核心人员高度合作，而忽视与其他人员的合作[①]。根据 Ucinet 的计算结果，本节中的专利权人合作网络中心势为4.67%。中心势数值偏低，表明专利权人合作网络稀疏，专利权人之间的合作关系松散，这种网络结构不利于知识交流和资源共享。

二　中介中心性

中介中心性用于衡量某一节点是否处在其他节点之间的关键路径上，以及它的存在对于他人联系的重要性，即该节点对资源的控制程度。如果一个节点处于许多其他关系对的捷径（最短路径）上，则可以认为该节点具有较高的中介中心度。中介中心度较大的节点拥有较高的权力，中介

---

① Sparrowe etc.，"Social networks and the performance of individuals and groups"，*Academy of Management Journal*，2001，44（2）：316–325.

度高的节点可以通过控制信息传递或曲解信息来影响整体①。表6—4 列出了专利权人合作网络中中介中心度前 20 的节点，表中数据是由 Ucinet 直接计算得到。

表6—4　　　　　　　专利合作网络的中介中心度（前 20 名）

排名	专利权人名称	排名	专利权人名称
1	清华大学	11	北京大学
2	中国石油化工集团公司	12	中国移动通信集团公司
3	华为技术有限公司	13	华中科技大学
4	浙江大学	14	复旦大学
5	上海交通大学	15	东南大学
6	中国电力科学研究院	16	中国石油天然气集团公司
7	中科院上海有机化学研究所	17	北京航空航天大学
8	华东理工大学	18	中科院上海药物研究所
9	海尔集团公司	19	北京科技大学
10	宝山钢铁股份有限公司	20	中国科学技术大学

中介中心性代表节点在网络中所处的位置、对资源以及其他节点的控制力以及是否处在知识交流的关键路径上。在实际情况中，中介中心度较高的节点通过将不同的成员联系起来，能够在一定程度上促进知识和资源在网络成员之间的交流与共享。在专利合作网络中，中介中心性与点度中心性情况不同，大部分节点的中介性为 0，说明他们对其他专利权人之间的合作关系几乎没有影响力。这些节点一般为边缘节点或孤立节点，不在知识传播的路径上。由中介中心度的计算结果可知，专利权人合作网络中有 84.39% 的节点中介中心度指标都为 0，说明这些节点在知识交流和资源传递中处于边缘位置，对其他节点没有控制力和影响力。而表6—4 所列出的专利权人则处于相对比较重要的位置，尤其是排名比较靠前的清华大学、华为技术有限公司等单位，拥有较高的中介中心度，占据着知识交流和资源共享的关键路径。相应的，这些单位对于其他节点以及整个网络都产生着重要的影响，若要提高整体网络的知识交流效率，则应该对这些

---

① Freeman L C., "Centrality in social networks：Conceptual clarification ", *Social Network*, 1979 (1)：215 – 239.

处于关键路径的节点给予重点关注。另据中介性计算结果显示，专利权人合作网络的中介中心势指标（network centrality index）为3.49%，数值偏低，同样表明合作网络稀疏，网络节点之间的关系不够紧密。

三　接近中心性

接近中心性用于考察某一节点不受他人控制的程度和能力[1]。一个节点建立联系的过程中经过的中间人越少，它的接近中心性越高。接近中心性的思想是：与其他节点都接近的节点居于网络的中心，所以，更容易传递信息，与中心点距离最远的节点在信息资源、声望、权力以及影响力方面最弱[2]。那些处于边缘位置的节点必须借助于他人才能传递信息。接近中心度的计算方法为该节点与网络中所有其他节点的最短距离之和的倒数，节点的度数越大说明与其他节点的距离越小，距离网络中心位置越近。

表6—5　　　　　　　专利合作网络的接近中心性（前20名）

排名	专利权人名称	排名	专利权人名称
1	清华大学	11	复旦大学
2	华为技术有限公司	12	北京科技大学
3	中国石油化工集团公司	13	大连理工大学
4	浙江大学	14	宝山钢铁股份有限公司
5	上海交通大学	15	中科院化学研究所
6	海尔集团公司	16	中科院上海有机化学研究所
7	北京航空航天大学	17	西安交通大学
8	华东理工大学	18	中国移动通讯集团公司
9	北京大学	19	中国石油天然气集团公司
10	华中科技大学	20	东南大学

表6—5中的专利权人在合作网络中拥有较高的接近中心度，表明它们占据着节点之间连通路径的关键位置，在合作网络中处于比较核心的位

---

① ［美］约翰·斯科特：《社会网络分析法》，刘军译，重庆大学出版社2007年版，第126页。

② 刘军：《社会网络分析导论》，社会科学文献出版社2004年版，第127页。

置，到达各方向的其他节点距离更近。因此，这些节点在专利合作网络中不容易受到他人的控制，在知识交流、知识传递等方面处于一定的优势地位。另外，由于整个专利权人合作网络并不是连通网络，未能计算接近中心势指标。

四　结论与讨论

本小节从点度中心性、中介中心性、接近中心性等三个方面对专利合作网络进行揭示和分析，从三种中心性指标的计算结果中，主要得到了以下几个结论和发现，这些结论和发现对于科研管理部门具有一定的参考价值和启示意义：

（1）对专利合作网络中不同专利权人的权力进行量化研究和比较，找出了一批具有较高权力和地位的明星节点。权力是社会学中的概念，从社会网络的角度来看，独立存在的个体没有权力。个体之所以拥有权力，是因为他处于社会网络当中，与他人之间存在关系，并且可以影响他人。所以说，权力就是某一个体对他人的影响力或者他人对该个体的依赖性。中心性是关于权力的量化指标，这也是社会网络分析对权力研究所作出的重要贡献。

·点度中心性主要考察了每个节点在专利合作网络中直接建立的合作关系数量，在一定程度上反映出了该节点的开放程度、合作意识以及是否处于整个网络的核心位置。通过点度中心性指标，我们找到了清华大学、中国石油化工集团、华为技术有限公司、上海交通大学等一批重要节点，这些节点处于专利合作网络中心位置，具有较强的开放程度和合作意识。

·中介中心性主要用于考察节点作为媒介者的能力，即该节点是否处于关键路径上以及对其他节点的控制力和影响力。根据中介中心性指标的计算结果，我们找到了清华大学、中国石油化工集团公司、华为技术有限公司、浙江大学、上海交通大学等一批具有较高控制力和影响力的重要节点。这些节点具有良好的媒介性，在一定程度上控制着其他节点之间知识与资源的传递，其他尚未直接相连的节点也能够以这些节点为媒介建立新的合作关系。

·接近中心性主要用于考察节点的独立性，即不受他人控制的能力。通过接近中心性指标，我们找到了清华大学、华为技术有限公司、中国石油化工集团公司、浙江大学等一批具有较高独立性的重要节点。这些节点与网络中其他节点之间的平均距离较短，能够方便地进行知识和资源的传递。

本节内容通过对专利权人合作网络的三种中心性指标进行计算，结果显示：清华大学、中国石油化工集团公司、华为技术有限公司、上海交通大学等几家单位在三种中心性指标上排名都比较靠前，说明这些单位在专利权人合作网络中表现非常活跃，既与其他单位建立了广泛的专利合作关系，又处于知识交流和资源传递的关键路径，具有较高的影响力和控制力。若要提高整个网络的绩效，则应该对这些节点给予重点关注。

（2）从整体来看，专利合作网络节点之间关系稀疏。该研究结论主要来自两个方面：第一，只有少数节点，例如清华大学等，拥有相对较高的中心性，大部分节点三个中心性指标值都非常低，表明合作关系稀疏，整个专利合作网络非常松散。第二，中心势是反映整个网络紧密程度的指标，在我们的计算结果中，点度中心势为 4.67%，中介中心势为 3.49%，指标数值非常低，说明整个网络的凝聚性不强。该研究结论与本章网络密度分析所得出的结论是一致的，也从另外一个角度再次证实专利合作网络松散，合作关系稀疏。根据社会网络观点，在过于松散的网络中，节点之间联系不强，网络对于节点的影响力较弱，不利于知识的交流和资源的共享，也不利于提高整体网络绩效。这一研究发现应该引起科研管理部门以及广大从事专利研发工作的单位和个人的注意。

（3）科研实力较强的知名高校在专利合作网络中具有较高的地位和权力。在点度中心性较高的 20 个单位中，有 13 所（65%）是高校；在中介中心性较高的 20 个单位中，有 11 所（55%）是高校；在接近中心性较高的 20 个单位中，有 12 所（60%）是高校。在对这些高校进行分析之后发现，它们都是在国内具有较强科研实力和较高知名度的综合类或理工类大学，例如，清华大学、浙江大学、北京大学、华东理工大学、北京航空航天大学等。也从另外一个方面反映出这些高校具有较高的开放程度和合作意识，不仅在本地区，而且在整个国家科技创新体系中都发挥着重要的辐射和带头作用。

我国政府依托高校建立的国家级重点实验室占全国总数的 2/3，依托高校建立了近百个国家工程研究中心和国家工程技术中心，建立了一批科学研究和工程技术开发基地，承担了约 2/3 的国家自然科学基金项目和14% 以上的国家科技攻关项目，37% 的两院院士集中在高校，全国 1/3 的重大科技成果出自高校。① 由此可见，高校本身就是知识和人才密集型单位，再加上以这些研究中心和实验室为依托，近年来，我国高校的科研实力得到了较大的提升，在国家创新体系中的地位和影响力日益显著。在2006年全国科学技术大会上胡锦涛总书记曾明确指出："推进国家创新体系建设要充分发挥大学的基础和生力军作用。"《面向二十一世纪教育振兴计划》中也强调高校在国家创新工程中要充分发挥自身的优势，积极推动知识创新和技术创新。

（4）三种中心性指标考察角度和计算方法各不相同，但计算结果非常相似。三种中心性分别从不同的角度来测量节点属性，点度中心性测量的是节点主动建立外延联系的能力，对于控制或影响其他行动者相互联系的能力是通过中介中心性指标来衡量，而接近中心度则考察节点不受他人控制的能力。这种控制力会受到相邻节点和网络中未直接相连的节点的影响，接近中心度的测量结果与中间中心度的测度结果可能有偏离现象。至于在实际的研究活动中究竟应采用哪种中心度指标，Freeman认为："这取决于研究的问题和对象，如果注重交往活动，可采用度数中心性；如果探讨节点对于交往的控制，可利用中介中心性；如果分析网络节点对于信息传递的独立性和有效性，可采用接近中心性。"②

大体上，三种中心性指标计算和表示的结果是相似的③。如表6—3、表6—4、表6—5所示，共有16个单位（其中有10所高校）同时出现在三个中心性指标前20名；清华大学的三个中心性指标都遥遥领先，三个指标的前5名单位全部都是清华大学、中国石油化工集团公司、华为技术有限公司、上海交通大学、浙江大学，具体排名顺序略有不同。

第五节　区域合作模式分析

中国幅员辽阔，大陆地区包含31个省（自治区、直辖市），加上台湾、香港、澳门，共计34个省、自治区、直辖市和特别行政区（以下简

---

① 高杰、周敬馨：《我国高校科技成果转化的现状、影响因素与对策研究》，《中国科技信息》2005年第23期。

② Freeman L C., "Centrality in Social Network: Conceptual Clarification", *Social Network*, 1979 (1): 215 – 239.

③ 刘军：《社会网络分析导论》，社会科学文献出版社2004年版，第130页。

称省区）。各个省区的科研实力及其所拥有的科技资源相差悬殊，整体呈现出一种不均衡的分布态势。在前文第五章，我们通过计算每个省区专利合作率和合作度，也发现了各个省区的合作程度存在一定的差异。本节将借助于社会网络分析工具和方法，通过专利区域合作网络的分析，进一步描述和揭示各个省区之间的合作关系及强度。

从研究对象来看，以上有关整体网络分析、网络结构分析、网络节点分析等三个方面都是针对专利权人合作网络展开的，即网络节点为专利权人。本节将以区域合作网络为研究对象，即网络节点为省区和国家，包括中国大陆地区的 31 个省区，以及与大陆地区开展有专利合作的港澳台地区和 19 个国家，组成一个包含 53 个节点的区域合作网络。区域合作网络研究是社会网络分析在专利合作研究中的深度应用，旨在进一步认识和把握我国专利合作的现状与模式，本节内容计划实现以下几个研究目的：

·定量描述各个省区的合作水平和开放程度，揭示各个省区在区域合作网络中的地位和权力。

·通过各个省区之间以及各个省区与其他国家之间专利合作关系的研究，揭示区域之间的知识交流和资源共享情况。

·验证区域之间的专利合作关系是否存在空间分布不均衡问题和地域倾向。

一　区域合作网络中心性分析

前一节内容对专利权人合作网络的中心性进行了较为全面的计量和分析，并且分别介绍了三个中心性指标的内涵和意义。本节内容我们将针对区域合作网络的中心性进行分析，旨在实现以下两个方面的研究目标：一是找出在区域合作网络中的重要节点（省区），这些节点具有较高的开放性和活跃度，并且拥有较大的影响力；二是考察每个节点（省区）的对外合作水平和开放程度，以及每个节点在区域合作网络中的位置。我们将大陆地区 31 个省区的合作矩阵导入 Ucinet 中，分别计算其点度中心性、中介中心性和接近中心性，结果如表6—6所示：

表6—6 区域合作网络中心性指标

省区	Degree	ND	Betweenness	NB	Closeness	NC
北京	30	100.000	7.651	1.724	30	100.000
上海	30	100.000	7.651	1.724	30	100.000
辽宁	30	100.000	7.651	1.724	30	100.000
四川	30	100.000	7.651	1.724	30	100.000
广东	29	97.496	4.468	1.203	31	97.102
江苏	29	97.496	3.328	0.773	31	97.102
湖北	29	97.496	3.328	0.773	31	97.102
湖南	28	94.321	3.322	0.769	32	95.796
山西	28	94.321	2.125	0.506	32	95.796
浙江	28	94.321	2.125	0.506	32	95.796
天津	28	94.321	2.414	0.552	32	95.796
河南	28	94.321	2.747	0.653	32	95.796
吉林	28	94.321	1.764	0.406	32	95.796
山东	27	91.003	1.314	0.275	33	92.178
安徽	27	91.003	1.523	0.352	33	92.178
黑龙江	27	91.003	4.276	0.983	33	92.178
福建	27	91.003	1.505	0.346	33	92.178
陕西	27	91.003	1.302	0.299	33	92.178
河北	27	91.003	1.025	0.276	33	92.178
重庆	27	91.003	1.248	0.287	33	92.178
广西	26	87.643	0.932	0.211	34	87.254
云南	26	87.643	1.053	0.242	34	87.254
江西	25	83.333	1.036	0.228	35	85.137
甘肃	24	81.743	0.504	0.117	36	83.302
内蒙古	23	78.326	1.089	0.247	37	80.788
贵州	22	75.074	0.000	0.000	38	77.023
新疆	19	67.335	0.377	0.103	41	73.004
宁夏	17	61.234	0.091	0.021	43	69.929
海南	16	56.457	0.000	0.000	44	67.628
青海	14	48.683	0.131	0.027	46	64.271
西藏	8	32.109	0.000	0.000	52	57.246
中心势	18.31%	1.19%	24.91%			

点度中心性指标是通过计算每个节点的关系总量来考察每个节点在网络中拥有的地位和权力，每个省区的点度中心性大小反映了该省区所拥有的对外合作关系数量的多少，可以用来衡量每个省区的开放程度和合作水平。如表6—6所示，北京、上海、辽宁、四川4个省区的点度中心度为30，标准化的点度中心性为100%，表明它们与大陆地区所有省区都建立了合作关系。而与之相反，西藏自治区只与少数几个省区开展了专利合作，开放程度和合作水平都比较低。

中介中心性指标衡量了一个节点作为媒介者的能力，中介中心性越高表明越多的节点需要依赖该节点进行联络。拥有较高中介中心性的节点处于控制知识和资源传输的关键路径，对于其他节点以及整个团体都具有较强的影响力。如表6—6所示，北京、辽宁、上海、四川、江苏等几个省区的中介中心性指标值较高，表明这些省区具有较高的中介能力，对于各个省区之间知识和资源的流动产生着重要的影响。若要提高我国各个省区之间的合作程度以及知识和资源的传播效率，应该给予这些省区重点的关注。贵州、海南、西藏3个省区中介中心性指标为0，表明它们在区域合作网络中对于其他节点没有任何影响力。

接近中心性是以距离为概念来计算一个节点的中心程度，与其他节点距离越近则表明该节点的中心性越高。如表6—6所示，北京、上海、辽宁、四川4个省区的接近中心性指标为30，标准化的接近中心性指标为100%，表明这些节点与所有节点之间的距离都为1，即与任何一个节点都能直接相连。也就是说，这4个省区与其他所有省区之间都建立了直接的专利合作关系。

以上三种指标的计算结果非常相似，从中可以找到北京、上海、辽宁、四川、江苏等"明星"节点，点度中心性、中介中心性和接近中心性三个方面指标数值都比较高。说明这些省区在整个网络中占据重要的战略地位，科技资源除了通过技术市场向全国辐射之外，还通过校企联合、企企联合等多种方式向全国辐射，在推动我国各个省区之间知识扩散、信息传播、资源共享等方面都发挥着重要的作用，对于其他省区和整个国家的合作程度以及知识与资源的传递效率都具有较大的影响力。

另外，从表6—6中，我们还发现三种中心势指标数值都较高，说明区域合作网络中各个省区之间建立了广泛的合作关系。但在此需要指出的是，我们并不能就此判定我国各个省区之间的专利合作关系非常紧密。我们在计算区域合作网络中心性时未考虑合作强度因素，任何两个省区之间只要存在一件合作专利即视为二者存在合作关系，如此得出的结果并不能说明各个省区之间的合作关系是否紧密和牢固。实际上，在社会网络分析中，对于赋值网络的考察和分析需要结合关系强度指标，如果忽略合作强度，所得出的计算结果并不能反映出真实的合作状况①。因此，在后面两个小节中我们将结合合作强度指标来考察区域之间的合作关系。

二 区域合作强度分析

为了考察各个省区之间专利合作关系的强度，我们将合作频次视为标识合作强度的指标。借助于 Netdraw 软件将各个省区之间的合作关系以可视化的形式予以展示（如图6—15），图中节点大小表示省内合作频次的高低，节点之间的连线的粗细表示省区之间的合作强度（频次）高低。由节点之间的连线可以初步判定中国大陆地区 31 个省区之间已经建立了广泛的合作关系，北京、上海、广东等省区还与多个国家开展了国际合作。

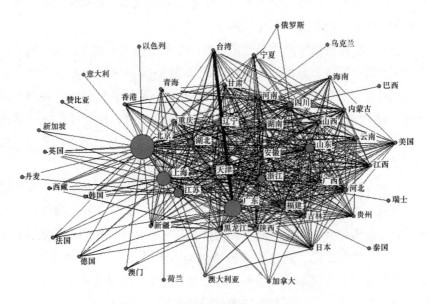

图6—15 区域合作网络图（初始网络）

---

① 邱均平、温芳芳：《我国"985 工程"高校科研合作网络研究》，《情报学报》2011 年第 7 期。

由连线的粗细可以看出，各个省区之间的合作强度（频次）存在显著的差异，其中，广东与台湾两省之间的合作频次最高。合作频次超过1000的省区共有5个，分别是广东—台湾、北京—上海、北京—辽宁、北京—广东、江苏—台湾。实际上，只有少数省区之间的合作关系较为紧密，大部分省区之间的合作频次数值较低，合作关系松散，如表6—7所示。区域合作网络中，近一半的合作关系都在5次以下，合作频次超过50的合作关系不足15%，合作频次超过1000的合作关系更为罕见（约1%）。由此可见，我国区域之间的专利合作关系大多停留在较低的频次和强度，这样的合作关系实际上是非常脆弱的。

表6—7　　　　　　　　　　**区域合作频次分布情况**

合作频次区间	所占比例（%）	累计比例（%）
1—5	44.37	44.37
6—10	13.84	58.21
11—50	29.03	87.24
51—100	5.93	93.17
101—500	4.52	97.69
501—1000	1.29	98.98
1000以上	1.02	100

为了更加直观地反映出区域之间的合作强度，我们在区域合作网络中过滤掉合作频次在50次以下的节点，初始的区域合作网络图（图6—15）将发生显著的变化，如图6—16所示：

当我们过滤掉合作频次在50次以下较弱的合作关系时，原本看似复杂的区域合作网络图立即简化为一个合作关系稀疏的网络图。由图6—16可以得出以下几个研究发现：

第一，除韩、日、美三国之外，其他16个国家都成为孤立节点，图中只保留了北京—日本、北京—韩国、上海—美国、上海—日本等4种国际合作关系，说明大部分省区所开展的国际合作都停留在低强度（频次）的水平。另外，中国大陆地区的贵州、青海等5个省区和香港、澳门两个特别行政区也成为孤立节点，说明这些省区对外的合作强度较低，跨省合作频次都在50次以下。

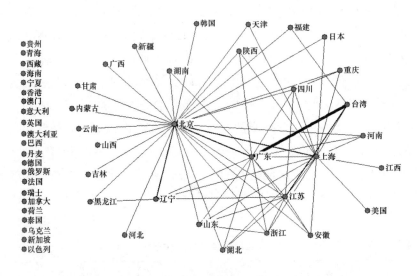

图6—16　区域合作网络图（合作频次 50 次及以上）

　　第二，当剔除掉 50 次以下的合作关系之后，中国各个省区之间的合作网络呈现出星型拓扑结构，分别以北京、广东、上海为中心。其中，北京处于绝对优势的地位，吉林、山西等多个边缘节点都只与北京存在合作关系。北京、广东、上海三个城市之间的合作关系，又将三个星型网络连接在一起。星型结构能够直观地反映出中心节点的主导性和辐射力，图 6—6 中区域合作网络所呈现出的星型布局，充分说明了北京、广东、上海三大城市所具有的科技辐射力和影响力。

　　第三，台湾省与东南沿海的广东、上海、江苏、福建四省存在着高强度的合作关系。从地理距离角度分析，台湾省与以上四个省份的地理距离非常接近，再次印证了地理距离确实对于专利合作强度产生着重要的影响，地理距离越近合作强度越高；从社会关系角度分析，广东、上海、江苏、福建的台资企业较多，直接推动了四个省区与台湾省之间频繁地开展专利合作。以上两个方面也充分体现出亲缘、地缘、业缘三种社会关系对于专利合作关系及其强度所产生的深刻影响。

　　第四，区域之间的合作关系脆弱，专利合作强度有待提高。当不考虑合作强度指标时，从表面来看各个省区之间已经初步建立了广泛的合作关系，整体上构成了一个涵盖和连接国内所有省区和十几个国家的区域合作网络。借助于这样一个规模庞大的合作网络，科技信息、知识和资源可以在各个省区之间进行传递和交流。而当我们引入合作强度指标时发现，区域之间大多停留于低频次的合作，合作频次在 50 次以下的关系占合作关系总数的 87.24%。特别是跨国合作关系更是微弱，除韩国、日本和美国之外，中国大陆地区与其他 16 个国家的合作频次都在 5 次以下。也就是说，许多区域之间的合作关系，包括跨省合作和跨国合作，主要是通过某几个单位或个人的私人关系建立的。这种合作关系实际上是非常脆弱的，并且带有一定的偶然性。一旦这几个单位或个人由于某些原因停止合作，两个区域之间的合作关系也将随之断裂。这一研究发现提醒我们，我国区域之间，特别是跨国的专利合作关系是非常脆弱的，应该鼓励和推动各个省区之间，以及国内与国外的单位和个人之间，在巩固和加强业已存在的合作关系的基础上，积极扩展合作关系网络，努力提高合作强度，通过各种途径和措施建立更加全面、广泛和深刻的合作关系。

三　专利合作的地域倾向

各个省区之间专利合作频次存在较大的差异，少数省区之间频繁开展专利合作，而大部分省区之间的合作关系非常松散和脆弱。也就是说，各个省区之间的专利合作强度存在着显著的不均衡分布现象。那么，究竟哪些省区之间合作关系更为紧密，地理距离因素对于专利合作产生何种影响，专利合作又是否存在着地域倾向。针对以上问题，本小节将利用多维尺度分析方法对区域合作网络进行揭示和分析。

多维尺度分析（Multidimensional Scaling，MDS）是基于研究对象之间的距离和相似性将研究对象在一个低维空间形象地展示出来，在此基础之上进行聚类分析或维度内涵分析的一种方法[1]。在区域合作网络初始矩阵中，对角线以外的节点表示两个省区之间的合作频次（强度），可以将这种合作频次（强度）视为相似性，然后基于相似性将各个省区的聚类关系在一个二维空间形象地展示出来。首先将中国大陆地区 31 个省区之间的区域合作网络初始矩阵转化为标准化矩阵和相异矩阵，然后将相异矩阵导入 SPSS 软件中进行多维尺度分析。最后模型的拟合指标为 Stress = 0.059，RSQ = 0.851，模型的解释比较理想，空间定位图如 6—17 所示：

图 6—17 呈现出了显著的聚类效果，表明我国大陆地区 31 个省区之

---

[1]　张文彤：《SPSS 统计分析高级教程》，高等教育出版社 2004 年版，第 313 页。

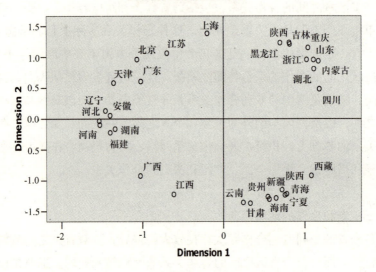

图6—17　国内各省区之间专利合作关系的空间定位

间的合作关系及强度确实存在着空间分布不均衡的问题。本小节所进行的多维尺度分析是将各个省区之间的合作强度作为相似系数,合作强度越大的省区在空间定位图中距离越近,当多个省区在空间定位图中聚集在一起时,就表明它们之间存在着紧密的合作关系。科技实力较强的地区往往具有较高的合作程度①。如图6—17所示,分布在第二象限的北京、上海、广东、天津、江苏等几个省区是整个区域合作网络中的核心节点,它们拥有强大的科研实力和丰富的科技资源,不仅与国内其他省区之间都建立了广泛的合作关系,而且彼此之间存在着更为紧密的合作关系,整体呈现出"强强联合"之势。在国家创新体系中居于主导地位。分布在第四象限的几个省区则恰好与第二象限相反,这些省区位于西部地区,科技资源稀缺,科研实力较弱,它们所开展的跨省合作也大多限于西部地区,整体呈

---

①　Barak S. Aharonson, Joel A. C. Baum, Anne Plunket, "Inventive and uninventive clusters: The case of Canadian biotechnology ", *Research Policy*, 2008 (37): 1108–1131.

现出一种"弱弱联合"的态势。分布在第一象限和第二象限的省区，无论是科技资源、科研实力，还是对外合作的程度都处于中等水平，尽管它们之间专利合作的地域倾向没有第四象限那么明显，但仍然能够体现出地理距离对于专利合作关系及强度所产生的影响。通过多维尺度分析，证实了区域之间的专利合作确实存在空间分布不均衡和一定的地域倾向。

20 世纪初，韦伯（A. Weber）创立"工业区位理论"，随后，空间集聚分析成为西方经济与工业地理学的研究重心。区位优势（Locational Advantage）是指某一地区客观存在的有利条件和优势地位，构成因素包括自然资源和地理位置，以及政治、经济、科技、教育、管理、文化、旅游等多个方面①。如同农业社会依托于土地资源、工业社会依托于自然资源一样，科技资源是知识经济社会的首要依托。区位优势的概念是在工业社会提出的，并且一直作为区域经济发展主导产业的选择依据。新的经济形势下区位优势也有了新的内涵：传统的区位优势理论认为，天赋的自然资源和生产要素的占有情况决定着某一地区生产的分布；但在知识经济社会，自然资源优势不再是地区竞争力的决定性要素，科技、智力等因素占据主导地位，创新成为知识经济时代的主题，科技成为重要的区位优势②。因此，如果全面地来看待区域发展问题，我们必须认识到科技创新才是提升区域竞争力的关键因素③。专利合作本质上来说是合作者之间进行知识交流和资源共享的过程，区域之间专利合作关系及强度的不均衡分布和地域倾向反映出各个省区之间进行知识交流和资源共享的渠道不够通畅，尤其会对一些落后省份的科技发展产生负面的影响。在现有的区域专利合作模式中，东部省区处于核心地位，通过专利合作其区位优势会得到进一步的加强，而西部省区则在区域合作网络中处于明显的劣势地位，与东部省区的科技差距将会继续加大。在知识经济时代，科技成为区位优势的重要组成部分，对区域经济发展产生重要的影响，东西部地区的科技差距也将进一步加大其经济差距。

---

① 周起业、刘再兴、祝诚：《区域经济学》，中国人民大学出版社 1989 年版。
② 王贤文：《基于 GIS 的区域科技发展空间结构与合作网络分析》，大连理工大学，博士学位论文，2009 年。
③ 张芸：《知识经济时代的区位优势分析》，《经济地理》2001 年第 1 期。

四 结论与讨论

通过区域合作模式研究，本书对我国大陆地区各个省区之间的专利合作关系及强度进行了计量和分析，不仅定量地考察了各个省区的开放程度和合作水平，而且利用网络图谱揭示了科技知识和资源在不同省区之间的流动情况，还证实了专利合作确实存在着空间分布不均衡和地域倾向。从这些研究发现中我们可以得到以下几个方面的启示：

（1）目前我国省区之间的专利合作大致呈现出两种模式：第一种是以北京、上海、广东等为中心的星型合作模式，这些科技强省在国家创新体系中发挥着重要的辐射和带动作用，科研实力和科技资源较弱的省区通过与科技强省之间的专利合作，获取必要的知识和资源并弥补自身的劣势和不足。这种强弱省区之间的合作有利于知识和资源的空间流动，从这一角度考虑应该对此模式加以肯定。但是这种星型合作模式也存在着天然的弊端，边缘节点完全依赖中心节点，而且知识和资源交流的渠道过于单一和狭窄。第二种是多维尺度分析空间定位图中所呈现出的东部省区"强强联合"和西部省区"弱弱联合"的合作模式，这种合作模式有利于北京、上海、广东等专利强省通过合作进一步提升自身的实力，但对于西部地区却是极为不利的。从长远来看，以上两种模式都将形成强者愈强弱者愈弱的"马太效应"，并进一步加深科技发达地区和落后地区之间原本就已存在的鸿沟。

（2）专利合作空间分布不均衡的问题普遍存在，应该通过相应的科技政策加以适当调节。科技发达地区和科技落后地区之间虽然存在着自发的专利合作，但仅限于少数单位和个人之间，合作关系脆弱，合作强度亟待提高。甚至在很多情况下，弱省愿意向强省寻求合作，但强省却出于自身利益考虑对此态度并不积极。此时就需要国家科技政策的干预，推动科技强省和弱省之间加强专利合作，鼓励科技强省向弱省提供支援和帮助，并通过政策的力量促进和加强科技知识和资源在区域之间的流动和共享，此举不仅有利于科技落后地区缩小自身差距，而且能够提升国家创新体系的整体能力和水平。

但是需要注意的问题是，政策的引导要立足于合作双方的总体收益最大化，不能仅考虑落后地区的需求。实际上，科技资源、科研实力、专利合作等在区域之间的空间分布都是极不均衡的，这种现象长期客观存在，只能尽力去缩短，但短期之内不可能消除。如果试图通过某种强制力在短期内消除区域差距，只会适得其反，不仅挫伤发达地区进行科技创新的积极性，而且会使得整个国家创新体系走向平均主义。

（3）专利合作呈现出一定的地域倾向，地理因素对于不同省区之间的合作关系及强度产生着重要的影响。但地理距离并不是唯一的影响因素，除此以外，各个省区的科技实力、经济实力、科技制度、开放意识以及科技资源的分布情况等因素都在一定程度上影响着区域合作。地域倾向可以从三个方面解释：首先，地理距离越近的单位和个人进行正式或非正式交流的机会越大，正是在这种交流中合作双方发现了共同的兴趣和利益并萌生合作的意愿和动机；其次，地理距离越近的单位和个人之间社会关系越是紧密，这种社会关系是促成科学合作的重要因素，从某种意义上来说，这种现象可以视为地缘因素在科学合作中的体现；最后，专利研发过程中合作者之间需要进行反复的沟通和交流，地理距离越近，交流的成本越低。由此可见，地域倾向有其存在的必然性。

但是地域倾向也会产生负面的影响，在一定程度上限制了合作的范围以及科技知识和资源的流动范围。特别是对于我国东西部地区所存在的科技鸿沟而言，地域倾向会产生"强强联合、弱弱联合"，并最终加快东西部地区两极分化。综上所述，要努力消除地理距离对于专利合作所产生的消极影响，实现区域合作多元化，鼓励不同省区之间通过多种途径、多种措施进行多种形式的科学合作。例如，可以通过科技人员的流动、跨省区的学术研讨会与技术交流会等方式，为不同省区之间创造交流和合作的机会。区域合作模式多元化的目的是扩大专利合作网络、拓展专利合作关系、提高专利合作强度，促进科技知识和资源在不同省区之间进行高效的流动和共享，最终提高国家创新体系的整体竞争力。

第七章　专利合作策略

中国科技部原部长朱丽兰曾指出："相比较而言，我国的创新体系中存在着明显的'系统失效'现象，具体表现就是企业与科研机构、企业与高校以及企业与企业之间合作、联系和知识流动不足，国家资助的基础研究方向与产业界的应用和开发研究不匹配，高校不能培育企业迫切需要的具有强烈创新创业意识的人才，金融机构回避创新创业风险，技术转移等中介机构在促进知识流动方面没有发挥应有的作用，企业在吸收创新信息方面无能为力，等等。"[1] 通过前面几个章节的统计分析，发现目前我国专利合作尚处于初级阶段，现有专利合作模式中存在着种种的问题和不足。通过定量化的研究，也基本上证实了我国的国家创新体系中确实存在着"系统失效"的问题，其中一个重要表现就是专利合作程度较低，尤其是跨组织、跨地区的交流与合作程度更低。

基于以上研究结论和发现，并结合对国内外专利合作情况的认识和了解，本章将对专利合作的优化策略进行集中研究。首先提出我国专利合作模式中现存的问题和不足；其次提出相应的优化意见和建议；最后分析专利合作优化和发展所需的各项保障机制。本章内容旨在为我国专利合作模式的优化、专利合作状况的改善、专利研发效率的提升、专利事业的发展以及国家创新体系的建设建言献策，旨在为相关的科研管理部门、科技政策的制定者、广大从事专利研发的单位和个人提供参考信息和决策依据。这也是本书研究工作的出发点和归宿，前面几个章节的统计分析不仅仅是为了描述和揭示我国专利合作的现状，更重要的是为了找出问题并提出建议。

---

[1]　朱丽兰：《知识正在成为创新的核心》，《人民日报》1998 年 7 月 23 日。

第一节 现存的问题与不足

通过我国专利合作现状以及现有专利合作模式的计量分析，发现国内的专利合作尚处于较为初级的发展水平，仍然存在着一系列的问题和不足。这些问题和不足不仅在一定程度上限制了我国专利合作的效率以及专利产出水平，而且不利于我国科技创新体系建设和专利事业的长足发展。现存的问题和不足主要体现在以下几个方面：

一 专利合作程度较低

在本书第五章中我们发现合作率和合作度指标的数值偏低，尤其是能够表征跨组织合作程度的专利权人合作率和合作度非常低。在对合作率和合作度指标进行历时分析之后发现，1985—2014 年 30 年间，发明人合作率和合作度两个指标逐年上升，而专利权人合作率和合作度不仅没有上升反而略有下降。在本书第六章中我们发现专利合作网络的密度非常低，网络中存在大量孤立节点（孤立节点表示该组织或个人从未与他人开展专利合作），大部分节点的中心性指标非常小甚至为 0，专利权人之间的合作关系稀疏且合作频次较低。以上研究发现共同说明了目前我国专利合作程度偏低，特别是跨组织的合作程度更低。

专利合作程度偏低所带来的直接后果是知识和资源难以实现充分的交流和共享，合作效应未能得到有效的发挥。专利合作的过程中合作者之间无时无刻不在进行着知识的交流和资源的共享，合作者可以是个人、组织、地区或者国家，资源的类型包括人、财、物等多种形式。每个合作者拥有的资源都不尽相同，合作的过程就是合作者原有知识和资源的重新配置，若组织得当、安排合理，知识和资源实现优化配置，每个合作者原有的知识和资源不但不会减少，反而能够增强个体的实力，更重要的是整体能够形成一种合力，依靠这种合力不仅可以完成个体力量难以企及的项目和目标，而且能够显著地提高科研效率和产出水平。若合作程度较低，特别是当孤立节点大量存在，许多发明人和专利权人仍然固守自身有限的知识和资源通过单打独斗的方式从事专利研发活动，说明知识和资源未能在这些组织和个人之间进行有效的交流和共享，这不仅限制了个体和整体的研发效率和能力，而且造成了社会资源的巨大浪费。

专利合作程度偏低的原因来自于多个方面：

第一，我国个人和组织的专利合作意识不强，未能充分认识到专利合作所能带来的现实的和潜在的收益。

第二，专利研发大多属于组织或个人的自发活动，大规模、有组织、有计划的情况较少，自发研究中一个普遍存在的问题就是"小农意识"，发明人或专利权人在一个相对封闭的状态下进行专利研发，只借助于自身所具备的有限资源或条件去完成力所能及的相对简单的研究项目，即便是独立研发的效率较低也很少考虑寻求合作。

第三，专利合作是一项复杂的社会活动，合作者之间需要进行分工、沟通、协调以及成果的分配等各种活动，甚至需要有人专门从事组织管理工作，这些现实的问题也是许多单位和个人不愿进行合作的重要原因。

第四，专利成果具有较强的产权属性，可能会给发明人或专利权人带来一定的经济收益。由于知识资产的无形性和不确定性，专利价值的评估非常困难，其收益也很难进行准确的量化与预测[1]。合作成果的权益分配问题比较棘手，若处理不当很容易导致知识产权纠纷，所以很多情况下发明人和专利权人更倾向于独立研发并且独享成果。

第五，现有的科研考核和评价制度对于合作研究的重视和鼓励不够，甚至还产生一定的消极影响。很多单位在进行科技人员考核和评价时，往往对合作成果有一定的限制，例如，只承认第一发明人和专利权人，这在一定程度上抑制了科技工作者合作的积极性。

第六，合作动机的产生必须是基于充分的接触和交流，交流是合作得以产生、维系和完成的关键因素。一般来说，科研人员是在正式或非正式的交流中萌生合作的意愿，而这种意愿经过反复的交流而得以确认，转化为合作动机和行为[2]。但就目前来看，拥有共同研究兴趣的专利研发机构或人员之间接触和交流的机会很少，特别是在跨组织、跨地区的情况下。很多时候，那些从事专利研发的机构或个人虽然具有合作的意愿，但是很难去寻找合适的合作伙伴。

第七，专利合作过程中的技术溢出风险会降低单位和个人的合作倾向。据调查，35.7%的企业认为技术溢出是阻碍合作研发的主要原因，与

---

① 何瑞卿：《企业合作研发中的专利资产风险分析》，《现代商业》2009 年第 24 期。

② 赵蓉英、温芳芳：《科研合作与知识交流》，《图书情报工作》2011 年第 20 期。

其他原因相比，例如加剧市场竞争、沟通协调困难、对研发过程控制力下降等，技术溢出原因所占比重最大①。

综上所述，导致我国专利合作程度偏低的原因有很多，既有主观意识上的不足，又有客观条件的限制，既有发明人和专利权人自身的问题，又受到社会环境与科技制度的影响和制约。虽然这种局面在短时期之内很难完全扭转，但并非无法改变。若采取一些有针对性的措施加以调节，抑制以上各种因素所带来的负面影响，经过较长时期的努力，专利合作程度还是能够得到显著提升的。

二　专利合作模式单一

所谓专利合作模式单一，并非是说只有一种模式存在，而是要从以下几个角度去理解：第一，现有的专利合作模式相对比较简单，在前文第六章我们通过对专利合作网络拓扑结构的分析发现，现有合作网络中只存在星型、总线型、环型等较为简单的拓扑结构，并且每种拓扑结构中包含的节点数量非常少，例如，环型拓扑结构中节点数大多为3—4个，而树型、蜂窝型、网状型等较为复杂的拓扑结构在现有的专利合作网络中根本就不存在。第二，现有的专利合作模式种类较少，亲缘型、地缘型、业缘型等基于社会关系的合作模式和星型、总线型、环型等基于拓扑结构的合作模式在整个合作网络中并不是大量存在的，只有主成分（最大连通子图）中的节点之间才能够呈现出这样的合作模式，整个网络中绝大部分节点的度数都是0（孤立点）或者1（只有一次合作或者只有一个合作伙伴），根本无法呈现出一定的合作模式特征。第三，现有的合作模式的数量分布呈现出显著的集中现象，如果从合作发明人数量角度考察，一半以上的合作关系属于两人合作模式和三人合作模式，如果从合作专利权人数量角度考察，两人合作模式所占比例高达80%以上；如果从合作范围角度进行考察，组织内合作所占比例高达82.54%，而跨组织合作的比例只有17.46%，在跨组织合作中又有将近一半的合作关系为同城合作，而国际合作的比例不足2%；如果从合作者性质角度进行考察，80%的合作关系属于企业主导型合作模式或个人主导型合作模式，其中，主要是企业—企

---

① 郑登攀、党兴华：《技术溢出对中小企业合作创新倾向的影响研究》，《科学学与科学技术管理》2008年第8期。

业合作模式（37.21%）和个人—个人合作模式（34.55%）。以上三个方面分别从不同角度考察了现有专利合作模式的特征，虽然考察的角度不同，但是共同说明了我国现有专利合作模式存在显著的单一化特征。

专利合作模式单一化，反映出以下几个问题：第一，绝大部分单位和个人的合作伙伴都比较单一。第二，专利研发单位和个人之间知识交流和资源共享的渠道比较单一。第三，单位和个人依靠专利合作能够从外界获取的知识和资源非常有限且种类单一。第四，知识和资源未能在各个地区、组织或个人之间得到有效的交流和共享。以上几个方面所导致的最终结果是专利合作所能带来的"1+1>2"的增值效应未得到充分的发挥，正如前文所提到的，这不仅限制了个体与整体的研发效率和能力，而且造成了社会资源的巨大浪费。所导致的直接后果是只有少数节点能够通过专利合作获益，而且由于合作模式过于简单，专利合作对于这些节点的效率所能产生的影响也是微乎其微，另外还有许多孤立节点从未开展过专利合作，所以根本无法从专利合作中获益。

专利合作模式单一化从根本上来说是由于专利合作程度偏低、发明人和专利权人之间的合作关系稀疏所造成的。就个体来说，大部分节点很少甚至从未开展过合作，或者只与少数几个节点建立合作关系。而当这种现象普遍存在时，整体上就表现为专利合作模式单一化，特别是在专利合作网络中，专利合作模式单一的问题表现得更为显著。除此以外，专利合作模式单一还有一些更为具体的原因：

首先，一般来说合作者越多、合作范围越大，合作成本就会越高，合作过程中面临的不确定性越高、风险越大，此时许多组织或个人就会优先选择更为保守的方式，限制合作者数量和合作范围，更倾向于选择两人或者三人合作模式以及组织内合作或者同城合作。

其次，在人类社会中，每个人的运动都受到一个简单的基本法则的约束，即最省力法则，在各种活动中，人们也都有意无意地按照这个基本法则行事①。在专利研发过程中，特别是在选择合作伙伴时同样遵循最省力法则，即优先选择距离自己最近的个人或组织作为合作伙伴，这种距离包括空间距离和社会距离。于是造成近距离的合作模式，如组织内合作和同城合作所占比重非常高。

---

① 邱均平：《信息计量学》，武汉大学出版社 2007 年版，第 133 页。

　　最后，在专利合作初级阶段，各个发明人和专利权的专利合作程度普遍偏低，合作经验不足、合作水平较低，无论是组织还是个人在一开始开展专利合作时没有能力也没有必要选择复杂的合作模式，往往倾向于选择近距离、小规模和简单化的合作模式，这也符合从简单到复杂的事物发展的一般规律。

　　综上所述，专利合作模式单一和专利合作程度偏低两个问题是相辅相成的，合作模式单一很大程度上是由合作程度低造成的，反过来合作模式单一也限制了合作程度的提高。随着合作程度的提高，合作模式单一的问题将会有所改善。除此以外，我们还可以通过其他一些途径有目的、有针对性地构建多样化的合作模式，专利合作的程度和水平也能随之得到提升。另外需要指出的是以上两个问题都不是短期之内能够解决的，需要一个相对较长的发展过程才能逐步改善。

三　区域间合作不均衡

　　前文通过合作率和合作度指标的计算和比较，发现我国大陆地区 31 个省区的开放意识和合作程度存在着差异。整体来看，中东部省区的合作率和合作度高于西部省区，表明专利合作程度也存在着空间分布不均衡问题。由于西部省区的专利数量较少，在计算合作率和合作度时分母较小，所以这种地区差距表现得还不是特别明显。在进行区域合作网络分析时，省区之间专利合作关系空间分布的不均衡性，特别是东西部地区之间的差距就表现得非常明显。

　　从各个省区在区域合作网络中的地位和影响来看，北京、上海、广东等少数几个经济和科技实力较强的省区在网络中处于核心地位，对于区域之间知识和资源的传递具有较强的控制力和影响力，而广西、云南、西藏、新疆等广大的西部省区则处于网络边缘位置。

　　从各个省区之间的合作强度来看，31 个省区两两之间所结成的合作关系中，85% 以上都是 50 次以下的合作频次，即两个省区之间所拥有的合作专利数量不足 50 件。这对于以省区为节点的合作网络来说，说明节点之间的合作关系非常脆弱。而少数省区的合作频次相对较高，例如，北京和上海、北京和广东之间的合作频次都在 1000 次以上。特别是当我们过滤掉 50 次以下的合作关系时，整个区域合作网络呈现出放射状，如以北京、上海、广东为核心。

从合作范围来看，东部省区不仅与大陆地区的各个省区都开展了广泛的合作，而且还与港澳台地区和许多国家之间建立了合作关系。例如，广东、福建、江苏等省区就凭借其在地理距离和社会关系方面的天然优势，与台湾省建立了长期稳定的合作关系。而西部省区的合作范围就非常有限，在国内主要与自己相邻的几个省区合作，很少或从未开展与港澳台地区的合作以及跨国合作。

从区域之间的合作模式来看，我国大陆地区 31 个省区之间的专利合作模式具有较强的地域倾向，中东部地区专利数量多、合作程度高的省区聚集在一起呈现出"强强联合"之势，而甘肃、西藏、青海等多个西部省区聚集在一起呈现出"弱弱联合"之势。

区域间合作不均衡的问题是由多个方面的因素造成的：

第一，区域之间科技实力不均衡，透过各个省区的专利申请总量，这种科技实力的差距就可见一斑。一般来说，科技实力强的省区不仅自身的开放意识更强，而且在建立对外合作关系时具有明显的优势，更容易找到合作伙伴或者被其他省区选为合作伙伴。

第二，区域之间经济实力不均衡，经济与科技是紧密相关的，就我国目前的情况来看，各个省区的科技实力与经济实力是基本一致的。每个省区的科技实力以及合作程度总是会受到经济因素的影响，那些规模大、实力强的企业和高新技术企业总是分布在经济强省，这些企业对于本地区科技实力和合作程度的带动作用是非常显著的。例如，广东省的专利申请量超过了北京、上海等地，主要就是依靠本地众多企业尤其是高新技术企业支撑，特别是广东与台湾之间相对紧密的合作关系，主要是借助于本地的台资企业来搭建和维系。

第三，科技资源分布不均衡，专利研发所需的科技资源包括资金、设备、人才、信息等各方面，其中很多属于比较稀缺的资源，这些科技资源在我国各个省区之间的分布是极不均衡的，主要集中于北京、上海、江苏等少数省区。众所周知，寻求资源支撑和互补是发明人和专利权人对外开展合作的主要原因之一，所以科技资源分布不均衡直接导致了少数强省之间通过合作来互通有无、优势互补，而弱省则必须要通过与强省开展合作来弥补自身在科技资源方面的不足。

第四，区域之间高校分布不均衡，高校作为知识和人才密集型单位，在本地区科技研发和专利合作中的辐射和带动作用，特别是在专利合作网络中的桥梁和纽带作用，是非常显著的。例如，清华大学、北京大学、上海交通大学、浙江大学等国内知名高校，与国内众多单位都建立了合作关系，这些高校在很大程度上提升了本地区的专利合作程度。而无论是数量还是质量，我国高校在各个省区之间的分布都是存在明显的差距，国内高校，尤其是知名高校，主要集中于北京、上海、江苏等地。据相关资料显示，北京和江苏两省的高校总数为 62 所，重点大学数量分别为 27 所和 13 所，而海南、宁夏、青海、西藏四个省区的高校数量相加也只有 20 所，每个省区只有一所重点高校，而且还是 2008 年教育部刚刚确立的"211 工程"大学①。鉴于高校在科技创新方面的辐射力和带动力，这种高校分布的差距不仅直接影响到各个省区的科技研发能力，而且还带来了区域之间专利合作程度的差距。

第五，各个省区之间专利合作的地域倾向，即空间距离越近越容易建立合作关系。经济和科技实力较强的省区大多分布在东部地区，而较为落后的省区则集中于西部地区，受地域倾向性影响，这种分布格局使得东西部地区在专利合作方面呈现出明显的不均衡性，正如前文所指出的，东部省区呈现"强强联合"之势，西部地区则呈现"弱弱联合"之势。所以，专利合作的地域倾向性也是导致区域分布不均衡的现实原因之一。

综上所述，造成专利合作区域分布不均衡的原因归根结底是由于各个省区在科技、经济、教育等方面所拥有的资源和实力的差异所造成的。当今社会，科技是第一生产力，专利在现代工农业生产和生活中的价值越来越高。专利合作程度将会影响到专利产出水平，专利产出水平又将直接影响到一个企业、地区或国家的科技和经济实力。所以，专利合作区域分布不均衡问题的存在将会加大各个省区在科技和经济方面的差距，尤其会导致东西部地区的科技和经济鸿沟进一步加深。因此，尽管专利合作区域不均衡问题有其存在的客观性和必然性，但并不是合理的、不可改变的。绝对不能坐视不理，任其差距进一步加大，而应该采取一定的措施加以抑制和调整。事实上，若方法得当，合作恰恰是能够缩小地区差距的一种重要方式。例如，科技实力和资源较为薄弱的省区可以通过与其他省区开展合作来弥补自身能力、条件、资源等方面的不足。关注区域不均衡问题、合理利用区域合作、科学组织专利合作活动，可以在一定程度上缓解和弥合

---

① 邱均平：《中国大学与学科专业竞争力评价报告》，科学出版社 2010 年版。

各个省区在科技、经济等方面业已存在的差距。

四　产学研合作程度偏低

基于原有的样本数据，我们分别统计了国内的企业、高校、科研院所等三类创新主体之间的合作专利数量及其在专利总量中所占的比例，如表7—1所示，样本数据中，产学研合作专利在专利总量中所占比重仅为1.67%，其中，1.24%的专利由企业与高校合作完成，企业与科研院合作完成的专利所占比重更低，仅为0.43%。而且无论是企业与高校之间的合作，还是企业与科研院所之间的合作，多半是高校和科研院所占据主导地位，也就是说企业是以非第一申请人（专利权人）身份参与合作研究。这种情况表明企业的科研能力低于高校和科研院所，也充分说明我国企业迫切需要与高校和科研院所开展合作，以弥补自身创新能力的不足。

表7—1　　　　　　　　　国内产学研合作情况统计表

合作关系	所占比例（%）	累计比例（%）
企业—高校	0.48	1.24
高校—企业	0.76	
企业—科研院所	0.17	0.43
科研院所—企业	0.26	
累计	1.67	1.67

目前已有的产学研合作呈现出显著的集中分布现象，即大部分的产学研合作专利由少数企业、高校和科研院所拥有。在本书的研究样本中，共有15726件产学研合作专利，共计7794个单位参与到产学研合作研发中。在此我们提出了产学研生产率指标，即每个单位拥有的产学研合作专利数量在产学研合作专利总量中所占的比重，并将其视为表征产学研参与程度的指标。如图7—1所示，横坐标表示参与产学研合作的单位数量累计比例，纵坐标表示产学研合作专利数量累计比例，图中的曲线显示出产学研生产率呈现出显著的集中分布规律。在参与产学研合作的单位中，超过60%的单位只拥有一件产学研合作专利。参与程度最高的是清华大学，拥有的产学研合作专利数量占总数的5.76%，参与程度排名前0.1%的单位拥有14.39%的产学研合作专利。结合表7—2中的数据，我们可以看到

约10%的产学研合作专利为0.05%的单位开发完成，约70%的合作专利为15%的单位开发完成。

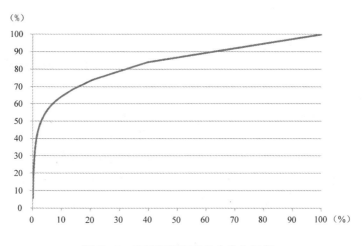

图7—1 产学研生产率集中分布规律

随后，我们对产学研的参与单位及其性质进行了进一步的分析，参与程度最高，即拥有产学研合作专利数量最多的前10个单位分别是清华大学、浙江大学、华为技术有限公司、鸿富锦精密工业（深圳）有限公司、上海交通大学、北京大学、复旦大学、华东理工大学、华中科技大学、东华大学。从单位性质来看，前10名中只有两个单位是企业，其余全部为高校。在参与程度最高的前100个单位中，共有57个高校，31个企业，12个科研院所。由此说明对于三种类型的创新主体来说，高校在产学研合作中的参与程度明显高于企业和科研院所。

综上所述，产学研合作专利在我国专利总数中所占的比重非常低，且呈现出显著的集中分布规律，只有少数单位在产学研合作方面表现得较为积极和活跃，大部分的企业、高校和科研院所很少或从未参与过产学研合作。以上情况表明目前我国产学研合作基础薄弱，距离我国政府提出的"以企业为核心，以市场为导向，产学研相结合的技术创新体系"的目标尚有较大的差距。特别是对于企业来说，完全不能胜任其应当具备的主导作用和核心地位。本研究的统计数据显示，企业在产学研合作中的表现远不及高校，不仅参与程度较低，而且多以非第一申请（专利权）人的身份参与合作研发。以上结论和发现也可以在一定程度上解释我国长期以来所存在的科研与生产"两张皮"，专利成果转化和应用效率较低的问题。

第二节　优化建议与措施

以上几个方面是我国专业合作模式中长期存在的突出问题，通过分析之后发现其原因是多种多样的，既有历史原因，又有现实因素；既受先天资源的影响，又受后天条件的制约，其中，很多原因是可以改善或克服的。鉴于以上问题对于我国专利事业乃至整个国家创新体系建设所带来的负面影响和制约，应该尽快采取措施加以改进和优化。通过前面两章内容的统计分析，我们对我国专利合作的现状以及现有的专利合作模式，包括现有合作模式中存在的问题和不足，有了一定的认识和了解，我们也分别从不同方面揭示了问题的原因。基于以上研究结论和发现，并结合对国内制度、文化、政策等方面现实情况的了解，特提出以下几个方面的建议和措施：

一　提高专利合作程度

1. 提高发明人和专利权人的合作意识

创新体系是指由那些直接或间接地对科技知识生产活动投入时间和精力的单位和个人组成的社会建筑[①]。合作意识较强的单位和个人更倾向于寻求合作，而合作意识较弱的单位和个人则更喜欢以单打独斗的方式进行研究。当某一国家或地区的单位和个人的合作意识普遍较强或较弱时，就决定了该国家或地区整个创新体系合作程度的高低。因此，要想改变我国专利合作程度偏低的现状，就要从一个个的单位和个人入手，培养和加强他们的合作意识。

从主观上，要通过适当的宣传介绍使发明人和专利权人对专利合作有一个积极正确的认识，专利合作能够影响到科研效率和产出水平，无论是个体和组织，还是地区和国家，通过专利合作都可以获得必要的知识和资源、弥补自身的不足、实现优势互补，并最终提高自身的效率和产出。从客观上，要采取一定的措施消除发明人和专利权人开展专利合作的后顾之

---

① Xia Gao, Jiancheng Guan, "A scale – independent analysis of the performance of the Chinese innovation system", *Informetrics*, 2009 (3): 321 –331.

忧，提高其合作的积极性和主动性。例如，在科研评价和考核中放松对合作者的限制，取消只承认第一完成人等诸如此类的统计办法。合作意识的培养，特别是一个地区或国家合作意识的提高，并非一朝一夕就能完成，更不可能依靠某一种方法或措施就能收到立竿见影的效果，这需要一个长期的努力过程，也需要多方力量的共同参与。

2. 通过科技政策鼓励和支持专利合作

科技政策是国家为实现一定历史时期的科技目标而制定的基本行动准则，是明确科技事业发展方向、指导整个科技事业的战略和策略。其功能是通过国家的宏观调控措施保证科学技术朝着既定的目标、沿着正确的路线有序发展。特别是当科技机构和人员自发的行为与活动存在一定的问题或者不能实现效益最大化时，科技政策的指导和调控就显得非常必要。所以，目前我国专利合作程度偏低的现状也需要通过一定的科技政策加以改善，并且可以肯定的是科技政策对于发明人和专利权人合作意识和合作程度的影响作用是非常明显的。奥尔森曾指出："当存在额外的选择性激励时（包括奖励、上级压力等），合作一方即使要承担更多的成本也会开展合作行为。"①

针对我国专利合作中存在的问题和不足，笔者认为关于促进专利合作的科技政策应该从以下两个方面着手：一是鼓励发明人和专利权人对外开展合作；二是要完善相关的知识产权政策，规范和细化专利合作中有关成果共享、利益分配、纠纷调解等方面的具体方针和措施，既解决了发明人和专利权人的后顾之忧，又扫除了影响专利合作程度以及可能加大合作成本的障碍因素。实际上，科技政策的发布和实施也是为了提高广大发明人和专利权人的合作意识。与前面所提到宣传培养等柔性措施相比，科技政策更显刚性，其效果也更为直接和显著。如果能将这两个方面结合起来刚柔并济，可以最大程度地激发个人和组织进行专利合作的积极性和主动性。

3. 拓宽发明人和专利权人交流渠道

前文在针对专利合作程度偏低和专利合作模式单一问题的原因分析中发现，由于缺乏交流渠道而导致错失合作机会以及难以寻找合作伙伴的情况还是普遍存在的。对于大部分的组织和个人来说，所能接触到的潜在合

---

① 马伊里：《合作困境的组织社会学分析》，上海人民出版社 2008 年版，第 164 页。

作者的数量以及交流的范围是非常有限的，即便是有对外合作的需要和意愿，也往往只能同身边的人发展合作关系，如果身边没有合适的合作伙伴，常常不得不放弃合作动机。如此就导致了合作程度偏低和合作模式单一两个方面的问题。因此，如果要提高专利合作的程度就要拓宽交流渠道，千方百计为潜在的合作者创造接触和交流的机会。

首先，通过学术研讨会、专利成果展示会、企业产品展销会等方式为潜在的合作伙伴搭建交流平台，广大的发明人和专利权人也要借助于这样的平台，一方面，主动寻找潜在的合作伙伴；另一方面，提高自身的可见度以便被别人选择为合作伙伴。

其次，充分发挥专利代理机构的中介作用。所谓专利代理机构是指接受委托人的委托，在一定的权限范围内办理专利申请或其他专利事务的服务机构①。实际上，除了办理专利申请等方面的功能以外，专利代理机构长期与众多的发明人和专利权人之间存在业务关系，可以充当潜在合作者之间的桥梁和中介，在帮助发明人和专利权人寻找合作伙伴方面具有天然的优势。所以，笔者认为在搭建和拓宽发明人和专利权人交流渠道方面，专利代理机构的潜力和价值不容忽视。

最后，重视网络的力量，通过开辟专门的专利合作论坛或网站供潜在合作者进行交流，类似于常见的招聘和求职类网站，那些需要寻找合作伙伴的个人和组织可以在网站上发布招标公告，而希望加入其他团队的个人或组织也可以在网上推介自己的相关信息。总之是要尽可能地借助于网络的影响力和辐射力为潜在的合作者搭建交流平台。

4. 设立必须由团队合作完成的重大项目

尽管目前国内的许多科研项目在申报时都要求由一个负责人主持、多名成员参与，但实际上只关注负责人一人，并不重视项目研究过程中各个成员的实际参与情况和合作程度如何。所以，很多时候都是只有负责人一人孤军奋战，而没有依靠团队的力量来进行合作研究，甚至申请书中所列举的一些项目组成员从未真正参与进来。不仅没有真正重视项目组成员的力量，而且在核算成果时往往过于强调负责人的价值，此类问题对于科研人员的合作意识产生了负面的影响。因此，我们建议各级主管部门在设置不同层次的科研项目时，可以有意设置一些需要团队合作才能完成的项

---

① 徐晓琳：《专利实务教程》，重庆大学出版社 2007 年版，第 161 页。

目，要求多个组织或个人组成研究团队才能申报，并且对项目研究过程中的实际合作情况进行跟踪考核。现在国内一些高校已经在这些方面采取了一定的措施，例如，鼓励本校教师或科研人员结成科研创新团队，或者设置专门的团队项目等，收到了良好的效果。这种富有针对性的措施是值得鼓励和推广的，不仅能够培养广大科技工作者的合作意识、提高其合作积极性，而且可以锻炼他们的合作能力、积累合作经验。

以上四条措施是从不同的方面着手，最终的目的都是为了提高专利合作程度。第一条措施是从思想上提高发明人和专利权人合作意识，而其他三条措施是通过外在的力量促使其合作意识和合作动机转化为实际的合作行为。通常情况下，合作动机是内在的力量，并不必然转化为实际的行动，而是还需要一些外在力量的激发和推动。"操作条件反射"理论认为，人的内在需要导致人的行为，如果对动机采取正强化措施，良好的行为就会重复出现，并且得到保持巩固；如果对动机采取负强化，某种行为就会减弱或消失。因此，以上几条措施是相辅相成的，多个措施同时使用才能收到更为显著的效果。

二　科学地组织专利合作过程

1. 全面权衡合作的收益与成本

合作既能带来良好的收益，又不可避免的会产生一定的成本。既然合作是人类理性的选择，那么发明人和专利权人就需要全面权衡各方面的利弊得失，只有合作研究的收益大于成本时，才是正确和理性的选择，才有可能带来良好的合作效果。一般来说，专利合作的收益与成本可以从以下几个方面衡量：

（1）专利合作的收益

专利合作的收益主要包含以下几种：第一，从合作者那里获得必要且稀缺的资源以弥补自身的不足，包括特殊的知识、技能、数据、设备等。第二，两个或者多个合作者相互启发，能够产生新的思想、方法和创意。第三，每个合作者所拥有的资源整合在一起进行优化配置，依据每个人的技能和特长进行分工，通过人、财、物的重新组合使得合作者之间实现优势互补，有利于缩短研发时间并提高研发效率。第四，专利合作，特别是与知名机构或专家的合作，不仅能够提高发明人或专利权人的专利产出数量，而且还可以提升自身在某一领域内的可见度和影响力①。第五，提高专利成果的转化与应用效率，该项收益多是针对产学研合作而言。实践证明，产学研合作是促进专利成果转化的一种有效途径②。

以上几个方面的收益都是专利合作者能够直接得到的现实收益，除此以外，专利合作还能带来一些潜在的收益。潜在收益并不能在专利合作过程中直接体现出来，但它是客观真实存在的，甚至有些情况下，发明人和专利权人对潜在收益的重视程度要远远超过现实收益。

专利合作的潜在收益通常表现在以下两个方面：一是通过专利合作发展和巩固社会关系。通过合作，科研人员能够不断地建立新的社会关系并且巩固已有的社会关系，进而实现科技人力资本的累积。对于科研人员来说，通过科研合作建立和积累自身的科技人力资本有时比创造新的知识更有意义。二是通过专利合作来促进其他形式的合作，专利研发过程中所结成的合作关系可以延伸到其他领域。例如，开展专利合作的两个企业或多个企业之间可以在新产品的开发与推广、市场培育与营销、资金链、产品链等多个方面建立合作关系；校企之间的专利合作也可以促使高校和企业在人才培养、成果转化等方面达成合作意向。

（2）专利合作的成本

专利合作并非只有收益，合作过程中不可避免地要产生一定的成本，而且有些时候合作的成本要大于收益。专利合作的成本主要包含以下几种：

第一，由于项目组织和管理而产生的成本。专利合作过程中所包含的分工、统筹、协调等活动都需要花费一定的人力和时间成本，有些合作者数量较多、规模较大的合作项目甚至需要有威望较高、经验丰富的专家来充当专职的管理者。在合作过程中，项目组织和管理的效果将直接影响到合作者能力的发挥程度、团队的研发效率以及合作成果的质量。

第二，合作者之间由于交流与沟通而产生的经济成本和时间成本。特别是跨地区和跨国合作中，由于远距离交流而产生的成本是不容忽视的。在专利合作过程中，交流特别是知识交流贯穿于合作过程的始终，成为联

---

① Ryo Nakajima, Ryuichi Tamura, Nobuyuki Hanaki, "The effect of collaboration network on inventors' job match, productivity and tenure", *Labour Economics*, 2010（17）：723－734.

② 黄华、马敏：《加强政产学研合作，促进高校专利成果转化》，《农业图书情报学刊》2010 年第 6 期。

系合作者的纽带和培育新知识的沃土。尽管，电话、传真、网络等现代通信手段的出现，使得科学交流变得更加便捷，但很多时候仍然不能代替面对面的沟通与交流①。

第三，与他人分享成果而产生的成本。专利是一种科技与经济属性兼具并带有极强垄断性的科研成果形式，发明人和专利权人凭借法律赋予的垄断权力能够享受专利所带来的经济效益，很多时候专利所带来的经济收益是非常可观的。但是对于合作研发成果来说，若无特殊约定，其经济收益理当由多个合作者分享。所以很多发明人和专利权人，特别是研发实力较强能够在合作过程中处于主导地位的单位和个人，在权衡是否进行合作时，就会考虑到与他人分享专利成果而给自身利益所带来的损失。

第四，由于合作者之间的产权纠纷而产生的成本。《专利法》只规定合作成果由多个合作者共享，具体的成果分配办法则由合作者自行协定。在科学和技术之中不存在任何衡量创造性成就的绝对标准②，各方在合作过程中的贡献程度很难量化。如果一开始没有制订详细的产权分配方案，在专利成果完成之后，特别是当其能够带来经济效益时，合作者之间很容易产生产权纠纷。由于调解和处理纠纷而花费的时间、人力和财力也是发明人和专利权人必须要考虑到的合作成本。

第五，专利合作过程中的技术溢出风险。技术溢出是经济外在性的一种表现，由于技术的非自愿扩散，提高了其他企业的技术和生产力水平③。在当今的知识经济中，知识资产已经成为一个国家及其单位与个人最具战略重要性的资源，是核心能力的基本源泉。知识资产的泄漏和流失意味着他人竞争力的提升和自身核心能力的降低，特别当合作者之间存在竞争关系时，技术溢出导致企业丧失基于此项知识资产的竞争优势，会在日后的竞争中处于不利地位④。

综上所述，在专利合作活动中收益与成本相伴而生。专利合作对于专利产出产生着积极的影响，但并非每一项专利、每一个发明人通过合作都

---

① Margherita Balconi, Andrea Laboranti, "University‐industry interactions in applied research: The case of microelectronics", *Research Policy*, 2006（35）：1616–1630.

② ［美］普赖斯：《巴比伦以来的科学》任元彪译，河北科学技术出版社2002年版，第161页。

③ 李平：《技术扩散理论及实证研究》，山西经济出版社1999年版，第63—85页。

④ 何瑞卿：《企业合作研发中的专利资产风险分析》，《现代商业》2009年第24期。

能达到良好的效果。发明人和专利权人在决定是否要采取合作方式进行专利研发时，应该具体问题具体分析，结合自身的现实条件和项目的实际需要，全面权衡专利合作中各种可能存在的收益和成本。只有当项目确实需要通过合作的方式才能完成，自身又具备合作的能力和条件，并且合作的收益大于成本时，合作研究才是比较明智的选择，才有可能带来良好的合作效果。

2. 选择恰当的合作模式

本书所说的合作模式是指两个及以上发明人或专利权人之间在专利研发过程中的合作方式及其合作关系特征。本书第五章和第六章内容通过大量样本数据的统计分析，从不同的研究角度入手，提炼和概括了多类专利合作模式：基于地域范围的合作模式、基于合作者数量的合作模式、基于合作者性质的合作模式、基于合作者社会关系的合作模式，其中，每一类合作模式下面又可进一步细分为更具体的模式，例如，基于合作者社会关系的合作模式可以划分为亲缘型、地缘型、业缘型三种。以上合作模式分别从不同的方面反映了发明人或专利权人之间合作关系的特征。合作模式本身并没有明显的优劣之分，其效果取决于该种模式是否适合于某一发明人或专利权人。因此，发明人和专利权人应该结合自身的现实条件和需求选择恰当的合作模式。一般来说，选择合作模式应该从合作者的地域范围、数量、性质、社会关系等方面考虑。

对于广大的从事专业研发的单位和个人来说，究竟应该选择何种合作模式，笔者认为应该从三个方面考虑：一是项目的实际需要；二是合作成本，全面权衡合作的收益与成本；三是发明人和专利权人自身的合作能力与条件，无论是单位还是个人在选择合作伙伴时都是在自己力所能及的范围之内，并且优先选择"最省力"的合作方式。总之，选择恰当的合作模式意味着发明人和专利权人要将项目需要、合作成本、自身条件等方面作为参考依据，对以上各方面进行综合考虑然后确定最合适的合作范围、规模和方式。恰当的合作模式是指发明人和专利权人以最省力的方式实现良好的结果，所谓最省力的方式则是指在保证能够保质保量完成研究目标的前提下，利用自己最为优势的社会资源和关系、寻找最适合自己的合作伙伴并以最低的成本开展专利合作。

3. 合作团队的组织与管理

当多个发明人或专利权人参与到一件专利的研发过程中时，就形成了一个团队。团队的意义在于，成员之间通过沟通、交流、信任与合作，产生群体的协作效应，从而获得比个体绩效之和更大的团队绩效①。合作团队的组织与管理水平将直接影响到合作的效率与结果。专利合作团队的组织与管理包括各种资源的优化配置，其中最重要的是人力资源。

一是分工，要明确——责任落实到人，要合理——能够充分发挥合作者的技能和特长，要科学——能够提高团队的效率和成果的质量。

二是协作，即合作者之间的沟通与协调。尽管每个人都有自己具体的分工，但从整体上来说又都处于团队之中，所以相互之间的交流和配合非常重要。对于专利研发活动来说，合作者之间的交流更为重要。它除了能够让团队成员团结互助、增加合力并推动研发项目顺利进行之外，还能够使得成员之间相互启发，促进新思想、新知识的产生。在一个合作团队中，分工与协作是一对孪生兄弟，分工是为了实现专业化，但一旦离开了协作，合作者之间就会不断出现摩擦和冲突，导致力量内耗、研究过程受阻，此时科学研究的积极作用就荡然无存了。

三是非人力资源的整合和配置，包括资金、设备、信息、数据等各类资源，每个合作者所拥有的资源不同，合作的过程中要将每个合作者的优势资源集中在一起进行整合利用，尽可能地实现优化配置。最后需要特别说明的是专利合作实际上就是资源优化配置的过程，只有发挥资源的最大效益方能实现"1+1＞2"的增值效应。

4. 合作成果的共享与分配

专利是一种兼具科技和经济双重属性的科研成果，它不仅能够在科学评价和人才考核方面为发明人和专利权人带来收益，而且在转化为生产力之后还能够带来丰厚的经济效益。所以，合作成果的分享与分配是专利合作过程中一个非常敏感的问题，稍有不慎便会引发矛盾和冲突。甚至很多时候，合作研发的过程是非常和谐的，但在专利的实施、许可、转让等方面却很容易产生纠纷，尤其是当专利能够带来巨额的经济收益时。

我国《专利法》规定：合作者的权利和义务是均等的，排名前后没有本质区别，每个合作者均可自由地使用该专利技术，无须征得其他合作

---

① 百度文库：《团队合作与管理》，http：//wenku. baidu. com/view/ad633ef4f61fb7360b4c65a0. html。

者的同意，在使用过程中经过改进与创新所获得的新技术成果归改进创新人所有①。实际上，每个发明人和专利权人在专利研发过程中所发挥的作用及其贡献的大小不可能绝对平均，专利权的平均共享制，很容易产生矛盾和纠纷。为避免这种不良后果，合作发明人和专利权人之间事先就专利权归属签订协议就显得非常重要和必要。

发明人或专利权人可以在确立合作关系时就签订合作协议，要尽可能详细地列举具体事项，包括专利权的归属，合作者在专利合作过程中面临可能的利益和风险时各自的权利与义务等各种问题。但是合作过程可能还会出现一些突发的状况，很难在一开始就能够预见所有可能出现的问题，而且事先也不可能精确地衡量每个合作者的价值和贡献。所以，随着合作的进行，事先签订的协议要不断修改、补充和完善。

但在现实情况中，由于很多未知问题和突发状况的出现，即便是事先已经签订了协议，随着利益和风险的临近，合作者之间在很多问题上难以达成共识，尤其是对自身价值和贡献度的认识上存在着分歧。这些矛盾和分歧如果不能得到及时的排解，合作关系难以维系，轻则造成力量内耗、合作效率低下；重则合作破裂，最终导致许多好的合作项目被扼杀在摇篮中。不仅给合作各方带来了重大的损失，而且还造成了社会资源的极大浪费。

就此问题我们提出以下两点建议：一是合作过程中若产生矛盾，合作者双方应该本着互惠互利、互谅互让的原则进行协调并及时地化解纠纷；二是必要的时候相关的管理部门要出面调解并协助合作项目确保顺利实施。

三　合作模式多元化

针对当前我国专利合作模式单一化的问题，我们提出专利合作模式多元化的发展构想。多元化的专利合作模式主要体现在两个方面：一是专利研发过程中合作者之间多样化的合作关系和合作方式；二是不断拓展由合作研究延伸出的围绕专利成果所展开的其他形式的合作，如专利转让、新产品开发等。笔者认为构建多元化的合作模式应该从以下几个方面入手：

---

① 徐晓琳：《专利实务教程》，重庆大学出版社 2007 年版，第 45 页。

1. 合作伙伴多样化

国内外大量研究表明合作关系的建立要基于合作者相互之间的信任度，那些拥有丰富的合作经验、相互之间能够充分沟通和交流并且彼此建立了信任关系的组织之间更容易开展合作项目[1]。对于专利合作来说亦是如此，无论是个人还是单位在发展新的合作伙伴时都非常慎重，相对来说都更倾向于选择以往的合作伙伴。所以，我国专利合作的现状是大部分的单位或个人都只与少数几个合作伙伴建立起长期稳定的合作关系。

这种长期稳定的合作伙伴之间具有丰富的合作经验和较高的信任度，合作成本和风险都比较小。但是如果只与少数几个单位或个人开展合作，自我封闭在一个相对狭窄的小团体中，所能获得的知识和资源非常有限，长此以往合作者之间逐渐趋同，优势互补的效应也将逐步降低。因此，我们建议广大的发明人和专利权人在条件允许的范围内，与更多类型、更多数量的单位和个人建立合作关系，不断尝试发展新的合作伙伴。

科学合作受到合作者之间的认知接近性和私人关系两种因素共同驱动[2]。通过业已存在的合作关系和合作网络来寻找潜在的合作伙伴是一种重要的途径。所谓潜在合作伙伴是指虽然目前尚未建立合作关系，但是存在较多的合作机会的单位或个人。如图7—2所示，如果A与B、A与C之间都有合作关系，但是B与C之间从未开展过合作甚至互不相识，那么我们认为B和C就是一对潜在的合作伙伴，因为既然B和C都曾与A开展过合作，那么一般来说A、B、C三者的研究主题和兴趣相同或相似，并且由A来充当中介，B与C之间很容易建立关联。所以，沿着合作网络寻找潜在的合作伙伴，能够使单位和个人突破"小圈子"的限制，有利于实现合作伙伴多样化的目标。

---

① Antonio Messeni Petruzzelli, "The impact of technological relatedness, prior ties, and geographical distance on university – induatry collaboration: A joint – patent analysis", *Technovation*, 2011 (31): 309 – 319.

② Margherita Balconi, Andrea Laboranti, "University – industry interactions in applied research: The case of microelectronics ", *Research Policy*, 2006 (35): 1616 – 1630.

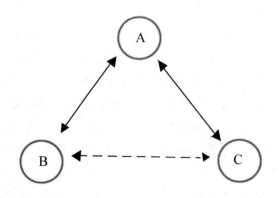

图 7—2　潜在合作伙伴示例

2. 合作方式多样化

专利合作不一定非要拘泥于合作研究一种形式，每个合作者也未必一定要以智力和技能为资源参与到科学研究中，而是可以通过投入资金、设备、数据、信息等多种途径结成合作关系并且分享专利成果，这样不仅能够最大限度地拓宽合作关系，而且更加有利于发挥合作者之间的优势互补效应。例如，企业与高校和科研机构之间就应该采取多样化的合作方式，企业投入资金、创意和市场资源，而高校和科研机构投入人力、智力、设备等资源，这样不仅能够提高双方优势资源的发挥程度，而且有利于专利成果的应用和转化。

3. 合作关系多样化

对于发明人和专利权人来说不应该局限于某一种或少数几种合作关系，而应该通过各种渠道不断扩大和加强对外合作，逐步构建一个同时包含多个合作伙伴和多种社会关系的合作网络。该合作网络要具有一定的生长能力，能够从小到大、从简单到复杂、从松散到紧密不断地发展和演化，形成局部范围内相对成熟的合作团体。这种局部的合作团体还可以通过一些具有较大影响力和辐射力的单位（如清华大学、中国科学院、华为公司等国内知名的高校、科研机构和企业）以及知名专家学者的桥梁和纽带作用，形成更大范围内乃至全国范围内的巨型合作网络。这也是比较理想的专利合作网络演化路径。

针对目前我国专利合作正处于起步阶段，合作关系稀疏，合作网络还非常不成熟的现状，以上所提出的合作伙伴、合作方式和合作关系多样化发展的建议是比较符合我国专利合作现实情况和发展需求的方法，其目的是为了提高专利合作程度，促进知识和资源在更大范围内、更多组织之间、更高效率的交流与共享，也是为了充分发挥专利合作的潜在效益和积极影响，最大程度地提高专利研发的效率和产出。

4. 合作模式的延伸

除此以外，专利合作模式多样化还包括由合作研究所延伸出的围绕专利成果所展开的其他形式的合作，即广义上的合作模式多样化。在本书第四章理论基础部分，我们曾指出广义的专利合作包含多种形式，除了我们所关注的研发过程中的合作研究以外，还包括围绕专利成果所展开的许可、转让以及相关产品的共同开发、销售等活动。所以，专利合作模式的多样化也要注重除研发过程以外的合作与交流。

事实上，合作研究中合作者双方或多方所形成的良好的合作关系可以延伸到其他任何领域，也就是说专利合作伙伴之间也可以在资金链、供应链、生产链等领域开展合作甚至结成联盟，形成多种合作关系相互交织、彼此促进的良好局面，最终促进合作者之间技术、生产、管理全方位的良性互动。

这也是我们在前文有关专利合作的成本与收益分析中所提到的潜在收益。很多时候专利合作对于其他合作关系的激发、促进和巩固作用甚至超过了合作完成的发明创造成果本身，尤其是从长远的角度来看，其潜在的意义和价值是非常值得关注的。因此，我们在此提醒和鼓励广大的合作发明人和专利权人不要把目光仅仅停留在合作研究本身，而应该以广义的视角来看待专利合作，尽可能地将合作关系向其他领域延伸，真正形成多样化的合作模式。

四　以社会关系推动专利合作

中国是一个典型的关系社会，关系文化历史悠久、根深蒂固，在国内外都备受关注。社会关系一般是指以互惠互利为基础，通过相互之间的信任与责任、持续的合作与互惠来维系合作伙伴并获得必要的资源[①]。在本

[①]　朴雨醇：《中国社会的"关系"文化——兼论能否增进"关系"的公共性?》，《学海》2006 年第 5 期。

书第六章发现社会关系是构建专利合作关系的重要纽带，社会关系包括亲缘、地缘、业缘等多种类型。另外，专利合作网络中所呈现出的星型、环型等拓扑结构，其本质也都是基于一定的社会关系而形成。由此可见社会关系在推动专利合作方面具有的重要意义。

1. 社会关系的功能与价值

社会关系是以一定的信任为基础，在基于社会关系的合作网络中，凭借相互之间的信任，网络中的成员可以将合作所带来的不确定性和风险系数降到最低，成员之间借助于关系网络交换和共享资源，包括一些"圈外人"很难或者根本无法获得的稀缺资源。为了获得更多的资源，每个成员都会努力地扩张自己的关系网。扩张关系网的原始动机是扩大私人网络范围，便于个体获得更多的资源，从而实现个体利益最大化。

与此同时，这种个体关系的扩张也会为网络中的其他成员带来好处，整个网络范围越来越大、网络所包含的资源越来越多、网络成员之间的关系也越来越紧密，这样每个成员从网络中所能获取的资源都会有不同程度的增加，网络的整体绩效也会得到一定程度的提高。这种现象就是个人效益向公共领域的转移，这种转移对于尚处于初级阶段的专利合作网络的发展和完善是非常有益的。

在本书第六章中我们通过大量的统计数据发现，我国专利合作网络非常不成熟，子网规模小、成员之间关系松散、孤立点大量存在。如果每个成员都能凭借自身的优势资源努力地扩张关系网，那么子网的规模将会随之扩大、成员之间关系也会逐渐趋于紧密、孤立点的数量也会越来越少。如此扩大开来，我国专利合作的程度和水平必将随之提高。

2. 三种社会关系的比较分析

在本书第六章我们揭示了三种最为典型的社会关系：亲缘、地缘和业缘。在我国的关系文化中，血缘和地缘是最根本的社会关系，是加强人与人之间关系的重要纽带①。专利权人合作网络中，网络成员同时包含自然人和非自然人，对于不存在血缘关系的非自然人来说，它们之间存在着类似于血缘的亲缘关系，例如，母公司与子公司之间的关系、高校与校办企业之间的关系等。实际上，在专利合作网络中，亲缘和地缘构成了社会关

---

① 孙立平：《"关系"：社会关系与社会结构》，http：//www. sachina. edu. cn/Htmldata/article/2005/10/378. html。

系的根基。对于从事专利研发的单位和个人来说，最初都是利用自己最便利的资源和条件，通过亲缘或地缘关系来寻找合作伙伴，多个合作伙伴之间就构成了原始的合作网络。

网络成员又借助于各自的社会关系不断地扩张自己的关系网络，并使得整个专利合作网络规模不断扩大、关系日益紧密。但是一般来说亲缘和地缘的范围毕竟有限，如果只依靠这两种关系，可能无法达到预想的网络规模，最后形成很多个只包含数名成员的"小圈子"，并且各个"小圈子"之间彼此独立。此时，业缘关系能够弥补亲缘和地缘关系的限制和不足，在行业内部或者相似的行业之间，尽可能地扩大业已存在的基于亲缘和地缘关系的专利合作网络。综上所述，社会关系是构建原始的专利合作网络的重要纽带，也是专利合作网络在初级阶段重要的发展和扩张途径。与此同时，基于亲缘、地缘、业缘三种社会关系的互补效应，广大从事专利研发的单位和个人，应该同时运用各种社会关系来构建更大规模的专利合作网络。

3. 社会关系的合理利用

鉴于社会关系在推动专利合作方面的重要价值和意义，我们提出以下建议：

第一，针对我国专利合作的现状，要重视和利用各种社会关系来扩大和加强专利合作关系，充分发挥社会关系在推动专利合作方面的积极作用。即便是规模浩大的国家创新体系，如果分解开来基本的创新主体就是一个个的单位和个人，所以，个体的力量虽然弱小但是如果集合起来就会形成巨大的合力，个体的关系网络连接起来也会形成覆盖全国乃至全球的庞大网络。因此，要通过一定的激励政策和保障措施充分调动单位和个人利用社会关系扩展专利合作关系的积极性和主动性。从国家和地区层面，应该鼓励本国或本地区的单位和个人通过自身的社会关系积极搭建合作关系并不断拓展合作网络，以促进知识和资源在更大范围内的交流和共享。从单位层面也要鼓励员工利用个人的社会关系对外开展合作。对于广大科技工作者来说更是需要借助于社会关系寻找机会进行合作研究，以提高自身的科研效率、科研成果的数量与质量及其在领域内的影响力和可见度。

第二，国家、地区或组织的相关管理部门应该做出一定的承诺，在不违反公共法律和制度的前提下充分保护个体在专利合作中的所得利益。前文我们所描述和构想的是一种既能提高私人效用又能增加公共福祉的理想状况，但实际情况是个人利益并不必然向公共领域转移，尤其是当公共利益与个人利益存在冲突的情况下，往往适得其反。所以，保障个人合法利益，是促使其向公共领域转移的前提。如果相关的制度能够让个体的权益得到切实保障，个体就会在社会网络内部与公共利益重叠的领域充分发挥其灵活性①。

第三，社会关系是一把双刃剑，其负面影响不容忽视，它只有在"与公共利益重叠的领域"才能发挥正外部效应。社会关系网络过于注重个体利益，甚至不惜损害他人和公共利益。它还会导致网络内部成员过度关注和依赖"圈内"，造成社会关系中"圈外"与"圈内"的界限日益严格②。另外，社会关系还容易滋生腐败、不当交易、资源配置不公等一系列社会问题。如果一味强调社会关系并且助长关系恣意扩张，所导致的后果也是非常严重的。所以，我们在对社会关系加以利用的同时，还要完善相应的法律规范和制度来加以调节并抑制社会关系的不良影响。

第四，从本质上来说，专利合作关系是社会关系的延续和体现。这一观点不仅表现在相互熟识的人更容易进行合作，而且还表现在科研人员为了巩固和加强社会关系而建立合作关系。甚至在某些情况下，科研人员并不是因为科学研究的真实需要而选择合作，而仅仅是出于保持良好社会关系的目的。社会关系和专利合作关系之间相互制约、相互促进。一方面，社会关系能够促进专利合作关系；另一方面，专利合作关系也能够巩固和加强合作者之间业已存在的社会关系。

综上所述，在专利合作程度偏低、合作网络尚不成熟的初级阶段，社会关系在发展专利合作关系、扩张专利合作网络方面具有较大的价值和影响，如果能够加以利用，可以改善我国专利合作现状、提高我国专利合作的程度和水平。但是鉴于社会关系的种种局限和不足，我们要对其有条件、有限制地进行利用。一方面，要通过相应的规范和制度来抑制其负面影响；另一方面，在我国专利合作网络逐渐趋于成熟和完善之后，要逐步加强社会关系以外的其他形式的合作关系，鼓励发明人和专利权人通过多种渠道寻找多样化的专利合作伙伴。

---

① Wong Y. H., Tam J. L. E., "Mapping relationships in China: Guanxi dynamic approach", *Journal of Business & Industrial Marketing*, 2000, 15 (1): 57-70.

② Yeung I. Y. M., Tung R. L., "Achieving success in Confucian society: The importance of Guanxi (Connections)", *Organizational Dynamics*, 1996, 15 (2): 54-65.

五　拓展国际交流与合作

科技全球化是现代科学发展的客观需要和必然选择，对于中国的科技创新事业来说，更是需要不断加强和拓展国际交流与合作。原因主要来自以下几个方面：第一，全球化的时代背景，全球化是当今社会最引人注目的发展趋势之一，最主要的表现就是经济全球化和科技全球化。科技与经济的全球化，将整个世界编织成一张紧密的交流合作网，对于各国的科技和经济战略都产生了重大而深远的影响，任何一个国家和地区都不可能置身于这一网络之外孤立地发展科技与经济。

第二，作为一个发展中国家，中国的现代科学起步较晚，科技实力与西方发达国家相比尚存在较大的差距。为了实现建设创新型国家的目标，中国必须要树立国际化的意识，以崭新的姿态走向世界，在国际交流与合作中提高自身的创新能力与水平。

第三，中国在科技创新方面的国际合作程度非常低。在本书的样本数据中，中国大陆地区跨国合作专利在专利总量中所占的比例仅为 0.2% 左右，而且合作强度也普遍较低，除韩国、日本、美国以外，中国与其他国家的专利合作频次都在 5 次以下。显然，中国目前的国际合作现状难以应对全球化背景下的科技发展需要。与其他国家相比，中国在国际合作方面的要求更为迫切。

1. 国际合作创新的模式

国际合作创新的模式有不同的分类标准，例如，按照参与国家的数量可分为双边合作和多边合作，根据发起者和参与者的性质又可分为官方合作和民间合作，根据合作形式还可以分为正式合作和非正式合作。实际上，不同种类的合作模式常常交织在一起。下面我们分别介绍三种常见的国际合作模式①：

（1）科学工作者之间的国际合作，其合作形式包含正式和非正式两种。前者是来自不同国家的科学工作者依据其所属国家或所在机构之间签订的正式协议所开展的合作活动，后者是指科学工作者之间根据自己的研究兴趣自发组织和自由开展的合作，包括成果交流、资源共享、合作研究

----

① 宝胜：《创新系统中的多主体合作及其模式研究》，东北大学出版社 2006 年版，第138—139 页。

等多种形式。无论是何种类型的国际合作，其成果通常表现为联合署名的学术论文、著作、专利、科技报告等。

（2）国际性研究组织，它是为某一科学领域的科学研究合作而建立起来的常设机构，一般具有正式的组织结构和相对规范的管理制度，成员来自于两个或两个以上的国家。国际性研究组织可以是官方组织，由政府设立的，也可以是民间组织，由某些机构和个人，或者协会、学会、基金组织等发起。

（3）大科学研究计划，兴起于 20 世纪 80 年代中期，是一种全球性的科技活动，一般针对科学前沿中的重大问题，如涉及全人类共同利益，需要多个国家共同参与的重大课题。大科学研究计划一般需要大规模合作、大量资金投入、大尺度范围调查，具有技术起点高、涉及学科多、综合性强、风险大等特点。

以上三种国际合作模式各有利弊，第一种模式多由民间发起，组织和经营方式比较灵活，管理和协调相对简单，对发起者和参与者来说没有太高的门槛和过多的限制，可以充分调动科研单位和科研工作者参与国际合作的积极性，适合于小规模的科研课题；第二和第三种模式多由官方设立，比较正式和规范，主要致力于重大课题的研究，适应于大科学和科技全球化的发展需要，但是对于发起者和参与者的条件要求比较严格，尤其是第三种合作模式，对于政府的依赖程度较高，推广应用范围不及第一种模式广泛。

2. 自主创新与国际合作并重

一般来说，创新包含自主创新、模仿创新和合作创新三种类型①。自主创新是指依靠某一国家、单位或个人自身的科技力量进行研发，并对研发成果实施商业转化。模仿创新是指某一国家、单位或个人通过合法手段引进他人技术，并在原有技术基础上进行改进和完善。合作创新是指不同国家、机构或个人之间通过合作形式开展的创新活动。

2006 年，胡锦涛在全国科学技术大会上的讲话中提出建设创新型国家的战略目标，并着重强调了自主创新的意义，认为建设创新型国家的核心是把增强自主创新能力作为发展科学技术的战略基点，开创中国特色的自主创新道路，胡锦涛在讲话中指出，自主创新就是从增强国家创新能力

---

① 林娅：《自主创新与社会发展》，中国政法大学出版社 2009 年版，第 64 页。

出发，加强原始创新、集成创新和引进消化吸收再创新①。由此可见，自
主创新与模仿创新和合作创新并不冲突。不同主体之间的协同互动，对于
提高国家整体创新能力具有非常重要的意义，特别是一些重大课题，仅仅
依靠某一个人、机构或国家的自由探索和自主研发是远远不够的，而必须
要通过跨组织、跨学科、跨国合作的方式进行联合攻关。科学越发展越需
要对外开展交流与合作，这是科学发展的客观规律。

　　无论是全球化的国际环境，还是大科学的时代背景，又或是中国科技
发展的现状，都迫切需要中国进一步增强开放意识，积极地投身于国际合
作活动中，通过合作创新、集成创新、引进消化吸收再创新等多种途径实
现创新型国家的发展目标，这也是中国特色的自主创新道路。2005 年，
时任国务院副总理的曾培炎在"世界科技与经济论坛"上发表题为《推
动科技创新实现共同发展》的讲话，指出："科技创新离不开国际合作，
自主创新更需要扩大开放程度，当今世界，经济全球化趋势深入发展，科
技进步日新月异，和平、发展、合作成为时代主题；解决发展中遇到的问
题需要扩大交流、集中智慧；推进国际科技合作，有利于共用科技平台，
共享科技成果，培育出创新的种子，碰撞出创新的火花，更好地发挥创新
的作用。"②

　　3. 关注跨国公司在国际合作中的作用

　　跨国公司的全球战略及研发活动成为科技全球化最为强劲的动力，跨
国公司也随之成为不同国家和地区之间开展科技合作的桥梁和纽带。据统
计，世界范围内有 60000 多家跨国企业，控制了全球技术转移的 90%、
投资的 80%。跨国公司经营活动的全球化，为其在全球范围内获取更大
的利益提供了基础和动力，促进了知识与技术的全球流动。联合国贸易与
发展会议曾指出，对外投资的发展推动了跨国公司研发活动的全球化。跨
国公司在全球主要市场和技术中心的研发投资及其与世界各地的高校和研
究机构的科研合作，既是跨国公司自身能力发展的需要，又在客观上推动

---

　　① 胡锦涛：《坚持走中国特色自主创新道路　为建设创新型国家而奋斗》，《中国知识产权
报》2006 年 11 月 13 日。

　　② 曾培炎：《推动科技创新，实现共同发展》，http：//bgt. mofcom. gov. cn/aarticle/c/d/
200510/20051000565106. html。

了全球范围知识与技术的快速流动①。

2008 年，科技部副部长尚勇在跨国公司在华研发机构负责人座谈会上指出："自 2006 年全国科技大会提出建设创新型国家的目标以后，我国实施了自主创新的国家战略，我们所说的自主创新不是自我创新、关门创新、孤立创新，而是开放式、学习式的创新；在当前经济与科技全球化的形势下，跨国公司在中国开展的研发活动日益增多，不仅促进了跨国公司自身的发展以及产业链的优化，而且将先进的技术、宝贵的经验和丰富的创新文化带到中国，有助于提升我国的创新能力。"②

改革开放以来，在华跨国公司的数量和规模不断提升，不仅加快了经济领域的国际交流与合作，而且在科技领域的跨国合作方面也发挥了积极的推动作用。跨国公司不仅带来了国外先进的科技成果并将其应用于生产和管理中，而且还通过在华设立研发机构或者与国内高校和科研院所进行合作研发等形式，提高了我国科技创新领域的开放意识和开放程度。前文中对国内专利权人合作关系的统计分析结果也证实了在业已存在的中外专利合作活动中，跨国公司确实发挥着非常重要的作用，成为承载国际合作的主体。例如，在本书的样本数据中，韩国和日本是中国最大的国际合作伙伴，而中韩、中日之间的跨国合作专利大部分是由三星、松下、索尼、三洋等跨国公司与中国国内的企业、大学、科研院所合作完成。因此，为了推动中国科技全球化的进程，加强科技创新领域的国际合作，应该对在华跨国公司给予更多的关注，充分发挥跨国企业在国际科技交流与合作中的桥梁和纽带作用。

4. 国际科技合作是一把双刃剑

加强国际科技合作，是中国对外开放政策的重要组成部分。改革开放以来，我国签订技术引进合同 70000 多项，总金额 2000 多亿美元，目前已经与世界上 150 多个国家和地区建立了科技合作关系，与 90 多个国家签订了政府间科技合作协议，加入了 1000 多个国际科技合作组织，参加

---

① 薛澜、沈群红：《科技全球化及其对中国科技发展的政策涵义》，《世界经济》2001 年第 10 期。

② 科技部，"尚勇副部长召开跨国公司在华研发机构负责人座谈会"，http：//www. most. gov. cn/kjbgz/200807/t20080722_ 63197. htm。

了人类基因组、伽利略空间探测等重大国际科技合作计划①。通过国际科技合作，我国已经取得了一批高水平的科研成果，培养了一批高水平的创新型人才，显著地提高了中国在科技创新领域的国际地位，有力地配合了国家的外交活动。与此同时，我们也注意到国际合作在我国科技创新中所占的比重及其发挥的价值仍然非常微小，以往由政府主导的外交型科技合作策略也远远不能满足科技全球化和大科学发展的要求。我国在参与国际科技合作的过程中，机遇与挑战同在，竞争与合作共存。

机遇与挑战同在。在国际科技合作方面我国面临的机遇主要包括：经济和科技全球化的时代背景、跨国公司的推动、政府的高度重视，以及中国科技实力和国际地位的提升。但作为发展中国家，中国在与西方发达国家所开展的科技合作中所面临的挑战远大于机遇，主要表现在以下几个方面：

第一，我国的国际科技合作大多是作为政府外交政策的组成部分，一般由政府集中管理。但在全球化和大科学背景下，人才、资本等各种生产要素在全世界范围内自由配置，需要改变原有的政府主导型的合作模式，充分发挥我国企业、高校、科研院所及科研人员在开展国际合作方面的自主性，鼓励更多单位和个人在更广泛的学科领域之内、通过多种途径、开展更多的国际合作。

第二，尽管改革开放以后中国的经济、科技和综合实力都有了较大的提升，但与西方发达国家相比尚存在较大的差距。因此，我国在同发达国家的交流与合作中处于比较劣势的地位，国内的单位和个人在参与国际合作项目时通常只能承担辅助角色或者仅仅提供物质资源，在分配合作成果时也难以享受到平等的待遇。

第三，科技合作是一种资源共享和知识交流的关系，要求合作双方具有相近的科技能力和水平，如果合作者之间科技实力不对等，可能会导致实力较弱的一方对另外一方的依赖程度越来越高，我国的自主创新能力将会受到一定的威胁。

第四，随着我国改革开放和市场化程度的不断提升，在华跨国公司的数量越来越多。一方面，跨国公司能够架起中外合作的桥梁，推动国际合

①　曾培炎：《推动科技创新，实现共同发展》，http：//bgt. mofcom. gov. cn/aarticle/c/d/200510/20051000565106. html。

作程度的提高；另一方面，跨国公司凭借自身强大的研发能力以及母公司技术优势的扩散与应用，中国企业将面临严峻的挑战。

竞争与合作共存。国际科技合作的趋势逐渐增强，国家之间在科技创新领域的竞争也在不断加剧。我国政府、单位和个人在参与国际合作的过程中要正视竞争与合作共存的现状，既要积极地参与到国际科技合作中，提高自身的国际合作程度和水平，又要充分重视国际竞争所带来的威胁。尤其是对于专利这种带有强烈产权属性和较高技术含量的科技成果形式，更不能忽略合作者之间的竞争关系。

首先，我国的单位和个人要进一步明确自身的优势，结合自身的特长和优势有选择有重点地参与国际合作项目，提高自身在合作过程中的主动权和影响力。其次，提高对国家安全的认识，注意防范和化解国际合作给国家安全带来的风险，在可能存在威胁或风险的技术领域坚持独立自主研发。最后，高度重视知识产权建设，以经济科技全球化为基本前提，加强知识产权领域的国际合作，积极参与世界知识产权组织的事务以及国际规则的制定，力争在国际知识产权原则和规则的制定与修订方面有所作为，营造良好的知识产权国际环境①。

六 明确创新主体的地位和功能

1. 创新体系的构成

1978 年，美国经济学家弗里曼提出了国家创新体系的概念，其核心内容是：在创新体系中最重要的是创新要素之间相互作用的网络和系统，国家创新体系的目标是促进资源在各主体之间的合理分布与流动。政府、企业、大学、科研院所、中介机构等构成了创新体系的行为主体。从其功能来看，创新体系是知识与技术在部门之间流动并增值的系统。但事实上，在我国的创新体系中，各种创新主体的地位并不十分明确，也没有发挥其应有的功能。为了加强创新主体之间的交流与合作，更好地推动我国创新体系的建设和发展，应该明确创新体系的构成、各种创新主体的地位和功能，并进一步厘清创新主体之间的关系。

创新体系需要借助于系统论的思想加以分析和研究。从创新主体的构

---

① 傅建球：《国际科技合作新趋势对中国科技发展的挑战及其对策》，《科学管理研究》2005 年第 1 期。

成来看，创新体系是一个由多种要素组成的、动态的、复杂的整体；从创新行为的特点来看，创新体系需要各个创新主体之间密切合作。经济合作与发展组织（OECD）曾对多个国家的创新体系进行大规模的调查研究，在随后发表的调研报告中明确指出：创新是不同组织和个人所组成的共同体互动作用的结果，那些从事创新活动的组织和个人即是创新主体，创新主体是创新体系中最基本、最活跃、最关键的要素。如图7—3所示，个人是创新主体的基本形式，也是创新体系的基本组成单位，任何创新活动都是通过个人的发明和实践活动去实现的。

一定数量的个人基于共同的利益目标，并按照一定的制度和规范结成更为强大的创新主体，即创新组织，包括企业、高校、科研院所等多种类型。从事创新活动的个人和组织既是区域创新体系的组成部分，又是国家创新体系的基本要素。从个人到组织到区域创新体系再到国家创新体系层层升级，国家创新体系包含了不同层次、不同类型的创新主体。为了更好地适应国家创新体系建设的需要，应该进一步明确各类主体在科技创新及科技合作活动中的功能和地位。

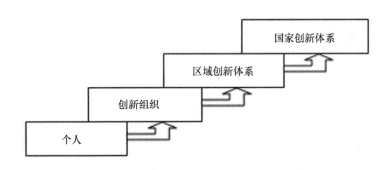

图7—3　创新体系结构

2．创新主体的分类

（1）个人

作为创新主体的个人，是处于一定的社会关系中从事实践和探索活动的自然人。无论以何种身份参与创新活动，个人的能力和价值都应当引起足够的重视。相当一部分从事创新活动的个人都是作为独立的创新主体而存在，在本书的研究样本中，专利权人为个人的情况在样本数据中的比重超过 1/5，这部分人当中，很多都是非职业的科研人员，包括普通的工人、农民等，其研究形式比较灵活、成本较低，能够充分地利用各种资源，最大限度地调动广大群众从事创新的积极性和主动性，也在一定程度上体现出了陶行知先生所倡导的创新思想，即"处处是创造之地，天天是创造之时，人人是创造之人"。

但是，前文中关于不同类型主体的合作程度以及不同的合作模式与专利产出关系的计量分析结果显示，个人作为独立的创新主体时，其合作程度非常低，合作率约为 0.25，合作度约为 1.5。而且在多种合作模式中，凡是个人作为专利权人参与的合作模式，其人均产出水平都是最低的。因此，在创新体系中，个人如果作为独立的创新主体存在，也只能作为最低级别的创新主体，从事一些小规模的研发活动，创新实力、产出能力和影响力远不及创新组织。

而当个人作为创新组织成员参与创新活动时，个人的潜力和价值得到了更大程度发挥。除了组织能够为其成员提供更好的条件和更多的资源以外，更为重要的原因是，个人之间能够结成合作团队，通过相互之间的协作、交流与共享去完成个人力量难以企及的研发项目，并提高研发的效率和成果的质量及影响力。尽管从其结构来看，创新组织是由个人组成的，但从其功能来看，创新组织是一个系统的整体，具有独立要素所不具有的性质和功能，绝非独立要素之间简单、机械的累加。因此，我们既要肯定个人作为独立创新个体所具有的价值和贡献，又要为其创造适宜的条件和环境，提高个人的合作意识，鼓励个人之间的联合和合作，走集体化的创新之路。

（2）创新组织

与个人相比，创新组织是更高级别、更为强大的创新主体，创新组织包含企业、高校、科研院所等多种类型，并且每种类型的组织在科技创新及合作活动中具有不同的地位和职能。

以企业为核心。经济学家熊彼特甚至认为只有企业家才是唯一的创新主体和经济发展的首要推动者，经济体系是以企业作为中心轴①。尽管我们并不认同企业家是唯一的创新主体，但却不得不承认企业在创新体系中确实应该居于主导地位。企业在创新体系中的核心地位，与企业在市场经

---

① ［美］约瑟夫·熊彼特：《经济发展理论》，何畏译，商务印书馆 1990 年版，第 76 页。

济中的核心地位是完全一致的。企业既是经济发展的推动者，又是科技创新的实践者。纵观中外科技发展史，我们可以发现企业总是处于改革与创新的最前沿。胡锦涛曾在全国科学技术大会上指出："要使企业真正成为研发投入的主体、技术创新的主体和创新成果应用的主体。"社会主义市场经济的深入推进，以及经济与科技全球化的发展，对我国企业的创新能力提出了更高的要求。

但实际上，我国绝大部分企业不仅创新能力非常薄弱，而且对外合作与交流的程度也普遍较低，未能体现出自身在国家创新体系中的核心地位，以及在产学研合作中的主导性作用。除少数知名创新型企业以外，我国企业普遍面临着创新意识薄弱、研发投入不足、研发能力偏低等问题。据统计，在我国只有25%的企业拥有研发机构，研发经费在销售收入中所占比重平均仅为0.56%，超过90%的中小企业和70%—80%的大型企业从未申请专利①。

前文关于企业拥有的专利数量以及企业对外开展的专利合作情况的统计结果，也显示出我国企业拥有的专利中只有不足12%是与其他单位或个人合作完成，只有不足2%是由企业与高校或科研院所合作完成。并且，现有的产学研合作专利也主要集中于华为、海尔、中石油等少数企业，大部分的企业极少参与到合作研发当中，参与产学研合作的情况更为罕见。这显然有悖于企业在国家创新体系应有的核心地位。因此，目前首要的任务是要明确企业在创新体系中的核心地位，提高企业的创新意识，尤其是要让企业积极投身于产学研合作中，并发挥主导性的作用。

以高校和科研院所为纽带。作为知识密集型组织，高校和科研院所既是科技成果的主要生产者，又是创新型人才的培养基地。无论是国家创新体系还是区域创新体系，都应该以高校和科研机构为纽带。在前文关于专利权人合作网络的分析中，我们发现国内一些知名的综合类和理工类高校，如清华大学、浙江大学、北京大学、上海交通大学等，在合作网络中表现得非常活跃，它们凭借自身的科研实力和社会影响力，积极地推动跨组织、跨地区科技合作活动的开展。与此同时，我们也看到了能够真正发挥桥梁和纽带作用的高校数量还非常小，大部分高校很少，甚至从未开展跨组织的合作研究。而科研院所的影响力更是微弱，在合作网络中，除了

---

① 陈锦华：《关于企业成为创新主体的若干问题》，《人民日报》2006年2月14日。

中科院所属的几家研究所具有较高的中心性以外，大部分的科研院所都是孤立节点。因此，我们需要强化高校和科研院所在国家创新体系中的纽带作用，同时提高企业、高校和科研院所三类主体参与产学研合作的积极性和主动性。

（3）区域创新体系

区域创新体系是国家创新体系的重要组成部分，在基本结构和功能方面与国家创新体系相似。参照国家创新体系的概念，区域创新体系可以被定义为：某一区域内的政府、企业、高校、科研院所、中介机构等为寻求一系列共同的社会和经济目标而相互作用，并将创新作为本区域发展的关键动力的系统，它立足于区域的同时又向全国和全球开放，构成了现代区域竞争优势的基础框架①。

区域创新体系处于承上启下的关键位置，上承国家创新体系，下接创新组织与个人。区域内的企业、高校、科研院所以及科研人员容易结成更为紧密的合作关系，形成区域内的科技创新联盟。首先，区域内政府及政策的扶持和干预能够为区域创新体系的建立和发展创造良好的环境。其次，区域内的创新主体之间借助于亲缘、地缘等社会关系更容易开展交流与合作。最后，我国目前已有的经济圈为区域创新体系提供了天然的平台和模型。"十二五"规划中所提出的八大经济圈，包括长三角、珠三角、渤海湾、海峡、东北、中部、西南、西北，奠定了中国区域发展的新格局。经济圈从本质上来说是基于地域经济而形成的合作群体，但它也可以担当科技创新联盟的职能，科技与经济原本就是相互依赖、彼此促进的关系。

通过以上几个方面的分析，我们站在国家创新体系的高度，进一步明确了各种创新主体的地位和功能，在此基础之上，特提出以下发展设想和建议：基于现有的经济圈构建区域创新体系，强化区域内企业、高校、科研院所等主体之间的交流与合作。与此同时，通过一些规模大、实力强的明星企业或高校，将各个区域创新体系连接在一起，形成覆盖全国的交流与合作网络。在此需要明确的是，无论区域创新体系还是国家创新体系，其运转都离不开主体之间的合作与交流，甚至从某种意义上来说，创新体

---

① 郑晓齐、叶茂林：《高校科技创新与区域经济发展》，社会科学文献出版社 2006 年版，第 206—207 页。

系的效率和水平取决于创新主体之间进行合作与交流的情况。

七　构建科技创新联盟

1. 科技创新联盟的现实意义

区域差距问题由来已久，且早已引起了社会各界的高度关注。早在 1996 年，《"九五"计划和 2010 年远景目标纲要》就曾明确指出："国家要重视和支持中西部地区的发展，朝着缩小东西部差距的方向积极努力，促进我国区域经济协调发展。"影响中国区域经济发展的因素很多，如地理环境、城市作用、自然资源、产业状况等，其中科技实力是最重要的因素之一。经过几十年的发展和建设，我国东西部地区科技实力的差距不仅没有缩小，反而进一步加大。前面两章内容的统计结果显示，国内 31 个省区拥有的专利数量存在巨大差距，而且区域之间的专利合作模式也呈现出显著的不均衡分布状态。

从理论上来讲，区域之间通过合作可以实现知识交流、资源共享、优势互补、风险共担、利益共享的目的，进而达到缩小区域之间的科技实力差距，区域之间相互促进、共同发展的目标。但从实际情况来看，我国 31 个省区在专利合作模式方面的不均衡性，不仅不利于消除地区之间的科技实力差距，反而会让原有的差距进一步扩大。所以，为了加强区域之间的合作与交流，我们在此提出构建跨区域的科技创新联盟的发展构想。

科技创新联盟的核心仍然是产学研合作，它是由企业、高校、科研院所等创新主体构成的一种新型创新体系，以企业为主体，以市场为导向，通过资源共享、优势互补、业务关联、利益分摊的方式共同参与科技项目的开发与应用，旨在促进基础研究、开发研究、应用研究紧密衔接，在实现技术突破的同时，将科技成果投入商业化和产业化，从而谋求参与者自身和联盟整体利益的最大化[①]。借助于科技创新联盟的形式开展合作创新，一方面，参与主体可以解决自己能力上的限制和缺陷，提高创新效率、降低创新成本、分散创新风险、共享创新收益；另一方面，从知识管理的角度进行考察，科技创新联盟有利于知识的溢出和扩散，在推动资源优化配置、行业结构调整、技术发展与经济增长方面发挥着积极的作用。

---

① 段异兵、孔妍：《高影响力中国海外发明专利的引文分析》，《科学学研究》2009 年第 5 期。

由此可见，科技创新联盟作为一个利益共同体，是实现科技创新的有效方式①。

早在 1992 年，国家教育部、经贸委、中国科学院等单位联合组织实施了产学研联合开发工程。经过近 30 年的发展，逐步形成了优势互补、利益共享、风险共担、共同发展的产学研合作模式，有力地推进了我国的科技创新工作，催生了清华同方、清华紫光、北大方正等一批国内知名的高新技术企业。另外，还推出了"863"、"973"等一系列的重大科技项目计划。尽管该工程的参与范围和影响程度相对比较有限，很多情况下都是作为试点工程推行，但它却为我国科技创新联盟的建立和发展奠定了一定的基础，尤其是它所包含的一些内容和措施为日后我国产学研合作提供了有益的经验和启示。

2. 科技创新联盟的组成结构

在此基础之上，本书倡导建立的科技创新联盟是一个跨越了地理区域和学科领域、包含不同类型的单位和组织、涉及范围更为广泛的产学研体系，除了提高科研效率、加快科技创新、推动成果转化与应用等目标以外，它还肩负着促进区域之间知识交流、资源共享和技术转移，以及缩小区域之间科技差距的重任。同盟成员之间的关系是广义的合作关系，不仅包括合作研究、知识交流、资源共享，还包括技术转移、人才交流等各个方面。科技创新联盟的建立和发展应该关注以下几个方面：

（1）以企业为主导

企业是科技创新的需求者、资助者和实施者。企业贴近市场，能够较为准确地把握现实和潜在的技术需求，企业根据市场需求提出创新要求。企业不仅参与到科学研究的过程当中，而且还是科技成果转移和转化的实现者。如果技术上的发明需要一分努力，那么应用开发就需要十分努力，而将其投入生产并推向市场则需要一百分的努力②。尽管许多企业的科研能力不及高校和科研院所，但是在科研成果的应用开发、批量生产和市场推广方面却发挥着不可替代的作用。因此，科技创新联盟中理应以企业为主导。

---

① 杨伟娜等：《基于区域的大技术联盟创新资源共享安全问题研究》，《科学学与科学技术管理》2008 年第 10 期。

② 冯昭奎：《发明变商品：日本缘何最擅长》，《环球时报》2009 年 11 月 2 日。

（2）以高校为纽带

亨利·埃茨科维兹在《三螺旋》一书中指出："现代大学的功能和地位已经发生了根本性的转变，人才培养、科学研究、社会服务成为大学的三大使命。"① 在知识经济时代，高校成为国家创新体系的重要组成部分，除了能够输出创新人才和科研成果之外，还在推动知识交流、科学合作、资源共享等活动中发挥着重要的桥梁与纽带作用。在前文专利合作网络的分析中，可以清晰地看到国内一些科研实力较强的知名高校的重要地位，特别是在跨组织和跨地区的合作关系中，高校的桥梁与纽带作用就更加显著。

（3）以市场为导向

一项新的发明创造在没有得到商业上的应用时，在经济上是无作用的，专利技术本身不能保证经济增长、社会进步和国家安全，只有将其转变为新型、高质量、低成本的商品，才能真正展现其神奇而伟大的力量②。但是长期以来，我国许多单位和个人的专利研发活动未能从市场需求出发，缺乏实用价值，导致大量专利成果不能实现转化和应用。我国专利申请量和授权量稳步提升，近年来专利数量已经位居世界前列，但是转化率仍然不足 10%，造成了社会资源的极大浪费。市场经济环境下，科技创新联盟应该以市场为导向进行持续的创新，以适销对路的技术和产品去满足不断变化的市场需求，如此才能在激烈的市场和科技竞争中获得生存和发展的空间。

（4）政府的引导与支持

政府的作用是为科技创新联盟提供适宜的环境，主要表现在两个方面：一是通过政策导向和制度保障去鼓励和引导广大的单位和个人不断创新，并且通过合作的形式提高创新能力和水平；二是为创新联盟提供资助，尤其是那些大规模、高风险的基础研究项目，往往需要政府的直接投资。一般来说，政府的支持力度越大，创新活动就会越活跃，整个国家的创新能力的提高速度也越快。国外学者曾通过定量化的统计分析证实，政府的资助在推动创新方面发挥着非常重要的作用，而且政府在促进科学合

① ［美］亨利·埃茨科维兹：《三螺旋》，周春彦译，东方出版社 2005 年版。

② 王颖：《加强产学研结合提高企业自主创新能力》，《中国技术市场报》2008 年 5 月 30 日。

作方面进行资助比直接对科学研究进行资助更能提高科研产出数量①。国内学者也曾指出："在面向市场经济的创新活动中，我国政府必须转变职能，通过一系列的政策措施消除创新过程中的障碍和瓶颈，为创新活动的顺利进行提供保障。"②

（5）创新联盟是一个生长着的有机体

创新联盟处于一个动态的演化过程当中，参与者数量不断增加、交流与合作范围不断扩大、合作关系不断拓展、合作网络不断完善。以图7—4为例，简单介绍创新联盟的生长和演化过程。首先是企业1和高校1两个单位之间建立合作关系，从而结成最简单、最原始的创新同盟，此时各类知识和资源只能在两个合作者之间进行交流与共享。之后，企业1和高校2分别发展新的合作伙伴，随着参与者数量不断增加，各个参与者再借助于自身的社会关系不断寻找新的合作伙伴，创新同盟的规模迅速扩大。

初始的合作网络成员大多限于同一区域之内，当同盟成员中含有本地区以外的单位和组织时，开始产生跨区域的合作关系。借助于少数实力较强、规模较大、开放意识和合作程度较高的单位的桥梁和纽带作用，区域内的合作网络之间建立起跨地区的合作关系。此时，知识交流和资源共享的范围突破了地域的限制。

随着合作者数量的增加和合作关系的增强，合作网络对其成员的影响力不断增强，每个成员从合作网络中获取的资源也越来越丰富，个体和整体的绩效都将得到显著的提升。这样一个生长和演化过程也符合事物从低级向高级不断进化的发展规律。因此，我们把科技创新联盟称作是一个不断生长的有机体，它的价值和影响力也正是随着它的生长和壮大而逐渐增强。

按照社会网络的思想，创新联盟的生长并不是无限制的扩张，而是要形成具有小世界特征的网络，即较高的聚簇程度和较短的平均路径。在小世界网络中，较高的聚簇程度能够促成节点之间相互的信任和更为紧密的合作，从而提高知识交流的效率和准确性；较小的平均路径长度，使得节点可方便地从远距离的节点处获取新鲜的和非冗余的信息，进而激发灵

---

① Dirk Czarnitzki, Bernd Ebersberger, Andreas Fier, "Subsidies and R&D performance：Empirical evidence from Finland and Germany ", *Journal of Applied Econometrics*, 2007（22）：1347–1366.

② 宝胜：《创新系统中的多主体合作及其模式研究》，东北大学出版社2006年版，第94页。

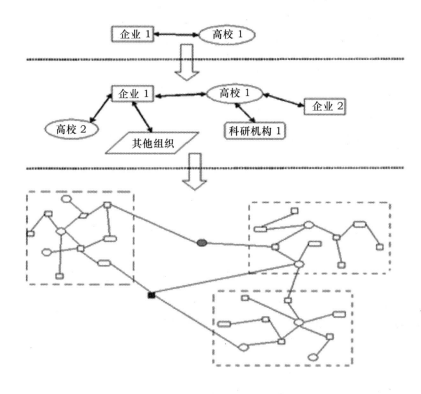

图7—4 科技创新联盟生长演化

感、提高效率①。鉴于科技创新的现实需要，尤其是考虑到远距离合作所带来的一系列的成本，创新联盟仍然遵循距离最小化的原则，即以区域内合作为主，形成一个个的局部网络，局部网络成员之间存在着比较密切的联系。与此同时，为了避免各个局部网络之间由于结构洞产生信息断层，局部网络之间还需要"桥"的出现。例如在图7—4中，如果没有中间两个红色和蓝色节点充当"桥"，局部网络之间无法实现沟通和交流。在社会网络中，"桥"的出现可以提高网络绩效，既避免了过度聚簇所产生的冗余问题，又不会让局部网络之间产生断层。

① 陆子凤、官建成：《合作网络的小世界性对创新绩效的影响》，《中国管理科学》2009年第3期。

第三节　保障机制

保障机制包含政策、文化等多个方面，旨在创造出一个适宜专利合作模式存在、发展和优化的社会环境。前文中所列举的种种优化措施必须依赖于一定的保障机制才能顺利实施并且发挥应有的效果。因此，我们认为保障机制构成了优化策略研究的重要组成部分，主要包含以下三个方面的内容：

一　制度保障

制度是一个比较宽泛的概念，制度的一般含义是：在一定的社会范围内，为了调节成员之间的社会关系，而要求所有成员共同遵守的办事规程或行动准则。既包括正式的法律、政策、规章，又包括非正式的协议、准则、规范。通常来说，制度所具有的基本功能就是指导与引导、激励与约束。

1. 制定旨在鼓励和加强专利合作的科技政策

为了推动我国科技事业的发展和国家创新体系的建设，我国曾颁布一系列富有战略导向意义的科技政策，但其中鲜有针对专利合作的内容。所以，迄今为止专利合作仍然是那些从事专利研发的单位和个人出于自身需要而产生的自发行为，很少受到科技政策的肯定和鼓励，这也是造成目前我国专利合作程度偏低的原因之一。科学社会学家默顿曾指出："承认和认可是科学共同体的硬通货，在功能上与物质财富相当。"[1] 为了进一步提高广大发明人和专利权人从事合作研究和技术转移的积极性，应该制定专门的科技政策或者在现有的科技政策中补充有关专利合作的内容，承认科学合作（包括合作者、合作行为和合作成果）的地位和价值。

第一，要以科技政策的形式，明确专利合作对于科学发展和创新事业的积极意义，鼓励和引导广大的科技工作者提高合作意识，积极投身于合作研究和技术转移活动当中。

第二，要以科技政策的形式，明确高校、科研机构、科技工作者在合作研究与技术转移方面所肩负的职责，将科学合作及其成果视为科学评价

---

① Merton R. , *Sociology of science*, Chicago：Chicago University Press, 1973：297.

指标之一。美国就曾经通过立法的形式明确产学研合作的职责和利益,在《斯蒂文森—怀德勒技术创新法》中明确了联邦政府及机构的技术转移职能,技术转移成为国家实验室的重要职责,并将技术转移作为国家实验室雇员业绩的一个重要评价指标①。

第三,改革和完善相关的考核、评价、奖励政策,承认合作成果的平等地位,除第一完成单位和个人之外的合作者也有权利要求享有相应比例的成果。为了鼓励和加强合作,还可以将合作研发以及成功实施转移的专利数量作为一个独立的评价指标。例如,英国政府为了促进科技的发展以及科技向生产力的转化,设立了专门的奖励机制鼓励科技界与产业界之间开展更为紧密的合作,包括"科学与工程合作奖"、"技术转让奖"、"工业与学术合作奖"等②。总之,科技政策的目的就是通过相应的引导和鼓励,提高广大从事专利研发的单位和个人对于合作研究和技术转移的重视程度,促使专利合作从自发走向规范。

2. 完善旨在规范专利合作关系的知识产权政策

专利是一种智力劳动成果,并且专利能够为其发明人和专利权人带来一定的经济收益,所以,专利对于知识产权制度的依赖程度远远超过其他形式的科研成果。专利制度本身就是知识产权制度的一部分,专利及专利权也是知识产权制度的产物。尽管专利制度及专利法规已经日趋完善,但其中针对专利合作的内容较少,主要还是依靠合作者之间自行签订协议来约束和规范专利合作活动。

众所周知,专利合作是一项同时包含了知识交流、资源共享以及成果收益共享的非常复杂的社会活动。现有《专利法》中对于专利合作问题的规定未免太过单薄,为专利合作埋下了种种隐患。因此,为了消除广大发明人和专利权人关于合作成果知识产权的种种顾虑,也为了能够为因专利合作而产生的产权纠纷提供详细明确的调解和处理方案,应该完善相关的知识产权政策,补充和细化原有知识产权政策中关于合作研究和技术转移的相关内容,包括合作成果的产权如何分配、合作成果的收益如何处置、合作过程中的纠纷如何调解和仲裁,以及合作成果与各个合作者的原

---

① 许惠英:《美国产学研合作模式及多项保障措施》,《中国科技产业》2010 年第 10 期。

② 徐鹏杰:《国外高校科技成果转化的经验及启示》,《经济研究导刊》2010 年第 23 期。

有成果和后续成果的关系如何区分等各个方面①。国际经验显示，知识产权政策的完善及有效实施能够显著地提高一个国家和地区的合作意识和合作水平②。

3. 制定专利合作的实施办法与规则

一般来说，科技政策是面向宏观的指导性方案，是战略层次的政策，而实施办法则是面向微观的操作性方案，是战术层次的政策。所以，除了制定鼓励和加强专利合作的科技政策以外，还应该制定相应的实施办法与规则。正是因为实施办法与规则是面向微观的操作性方案，所以，应该由各个单位结合自身的现实条件来制定和实施。也可以由国家发布纲领性的指导意见，再由各个单位根据国家的指导意见进一步完善和细化，制定出详细的实施办法与规则。

专利合作的实施办法与规则至少应该包括以下几个方面的内容：①本单位能够为合作团队或合作项目提供的支持和服务内容；②合作研究和技术转移过程中合作者的权利与义务；③合作成果所有权及其收益的处置办法；④相关考核、评价、奖励规定中对于合作成果的计分细则等。单位层面制定的实施办法与规则旨在为合作团队和合作项目提供行为准则和指导依据，在此基础之上，各个合作团队和课题组还可以对其进一步细化，形成更加完善的合作协议。

综上所述，科技政策、知识产权制度、实施办法与规则分别从不同的层次和角度为专利合作提供支持和指导，三者结合在一起构成了专利合作的制度保障。一是为了鼓励和加强专利合作，提高我国专利合作的程度和水平；二是为了改变我国现有专利合作自发模式和无序的状态，使专利合作从一种自发的现象逐渐转变为相对完善的制度，并朝着更加科学、规范和有序的方向发展。

二 文化环境

任何组织和个人都处于一定的社会文化环境之中，社会文化环境包括风俗习惯、信仰、价值观念、行为规范、生活方式、文化传统等一系列社

---

① Bing Wang, Jun Ma. , "Collaboration R & D: intellectual property rights between Tsinghua University and multinational companies ", *Technology Transfer*, 2007（32）: 457 – 474.

② Michael P. Ryan. , "Patent incentive, technology markets, and public – private bio – medical innovation network in Brazil ", *World Development*, 2010, 38（8）: 1082 – 1093.

会因素。文化是一种无形的力量，能够实现"润物细无声"的效果，虽然不像规章制度那样具有刚性的力量，但是却能够产生复杂、深刻、长远的影响。合作文化能够影响到发明人和专利权人的合作意识、动机和行为，专利合作同样需要文化环境的支撑。

1. 合作文化的变革：从传统走向现代

中国传统的合作文化源于儒家文化，依存于儒家的道德价值，强调道义和自律，具有强烈的哲学色彩，实现途径主要是亲缘、地缘等社会关系。但是，哲学的理想价值在现实世界中往往难以实现，在市场经济环境中每个理性个体都在追求个人利益最大化，要在这种条件下实现至高至纯的儒家道德价值根本就是不现实的①。所以，传统的合作文化只适用于亲戚、朋友、熟人之间的亲缘型合作关系，已经越来越不适应现代科学合作的新需要，儒家的道义观念不敌个人利益的诱惑，道德自律屡屡失效。传统的合作文化需要进行一定的变革，建立与市场经济和现代科学发展相适应的合作文化。超越个人道义和责任的范畴，建立在互惠互利、权责明晰的基础之上，强调个人利益、他人利益和公共利益的一致性，除了个人自律以外还要充分重视和依靠相关法律法规的调控和约束作用。总之，与传统合作文化相比，现代合作文化的影响范围将更加广泛和深远。

2. 合作竞争文化：超越合作与竞争的对立性

合作竞争理论是20世纪90年代产生于经济学中的一种新理念，与传统经济学的竞争与合作理念完全不同。在传统经济学中，竞争与合作是互不相容的对立概念，竞争以否定或伤害他人利益为前提，而合作则以牺牲自己的利益为代价②。因此，合作与竞争是一对相互否定和对立的矛盾体。而实际上，合作与竞争之间的对立与矛盾并不是绝对的，很多时候二者可以共存于同一事物的发展过程中并且呈现出相互依存、彼此促进的良好状态。合作竞争理论的主要代表人物、美国麦肯锡公司的咨询专家Joel Bleeke和David Ernst曾在《协作型竞争》中写道：完全损人利己的竞争时代已经终结，传统竞争方式不可能确保赢家在"达尔文式游戏"中拥有最低成本、最佳产品和服务以及最高利润，长期势均力敌的竞争只能使

---

① 朴雨醇：《中国社会的"关系"文化——兼论能否增进"关系"的公共性?》，《学海》2006年第5期。
② 王燕华：《大学科研合作制度及其效应研究》，华中科技大学，博士学位论文，2011年。

自己财力日渐枯竭，难以应对下一轮的竞争与创新。

合作竞争理论是针对以企业为主体的经济现象而提出的，但它同样适用于科学研究领域。所以，为了鼓励广大从事专利研发的单位和个人对外开展合作，我们应该在专利研发、技术转移、知识交流等科学活动中倡导新型的合作竞争文化。合作竞争文化是合作和竞争相结合的产物，企业、高校、科研院所等各类单位以及个人都必须要走出单打独斗的封闭状态，进入相互交流、彼此合作、互惠互利的联合王国，才能获得持续的竞争优势。即便是同类型的组织之间，例如企业和企业、高校与高校等，也不能过于强调竞争，而应该努力通过合作的方式提高各自的竞争力，在合作与竞争中达到互利共赢的目的。

3. 资源共享理念：科技资源由于共享而升值

专利合作归根结底是一个资源共享的过程，每个合作者将其拥有的知识、技能、设备、数据等各类资源投入到合作过程中进行整合和共享。其中，大部分的资源都不具有排他性，也就是说不会因为与他人共享而使原有的价值减少或功能丧失。通常情况下，合作者之间的交流与共享越充分，合作的效率越高、合作所产生的剩余价值越大。我们之所以说合作能够带来"1+1>2"的增值效应，其中一个很重要的原因就是科技资源的价值能够通过共享而得到提升。因此，每个从事科学研究活动的单位和个人都应该增强开放意识，树立资源共享理念，不仅要积极地与他人开展合作，还要在合作过程中主动地与他人共享资源，既要无私地贡献出自己的资源，也要充分地利用他人的资源，努力地追求科学合作剩余价值的最大化。

4. 合作中的信任文化：增强合作者之间的信赖

对于众多经济和社会活动而言，个体之间的信赖以及制度化的信任规范是极其重要的①。信任是合作关系得以产生和维系的关键因素，合作过程中如果缺乏信任，每个合作者都不愿意贡献自己的资源，也不愿与他人交流思想，最终只会导致低效或无效的合作，产生"1+1≤2"的结果，甚至造成合作关系中途夭折。信任可以是先天存在的，例如，个人或组织基于原有的社会关系开展合作，此时合作者之间的信任早已存在于原有的社会关系当中。

---

① Arrow K.，"Gift and exchanges"，*Philosophy and Public Affairs*，1972，1（4）：343－362.

信任也可以是后天建立的，例如，合作者之间在一次合作活动中建立起信任，然后通过多次的合作进一步巩固，相互之间建立长期稳定的信任关系。

信任还可以是由制度供给的，制度通过建构一种客观的规范和秩序，并且要求人们遵从于已经设定的规范和秩序，以此来降低合作者之间的不确定性和合作过程当中可能遇到的风险。也有学者将信任称作是合乎社会道德和秩序的持续性期望，这种期望成为人们满足心理安全需要的"心理秩序"。① 它不仅满足了人们心理上的安全需要，也造成了事实上的有序状态，形成能够影响人类行为、交往、合作的制度信任。

前面两种信任机制都局限于较小的范围之内，仅存在于已经存在社会关系或者已经开展过合作的主体之间，基本上属于"人际信任"；而当个体发展新的合作伙伴或者扩大合作范围时，就需要依靠第三种信任机制，即"制度信任"。传统的信任文化是以社会关系为基础的人际信任，而现代科学研究活动要求组织和个人对外开展更大范围的交流与合作，科学合作关系也远比单纯的人际关系更加复杂。因此，需要更多地依靠制度信任，通过制度的安排与设计，创建由人际信任走向制度信任的新型的合作文化。

三 平台保障

平台的作用就是为广大从事专利研发的单位和个人创造合作的机会，创造专利合作所需的环境和条件，通过外力的作用支持和推动专利合作活动顺利实施。合作平台的搭建者可以是各级政府，也可以是企业、高校等从事专利研发活动的单位，还可以是第三方的社会组织。搭建专利合作平台可以从以下几个方面着手：

1. 合作研究计划

为促进学术界和产业界的交流与合作，推动高校科技成果的转化，美、英等国都曾推行过一系列的合作研究计划，其中大部分是需要多个企业、高校、科研院所以及来自多个学科领域的专家学者共同参与的重大研究项目。这些研究计划不仅取得了一系列丰硕的研究成果，而且极大地调动了本国的单位和个人从事合作研究和技术转移的积极性，广大的科技工

① ［美］巴伯：《信任的逻辑与局限》，牟斌译，福建人民出版社1989年版，第14—16页。

作者也从中积累了丰富的合作经验。目前，我们国家也推出了"863"、"973"、"星火"等一系列国家科技发展计划。这些项目需要合作团队来申报和完成，目的是基于资源共享、优势互补、利益共享、规模经济、成本分摊、风险共担，通过团队合作方式实现创新，使合作的积极价值在科学社会化过程中得到充分的体现①。

　　实践证明，设立合作研究计划是切实有效的，不仅实现了高科技研究领域一系列重大的突破，完成了一系列个体力量难以企及的研究成果，而且培育出一批合作创新团队、积累了丰富的合作经验。这些创新团队及其合作经验的长远影响和潜在价值远远超越了合作成果本身。但是这些由国家资助的合作项目毕竟有限，只有少数单位和个人才能主持和参与。为了扩大合作研究计划的影响范围，应该发动社会的力量，如私人基金会、行业协会等非官方组织，设立更多的合作研究计划，围绕一些具有市场竞争力的新产品，以实用技术开发为主，开展广泛的合作研究和技术转移，尤其是要进一步加强学术界和产业界之间的合作与交流。

　　2. 中介服务机构

　　围绕专利所开展的合作研究、技术转移等活动需要一定的中介服务机构提供支撑。中介服务机构在美国、德国、日本等国非常普遍，这些国家的中介服务机构主要是为了提高科技成果的转化效率，构建学术界和产业界之间的桥梁和纽带。国内部分高校也尝试设立了产学研合作办公室、技术转移中心等部门，例如，清华大学于1983年成立清华大学科学技术开发部，为本校科技开发与成果转让提供服务，为了加强与国内外企业的合作，又于1995年成立了清华大学与企业合作委员会。它们在加强高校对外交流与合作，促进产学研合作及技术转移等方面发挥着积极的作用，但其影响范围仍然非常有限，大部分只服务于本校员工。为了提高我国专利合作，包括合作研究和技术转移的效率和水平，应该充分重视中介服务机构的功能和影响，从多个层次构建不同形式的中介机构，为专利合作提供全方位的支持和服务。例如，各级政府部门可以设立国家或地区层面的中介服务机构，主要面向全国或本地区的单位和个人提供服务。

　　各个单位也可以设置自己的中介服务部门，主要服务范围是本单位内部的员工及团队。中介服务机构的功能主要包含两个方面：一是帮助那些

---

　　① 王燕华：《大学科研合作制度及其效应研究》，华中师范大学，博士学位论文，2010年。

从事专利研发的单位和个人寻找潜在合作伙伴；二是充当科技成果供求双方的媒介，促进科技成果的转移和转换。在前文中我们曾指出，专利代理机构是比较理想的中介服务机构，在充当合作研究与技术转移的中介者方面具有得天独厚的优势，可以在原有专利代理的基础业务之上，增加或者进一步完善其中介服务职能。

3. 科技创新团队

科技创新团队是面向科学研究的团队，也是科学合作的实践者。从2004年开始，教育部面向国内高校实施"长江学者和创新团队发展计划"，支持了一批优秀创新团队，有力地推进高校人才强校战略的实施。除此以外，许多省市和高校也自行设置了本地区和本单位的创新团队资助计划。实际上，除了高校以外，科技创新团队同样存在于企业当中，例如，海尔集团就拥有自己的创新团队，并且几十年如一日地坚持创新。无论站在国家层面，还是地区层面，抑或是单位层面，创新团队的积极作用都是十分显著的，不仅能够提高科研效率、科研产出数量和质量，而且还在各自地区和领域内起到了模范带头作用。为了进一步发挥科技创新团队的积极意义，加强科学合作，特别是校企之间的合作研究和技术转移，应该鼓励创建更多的科技创新团队，尤其是要支持那些跨地区、跨组织、成员类型多元化、合作方式多样化的合作团队。

参考文献

［1］林聚任：《社会网络分析：理论、方法与应用》，北京师范大学出版社2009年版。

［2］刘春田：《知识产权法》，北京大学出版社2000年版。

［3］刘军：《整体网分析讲义》，格致出版社2009年版。

［4］罗家德：《社会网分析讲义》，社会科学文献出版社2010年版。

［5］马伊里：《合作困境的组织社会学分析》，上海人民出版社2008年版。

［6］邱均平：《信息计量学》，武汉大学出版社2007年。

［7］邱均平：《知识管理学》，科学技术文献出版社2006年版。

［8］邱均平：《知识计量学》，科学出版社2014年版。

［9］谭启平：《专利制度研究》，法律出版社2005年版。

［10］陶鑫良、单晓光：《知识产权法纵论》，知识产权出版社2004年版。

［11］谢宇：《社会学方法与定量研究》，社会科学文献出版社2006年版。

［12］曹建国 等：《科研合作中的专利技术转移研究》，《科技管理研究》2009年第12期。

［13］陈美章：《专利制度在我国科技进步和经济发展中的作用》，《知识产权》1998年第2期。

［14］陈琼娣：《专利计量指标研究进展及层次分析》，《图书情报工作》2012年第2期。

［15］陈荣华：《我国现行专利制度存在的问题与对策》，《法制与社会》2012第15期。

［16］陈子凤、官建成：《国际专利合作和引用对创新绩效的影响研究》，《科研管理》2014年3期。

［17］高继平、丁堃：《专利计量指标研究述评》，《图书情报工作》2011
　　　年第 20 期。

［18］洪伟：《区域校企专利合作创新模式的变化——基于社会网络方法
　　　的分析》，《科学学研究》2010 年第 1 期。

［19］乐思诗、叶鹰：《专利计量学的研究现状与发展态势》，《图书与情
　　　报》2009 年第 6 期。

［20］林德明、王和平：《企业间技术态势的专利计量研究》，《情报科
　　　学》2014 年第 2 期。

［21］刘蓓、袁毅、Eric B：《社会网络分析法在论文合作网中的应用研
　　　究》，《情报学报》2008 年第 3 期。

［22］刘斌斌、付京章：《论专利制度的本质及其社会效应》，《甘肃社会
　　　科学》2013 年第 5 期。

［23］刘斌斌：《论专利制度下的独占与公共利益——以专利的经济功能
　　　分析为视角，《兰州大学学报》（社会科学版）2012 年第 1 期。

［24］刘桂锋：《国内专利情报分析方法体系构建研究》，《情报杂志》
　　　2014 年第 3 期。

［25］刘晓燕、阮平南、童彤：《专利合作网络知识扩散影响因素分析》，
　　　《中国科技论坛》2013 年第 5 期。

［26］陆子凤、官建成：《合作网络的小世界性对创新绩效的影响》，《中
　　　国管理科学》2009 年第 3 期。

［27］马廷灿 等：《专利质量评价指标及其在专利计量中的应用》，《图书
　　　情报工作》2012 年第 24 期。

［28］马忠法：《对知识产权制度设立的目标和专利的本质及其制度使命
　　　的再认识》，《知识产权》2009 年第 6 期。

［29］毛昊、谢小勇：《发明专利合作申请：问题与建议》，《中国科技投
　　　资》2008 年第 2 期。

［30］唐春：《从统一到一体：专利制度国际化进程及其发展趋势研究》，
　　　《知识产权》2008 年第 5 期。

［31］佟贺丰、雷孝平、张静：《基于专利计量的国家 H 指数分析》，《情
　　　报科学》2013 年第 12 期。

［32］王黎萤、池仁勇：《专利合作网络研究前沿探析与展望》，《科学学
　　　研究》2015 年第 1 期。

［33］王贤文、刘则渊、侯海燕：《基于专利共被引的企业技术发展与技术竞争分析》，《科研管理》2010 年第 4 期。

［34］温芳芳：《基于社会网络分析的专利合作模式研究》，《情报杂志》2013 年第 7 期。

［35］温芳芳：《基于专利计量的区域间技术合作网络研究》，《情报杂志》2013 年第 11 期。

［36］温芳芳：《基于专利文献计量的我国校企科研合作现状分析》，《情报杂志》2014 年第 12 期。

［37］文庭孝：《专利信息计量研究综述》，《图书情报知识》2014 年第 5 期。

［38］向希尧、蔡虹：《组织间跨国知识流动网络结构分析——基于专利的实证研究》，《科学学研究》2011 年第 1 期。

［39］徐海燕：《近代专利制度的起源与建立》，《科学文化评论》2010 年第 2 期。

［40］徐明：《国际专利制度的历史进展与拟定》，《知识经济》2012 年第 5 期。

［41］许惠英：《美国产学研合作模式及多项保障措施》，《中国科技产业》2010 年第 10 期。

［42］叶春霞、余翔、李卫：《中国企业间专利合作网络的演化及小世界性分析——基于开放式创新视角》，《情报科学》2015 年第 2 期。

［43］叶静怡、宋芳：《中国专利制度变革引致的创新效果研究》，《经济科学》2006 年第 6 期。

［44］詹爱岚、翟青：《中国专利激增动因及创新力研究》，《科学学研究》2013 年第 10 期。

［45］张杰、娄永美、翟东升：《基于专利的技术发展趋势实证研究》，《科技管理研究》2010 年第 23 期。

［46］赵蓉英、温芳芳：《科研合作与知识交流》，《图书情报工作》2011 年第 20 期。

［47］高继平：《专利知识计量指标体系及其应用研究》，大连理工大学，博士学位论文，2013 年。

［48］胡小君：《基于科技引用网络结构算法的科学计量新方法研究》，浙江大学，博士学位论文，2012 年。

［49］李英敏：《基于专利分析的全球创新网络演化研究》，大连理工大学，硕士学位论文，2013 年。

［50］刘雅洁：《中国科学技术管理论文合著现象研究》，大连理工大学，硕士学位论文，2007 年。

［51］栾春娟：《专利文献计量分析与专利发展模式研究》，大连理工大学，博士学位论文，2008 年。

［52］马瑞敏：《基于作者学术关系的科学交流规律研究》，武汉大学，博士学位论文，2009 年。

［53］孟奇勋：《开放式创新条件下的专利集中战略研究》，华中科技大学，博士学位论文，2011 年。

［54］孙旭华：《美国专利制度的历史发展》，中国政法大学，硕士学位论文，2007 年。

［55］万炜：《知识流动视角下产业创新网络国际化对技术创新的影响研究》，湖南大学，博士学位论文，2013 年。

［56］王鹏：《战略性新兴技术辨识方法研究》，大连大学，硕士学位论文，2013 年。

［57］王贤文：《基于 GIS 的区域科技发展空间结构与合作网络分析》，大连理工大学，博士学位论文，2009 年。

［58］王燕华：《大学科研合作制度及其效应研究》，华中科技大学，博士学位论文，2011 年。

［59］谢彩霞：《科学合作方式及其功能的科学计量学研究》，大连理工大学，博士学位论文，2006 年。

［60］杨中楷：《基于专利计量的专利制度功能分析》，大连理工大学，博士学位论文，2007 年。

［61］杨忠：《专利信息可视化分析系统构建研究》，湘潭大学，硕士学位论文，2013 年。

［62］张宪义：《基于专利共类分析的技术领域关联研究》，大连理工大学，硕士学位论文，2013 年。

［63］Hanneman etc. , Introduction to social network methods, *Riverside*, CA：University of California, Riverside, 2005.

［64］Andreas Al – Laham, Terry L. Amburgey, Charles Baden – Fuller, "Who is my partner and how do we dance? Technological collaboration and patenting speeding speed in US Biotechnology", *British Journal of Management*, 2010 (21).

[65] Antonio Messeni Petruzzelli, "The impact of technological relatedness, prior ties, and geographical distance on university – industry collaboration: A joint – patent analysis", *Technovation*, 2011 (31).

[66] Burt R S, "Information and structural holes: Comment on Reagans and Zuckerman", *Industrial and Corporate Change*, 2008, 17 (5).

[67] D. Beaver, "Feature report: Reflections on scientific collaboration (and its study): Past, Present, and Future", *Scientometrics*, 2001, 52 (3).

[68] Dorothea Jansen, Regina von Görtz, Richard Heidler, "Knowledge production and the structure of collaboration networks in two scientific fields", *Scientometrics*, 2010, 8 (3).

[69] Gangbo Wang, Jiancheng Guan, "The role of patenting activity for scientific research: A study of academic inventors from China's nanotechnology", *Journal of Informetrics*, 2010 (4).

[70] Hessels L K, Van Lente H, "Re – thinking new knowledge production: A literature review and a research agenda", *Research Policy*, 2008, 37 (4).

[71] Hildrun Kretschmer, "Author productivity and geodesic distance in bibliographic co – authorship networks, and visibility on the Web", *Scientometrics*, 2004, 60 (3).

[72] Hoekman J, Frenken K, Van Oort F, "The geography of collaborative knowledge production in Europe", *Annals of Regional Science*, 2009 (43).

[73] Hong W, "Decline of the center: The decentralizing process of knowledge transfer of Chinese universities from 1985 to 2004", *Research Policy*, 2008 (37).

[74] Jasjit Singh, "Distributed R & D, cross – regional knowledge integration and quality of innovative output", *Research Policy*, 2008 (37).

[75] Johan Bruneel etc, "Investigating the factors that diminish the barriers to university – industry collaboration", *Research Policy*, 2010 (39).

［76］ Joshua B. Powers, Eric G. Campbell , "Technology commercialization effects on the conduct of research in higher education", *Research of High Education*, 2011 （52）.

［77］ José Luis Ortega, "Collaboration patterns in patent networks and their relationship with the transfer of technology: the case study of the CSIC patents", *Scientometrics* , 2011 （87）.

［78］ Junichi Nishimura, Hiroyuki Okamuro, "R & D productivity and the organization of cluster policy: an empirical evaluation of the Industrial Cluster Project in Japan", *Journal of Technology Transfer*, 2011 （36）.

［79］ Kliegl R, Bates D, "International collaboration in psychology is on the rise", *Scientometrics*, 2011, 87 （1）.

［80］ Leydesdorff L, Meyer M, "The decline of university patenting and the end of the Bayh – Doleeffect", *Scientometrics*, 2010, 83 （2）.

［81］ Lee D H, Seo I W, Choe H C, et al. , "Collaboration network patterns and research performance: The case of Korean public research institutions", *Scientometrics*, 2012, 91 （3）.

［82］ Lee Y G, "What affects a patent's value? An analysis of variables that affect technological, direct economic and indirect economic value: An exploratory conceptual approach", *Scientometrics*, 2009, 79 （3）.

［83］ Meyer M, Bhattacharya S, "Commonalities and differences between scholarly and technical collaboration—An exploration of co – invention and co – authorship analysis", *Scientometrics*, 2004, 61 （3）.

［84］ Meyer M, "Measuring science – technology interaction in the knowledge – driven economy: The case of a small economy", *Scientometrics*, 2006, 66 （2）.

［85］ Narin F, "Patent bibliometries", *Scientometrics*, 1994, 30 （1）.

［86］ Singh J, "Collaboration networks as determinants of knowledge diffusion patterns", *Management Science*, 2005 （51）.

［87］ Stefano Breschi, Christian Ctalini, "Tracing the links between science and technology: An exploratory analysis of scientists' and inventors' networks", *Research Policy*, 2010 （39）.

［88］ Sungjoo Lee etc. , "Business planning based on technological capabilities: Patent analysis for technology – driven road mapping", *Technology Forecasting & Social Change*, 2009 (76).

[89] Yong – Gil Lee, "Patent licensability and life: A study of U. S. patents registered by South Korean public research institutes", *Scientometrics*, 2008, 75 (3).

[90] Yong – Gil Lee , "What affect a patent' s value? An analysis of variable that affect technological, direct economic and indirect economic value", *Scientometrics*, 2009, 79 (3).

[91] Zhenzhong Ma, Yender Lee, "Patent application and technological collaboration in inventive activities: 1980—2005 ", *Technovation*, 2008 (28).

[92] Zifeng Chen, Jiancheng Guan, "Mapping of biotechnology patents of China from 1995—2008", *Scientometrics*, 2011 (88).

[93] Zifeng Chen, Jiancheng Guan, "The impact of small world on innovation: An empirical study of 16 countries", *Journal of Informetrics*, 2010 (4).

[94] Li Tang, Philip Shapira, "Regional development and interregional collaborationin the growth of nanotechnology research in China", *Scientometrics*, 2011 (86).